Inhalt

Vorwort

1	**Lineare Bewegung**	**1**
1.1	Bewegung mit konstanter Geschwindigkeit	2
1.2	Bewegung mit konstanter Beschleunigung	3
1.3	Bewegung mit abschnittsweise konstanter Beschleunigung	5
1.4	Berechnung des zurückgelegten Weges im t-v-Diagramm	7
1.5	Mittlere Geschwindigkeit	8
2	**Trägheitssatz – Grundgesetz der Mechanik**	**15**
2.1	Beschleunigte und nicht-beschleunigte Bewegungen	16
2.2	Trägheitssatz (1. Newton'sches Gesetz)	17
2.3	Grundgesetz der Mechanik (2. Newton'sches Gesetz)	18
3	**Energieerhaltung**	**23**
3.1	Arbeit	24
3.2	Energie als gespeicherte Arbeit	25
3.3	Energiearten in der Mechanik	25
3.4	Energieerhaltungssatz in der Mechanik	28
4	**Impulserhaltung**	**33**
4.1	Kraft und Gegenkraft (actio und reactio – 3. Newton'sches Gesetz)	34
4.2	Impuls	36
4.3	Abgeschlossene Systeme	37
4.4	Impulserhaltungssatz	38
4.5	Der lineare zentrale Stoß	40
5	**Einfache krummlinige Bewegungen**	**47**
5.1	Der waagrechte Wurf	48
5.2	Gleichförmige Kreisbewegung	51
6	**Harmonische Schwingung**	**59**
6.1	Harmonische Schwingung und Kreisbewegung	60
6.2	Ort s des Pendelkörpers	62
6.3	Ort s in Abhängigkeit von der Schwingungsphase φ und der Zeit t	62
6.4	Geschwindigkeit v in Abhängigkeit von der Schwingungsphase φ und der Zeit t	64
6.5	Beschleunigung a in Abhängigkeit von der Schwingungsphase φ und der Zeit t	64

6.6 Lineares Kraftgesetz 65
6.7 Schwingungsenergie 67
6.8 Übersicht über die Schwingungsphasen 68

7 Wellenphänomene 73
7.1 Die sinusförmige, lineare Querwelle 74
7.2 Die sinusförmige, lineare Längswelle 77
7.3 Wellenausbreitung in der Ebene und im Raum 78
7.4 Überlagerung von zwei Wellen in der Ebene (Interferenz) 79
7.5 Stehende Wellen 81

8 Gravitation 87
8.1 Das Gravitationsgesetz 88
8.2 Die Planetengesetze von Kepler 90

9 Drehbewegungen 95
9.1 Starre Körper mit fester Drehachse 96
9.2 Drehung mit konstanter Winkelgeschwindigkeit 96
9.3 Drehung mit konstanter Winkelbeschleunigung 97
9.4 Drehmoment 100
9.5 Grundgesetz der Drehbewegung – Trägheitsmoment 101
9.6 Trägheitsmomente spezieller Körper 103
9.7 Rotationsenergie und Energieerhaltung 104

10 Strömungslehre 111
10.1 Begriffe 112
10.2 Die Kontinuitätsgleichung 114
10.3 Das Bernoulligesetz 115
10.4 Strömungswiderstände 121

11 Akustik 127
11.1 Entstehung und Ausbreitung von Schallwellen 128
11.2 Schallformen 129
11.3 Schallfeldgrößen 132
11.4 Dopplereffekt 135

12 Lösungen 141

13 Formelsammlung 207

Autor: Klaus-Peter Schultze

Vorwort

Liebe Schülerin, lieber Schüler,

mit dem vorliegenden Band halten Sie ein **kompaktes Trainingsbuch** in Händen, das Sie bei der **Vorbereitung auf Schulaufgaben und Klassenarbeiten** wirksam unterstützt. Es lässt sich jedoch auch sehr gut **unterrichtsbegleitend** einsetzen, wie es sich auch zur **Vertiefung und Wiederholung des Lehrstoffes** und damit **zum Schließen individueller Wissenslücken** eignet. Dieses Anliegen spiegelt sich auch in seinem Aufbau wider:

- Jedes der ersten 11 Kapitel gliedert sich in einen Theorieteil und einen Aufgabenteil. Im **Theorieteil** wird der wesentliche Stoff **kompakt und verständlich erklärt**. Neue Formeln und Begriffe werden in **Beispielaufgaben** veranschaulicht.

- Die **Aufgabenteile** dienen dem Überprüfen, Anwenden und Vertiefen des erworbenen Wissens.

- Die **Lösungen** aller Aufgaben stehen im 12. Kapitel. Mit den Lösungen sind Sie in der Lage, die Korrektheit und Qualität Ihrer Lösungsversuche objektiv zu beurteilen. Wegen der besonders **ausführlichen Darstellung** der Lösungen wird es Ihnen leicht fallen, die einzelnen Lösungschritte nachzuvollziehen.

- Alle im Theorieteil vorkommenden **Formeln sind nummeriert**. Die Formel mit der Bezeichnung (3.4) ist beispielsweise die vierte Formel aus Kapitel 3 (Energieerhaltung). Die Anwendung der Formel wird später jeweils durch Angabe der „Formelnummer“ über dem entsprechenden Gleichheitszeichen angezeigt.

  Beispiel: $W \overset{(3.1)}{=} F \cdot s$

- Um Ihnen das Nachschlagen der Formeln zu erleichtern, finden Sie im letzten Kapitel **alle in diesem Band vorkommenden Formeln zusammengefasst**.

Viel Erfolg wünscht Ihnen

Klaus-Peter Schultze

1 Lineare Bewegung

Die Magnetbahn Transrapid beschleunigt in 228 s auf 410 km/h bei einer mittleren Beschleunigung von 0,5 m/s^2 und legt dabei etwa 13 km zurück. Überprüfen Sie die Stimmigkeit dieser Werte mit den Formeln (1.3) bis (1.6)!

1.1 Bewegung mit konstanter Geschwindigkeit

Ein Körper bewegt sich mit der konstanten Geschwindigkeit v in der Zeit t vom Startort s_0 zum Zielort s. Dabei legt er den Weg $(s - s_0)$ zurück.

Es gilt:

$$\text{Geschwindigkeit } v = \frac{\text{Weg } (s - s_0)}{\text{Zeit } t} = \text{konstant}$$

$$v = \frac{s - s_0}{t} \qquad \text{bzw.} \qquad s = vt + s_0 \qquad \text{mit } v = \text{konstant} \qquad (1.1)$$

oder, falls $s_0 = 0$

$$v = \frac{s}{t} \qquad \text{bzw.} \qquad s = vt \qquad \text{mit } v = \text{konstant} \qquad (1.2)$$

Einheiten: $[s] = [s_0] = m$; $[v] = \frac{m}{s}$; $[t] = s$

Beispiel

Ein Jogger läuft ohne Pausen mit einer Geschwindigkeit von $12\frac{km}{h}$ rund um den Starnberger See (Strecke: etwa 50 km).
Nach welcher Zeit hat der Sportler den See umrundet?

Lösung:

$$s \overset{(1.2)}{=} v \cdot t \Rightarrow t = \frac{s}{v} = \frac{50\text{ km}}{12\frac{km}{h}} = \frac{50}{12}\text{ h} = \frac{50}{12} \cdot 60\text{ min} = 250\text{ min} = \underline{\underline{4\text{ h }10\text{ min}}}$$

1.2 Bewegung mit konstanter Beschleunigung

Die Geschwindigkeit ändert sich in der Zeit t von der Anfangsgeschwindigkeit v_0 auf die Geschwindigkeit v bei konstanter Beschleunigung a.
Es gilt:

$$\text{Beschleunigung } a = \frac{\text{Geschwindigkeitsänderung } (v - v_0)}{\text{Zeit } t} = \text{konstant}$$

$$a = \frac{v - v_0}{t} \quad \text{bzw.} \quad v = a \cdot t + v_0 \qquad \text{mit } a = \text{konstant} \tag{1.3}$$

Einheiten: $[a] = \frac{m}{s^2}$; $[v] = \frac{m}{s}$; $[v_0] = \frac{m}{s}$; $[t] = s$

Weiter gilt für den in der Zeit t zurückgelegten Weg s bei der Beschleunigung a und der Anfangsgeschwindigkeit v_0:

$$s = \frac{a}{2} \cdot t^2 + v_0 \cdot t \tag{1.4}$$

Einheiten: $[s] = m$; $[a] = \frac{m}{s^2}$; $[t] = s$; $[v_0] = \frac{m}{s}$

Durch Eliminieren von t aus (1.3) und (1.4) erhält man den Zusammenhang von Beschleunigung a, Weg s, Endgeschwindigkeit v und Anfangsgeschwindigkeit v_0:

$$2as = v^2 - v_0^2 \tag{1.5}$$

Einheiten: $[a] = \frac{m}{s^2}$; $[s] = m$; $[v] = \frac{m}{s}$; $[v_0] = \frac{m}{s}$

Beispiel

Zu Beginn eines Überholmanövers hat ein Auto die Geschwindigkeit $v_0 = 72\frac{km}{h}$. Während des 10 s dauernden Überholvorgangs beschleunigt der Wagen mit $a = 1\frac{m}{s^2}$. Wie groß ist die Geschwindigkeit v am Ende des Überholmanövers? Welche Strecke s beansprucht der Überholvorgang?

Lösung:
Berechnung von v:

$$v \overset{(1.3)}{=} a \cdot t + v_0 = 1\,\frac{m}{s^2} \cdot 10\,s + 72\,\frac{km}{h} =$$
$$= 10\,\frac{m}{s} + 72\,\frac{km}{h} \overset{(1.6)}{=} 10\left(3{,}6\,\frac{km}{h}\right) + 72\,\frac{km}{h} =$$
$$= 36\,\frac{km}{h} + 72\,\frac{km}{h} = \underline{\underline{108\,\frac{km}{h}}}$$

Beachten Sie:

$$1\,\frac{km}{h} = \frac{1000\,m}{3600\,s} = \frac{1}{3{,}6}\,\frac{m}{s} \Rightarrow$$

$$\boxed{1\,\frac{km}{h} = \frac{1}{3{,}6}\,\frac{m}{s} \quad \text{bzw.} \quad 3{,}6\,\frac{km}{h} = 1\,\frac{m}{s}} \qquad (1.6)$$

Berechnung von s:

1. Möglichkeit mithilfe von (1.4)

$$s = \frac{a}{2} t^2 + v_0 \cdot t = 0{,}5\,\frac{m}{s^2} \cdot (10\,s)^2 + 72\,\frac{km}{h} \cdot 10\,s =$$
$$\overset{(1.6)}{=} 0{,}5\,\frac{m}{s^2} \cdot 100\,s^2 + \left(72\,\frac{1}{3{,}6}\,\frac{m}{s}\right) \cdot 10\,s =$$
$$= 50\,m + 200\,m =$$
$$= \underline{\underline{250\,m}}$$

2. Möglichkeit mithilfe von (1.5)

$$2\,as = v^2 - v_0^2 \Rightarrow s = \frac{v^2 - v_0^2}{2\,a} = \frac{\left[108\,\frac{km}{h}\right]^2 - \left[72\,\frac{km}{h}\right]^2}{2 \cdot 1\,\frac{m}{s^2}} =$$
$$\overset{(1.6)}{=} \frac{\left[108\left(\frac{1}{3{,}6}\,\frac{m}{s}\right)\right]^2 - \left[72\left(\frac{1}{3{,}6}\,\frac{m}{s}\right)\right]^2}{2\,\frac{m}{s^2}} =$$
$$= \frac{\left[30\,\frac{m}{s}\right]^2 - \left[20\,\frac{m}{s}\right]^2}{2\,\frac{m}{s^2}} = \frac{900\,\frac{m^2}{s^2} - 400\,\frac{m^2}{s^2}}{2\,\frac{m}{s^2}} =$$
$$= \frac{500\,\frac{m^2}{s^2}}{2\,\frac{m}{s^2}} = \underline{\underline{250\,m}}$$

1.3 Bewegung mit abschnittsweise konstanter Beschleunigung

Bei Bewegungen mit konstanter Beschleunigung a lassen sich 7 Fälle unterscheiden:

Fall 1: $a > 0$ und $v > 0$

schneller werdende Vorwärtsbewegung

Beispiel

t[s]	7	8	9	10
$v\left[\frac{m}{s}\right]$	$\frac{1}{4}$	$\frac{1}{2}$	$\frac{3}{4}$	1

Fall 2: $a = 0$ und $v > 0$

Vorwärtsbewegung mit konstanter Geschwindigkeit

Beispiel

t[s]	1	2	3	4
$v\left[\frac{m}{s}\right]$	$\frac{1}{2}$	$\frac{1}{2}$	$\frac{1}{2}$	$\frac{1}{2}$

Fall 3: $a < 0$ und $v > 0$

langsamer werdende (bremsende) Vorwärtsbewegung

Beispiel

t[s]	1	2	3	4
$v\left[\frac{m}{s}\right]$	$\frac{5}{4}$	1	$\frac{3}{4}$	$\frac{1}{2}$

Fall 4: $a > 0$ und $v < 0$

langsamer werdende (bremsende) Rückwärtsbewegung

Beispiel

t[s]	1	2	3	4
$v\left[\frac{m}{s}\right]$	$-\frac{5}{4}$	-1	$-\frac{3}{4}$	$-\frac{1}{2}$

Fall 5: $a = 0$ und $v < 0$

Rückwärtsbewegung mit konstanter Geschwindigkeit

Beispiel

t[s]	1	2	3	4
$v\left[\frac{m}{s}\right]$	$-\frac{1}{2}$	$-\frac{1}{2}$	$-\frac{1}{2}$	$-\frac{1}{2}$

Fall 6: $a < 0$ und $v < 0$

schneller werdende Rückwärtsbewegung

Beispiel

t[s]	7	8	9	10
$v\left[\frac{m}{s}\right]$	$-\frac{1}{4}$	$-\frac{1}{2}$	$-\frac{3}{4}$	-1

Fall 7: $a = 0$ und $v = 0$

der Körper ist in Ruhe (keine Bewegung)

Beispiel

t[s]	1	2	3	4
$v\left[\frac{m}{s}\right]$	0	0	0	0

Die Beispiele im t-v-Diagramm:

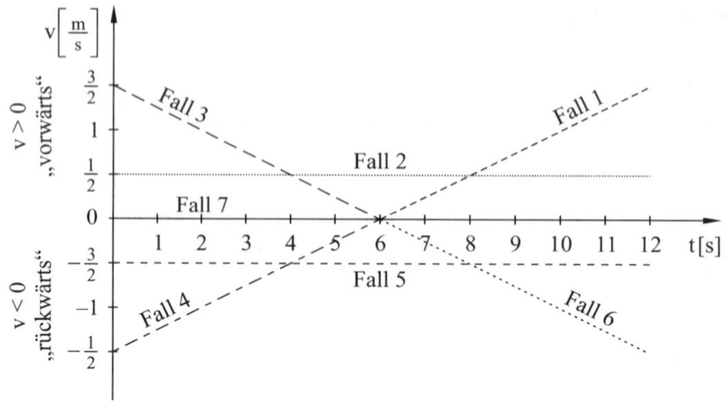

Abb. 1

a > 0:	t-v-Graph steigt (von links nach rechts)	(Fälle 1 und 4)
a = 0:	t-v-Graph ist parallel zur t-Achse	(Fälle 2, 5 und 7)
a < 0:	t-v-Graph fällt (von links nach rechts)	(Fälle 3 und 6)
v > 0:	t-v-Graph ist über der t-Achse	(Fälle 1, 2 und 3)
v = 0:	t-v-Graph ist auf der t-Achse	(Fall 7)
v < 0:	t-v-Graph ist unter der t-Achse	(Fälle 4, 5 und 6)

Die Beispiele im t-s-Diagramm:

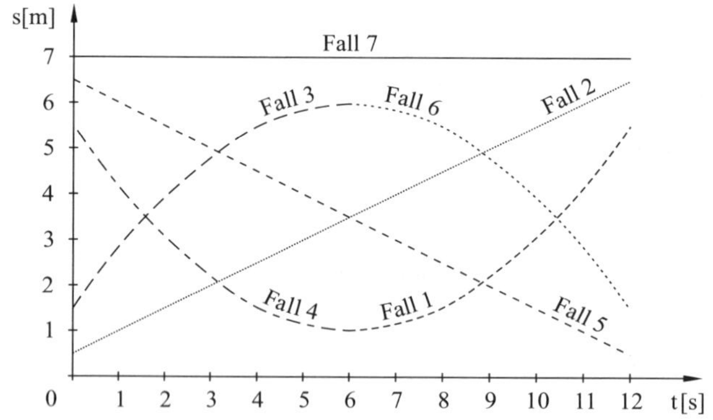

Abb. 2

a > 0: t-s-Graph ist linksgekrümmt 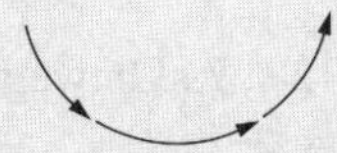 (Fälle 1 und 4)

a = 0: t-s-Graph ist eine Gerade (Fälle 2, 5 und 7)

a < 0: t-s-Graph ist rechtsgekrümmt 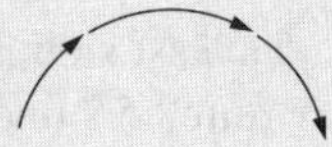 (Fälle 3 und 6)

v > 0: t-s-Graph steigt 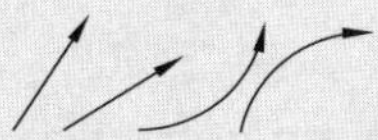 (Fälle 1, 2 und 3)

v = 0: t-s-Graph ist parallel zur t-Achse (Fall 7)

v < 0: t-s-Graph fällt 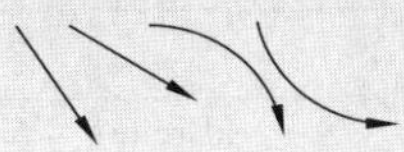 (Fälle 4, 5 und 6)

1.4 Berechnung des zurückgelegten Weges im t-v-Diagramm

Im t-v-Diagramm lässt sich die Fläche zwischen t-v-Graph und t-Achse als zurückgelegter Weg s deuten (vgl. Abb. 3).
Dabei entspricht eine Fläche über der t-Achse einem vorwärts (positive Bewegungsrichtung) zurückgelegten Weg und eine Fläche unterhalb der t-Achse einem rückwärts zurückgelegten Weg.

Beispiel

Gegeben ist das t-v-Diagramm einer Bewegung.

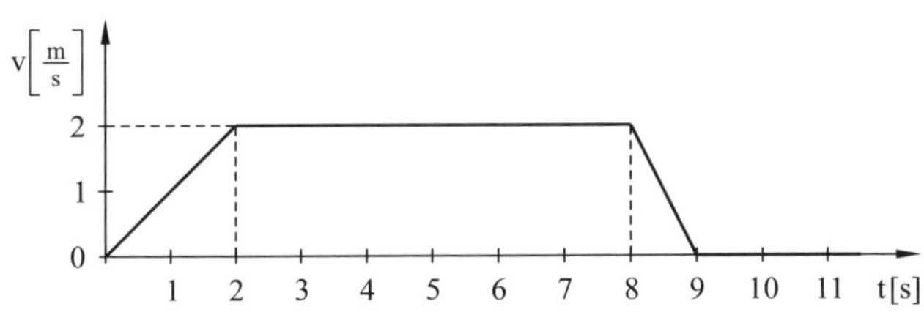

Abb. 3

Wie groß ist der im Zeitintervall [2 s; 7 s] zurückgelegte Weg?

Lösung:
Im Zeitintervall [2 s; 7 s] bewegt sich der Körper mit der konstanten Geschwindigkeit $v = 2\frac{m}{s}$

$$\Rightarrow \quad s \overset{(1.2)}{=} v \cdot t = 2\,\frac{m}{s} \cdot (7\,s - 2\,s) = 2\,\frac{m}{s} \cdot 5\,s = \underline{\underline{10\,m}}$$

Das Produkt $2\frac{m}{s} \cdot 5$ s lässt sich im t-v-Diagramm deuten als „Rechtecksfläche“ mit der „Breite“ 5 s und der „Höhe“ $2\frac{m}{s}$.

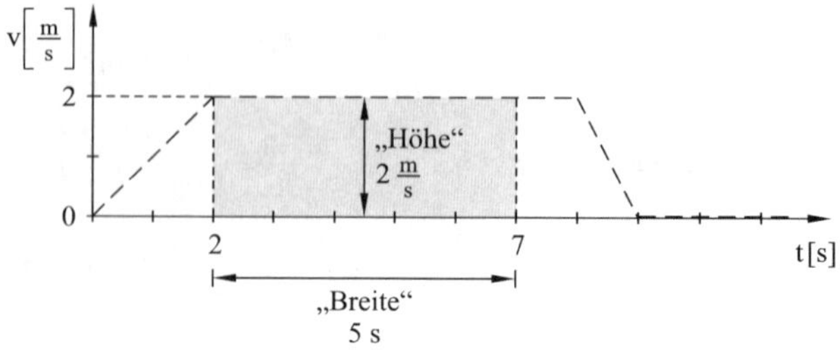

Abb. 4

$$\Rightarrow \text{„Rechtecksfläche“} = \text{„Breite“} \cdot \text{„Höhe“} = 5\,s \cdot 2\,\frac{m}{s} = \underline{\underline{10\,m}}$$

1.5 Mittlere Geschwindigkeit

Ein Körper bewege sich im Zeitintervall $[t_1; t_2]$ vom Ort s_1 zum Ort s_2.
Dabei legt er in der Zeitspanne $(t_2 - t_1)$ den Weg $(s_2 - s_1)$ zurück.
Es gilt:

$$\text{mittlere Geschwindigkeit } \overline{v} = \frac{\text{Weg } (s_2 - s_1)}{\text{Zeit } (t_2 - t_1)}$$

$$\overline{v} = \frac{s_2 - s_1}{t_2 - t_1} \tag{1.7}$$

Beispiel

Ein Ball werde zum Zeitpunkt t = 0 so senkrecht nach oben geworfen, dass er 5 m hoch steigt.
Das t-s-Diagramm zeigt die Bewegung des Balles.

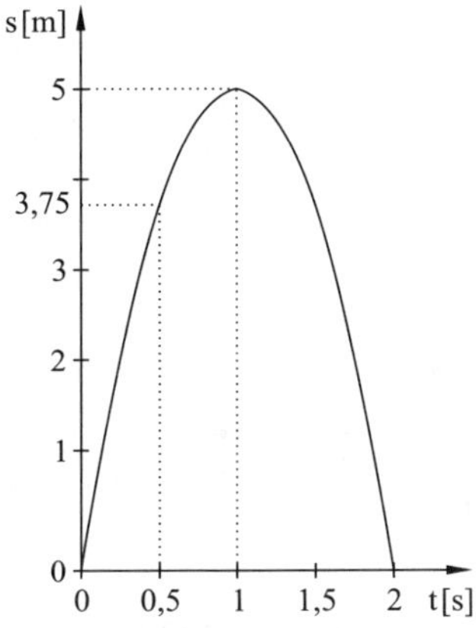

Abb. 5

a) Wie groß ist die mittlere Geschwindigkeit des Balles im Zeitintervall [0 s; 1 s]?
b) Wie groß ist die mittlere Geschwindigkeit des Balles im Zeitintervall [0,5 s; 2 s]?

Lösung:

a) nach (1.7) gilt: $\overline{v} = \frac{s_2 - s_1}{t_2 - t_1} = \frac{5\,m - 0\,m}{1\,s - 0\,s} = \underline{\underline{5\,\frac{m}{s}}}$

b) nach (1.7) gilt: $\overline{v} = \frac{s_2 - s_1}{t_2 - t_1} = \frac{0\,m - 3{,}75\,m}{2\,s - 0{,}5\,s} = \underline{\underline{-2{,}5\,\frac{m}{s}}}$

Aufgaben

1. Der Bummelzug B und der Regionalexpress E bewegen sich auf der geraden zweigleisigen Strecke zwischen Nullstadt und Metropol. Gegeben sind die t-s-Diagramme der Bewegungen:

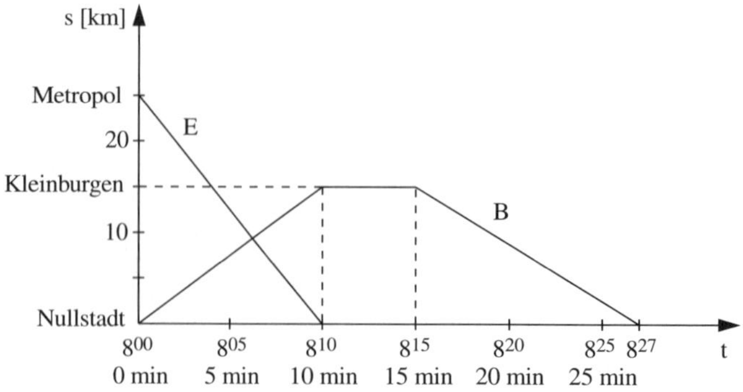

Abb. 6

a) Beschreiben Sie die Bewegungen der beiden Züge in Worten.

b) Wie groß ist jeweils die Momentangeschwindigkeit der beiden Züge um 8^{05} Uhr?

c) Mit welchen Geschwindigkeiten bewegt sich B um 8^{12} Uhr bzw. um 8^{20} Uhr?

d) Wo und wann begegnen sich die Züge?

e) Wie groß ist jeweils die mittlere Geschwindigkeit von B im Zeitintervall $[8^{05}; 8^{15}]$ und im Zeitintervall $[8^{12}; 8^{27}]$?

2. Die Stadt „Ostern" und die 45 km weiter westlich liegende Stadt „Western" sind mit einer geraden zweigleisigen Eisenbahnlinie verbunden.

Auszug aus dem Fahrplan:

	E1 ↓	D1 ↑
Ostern	ab 8^{05}	an 8^{38}
Western	an 8^{35}	ab 8^{13}

Der Eilzug E1 und der D-Zug D1 sollen sich zwischen den Städten praktisch mit konstanter Geschwindigkeit bewegen.

a) Zeichnen Sie ein t-s-Diagramm der Zugbewegungen!
t-Achse: $1\,\text{cm} \mathrel{\hat{=}} 5$ min; s-Achse: $1\,\text{cm} \mathrel{\hat{=}} 10$ km
Legen Sie den Zeitnullpunkt (t = 0 min) auf 8^{00} fest und den Ortsnullpunkt (s = 0 km) nach Ostern!

b) Berechnen Sie die Geschwindigkeiten der beiden Züge!

c) Welche Entfernung haben die Züge E1 und D1 um 8^{13}?

d) Um wie viel Uhr treffen sich die Züge?

e) Wie weit liegt der Treffpunkt von Ostern entfernt?

3. Beim 100 m Sprint in der Leichtathletik startet der Läufer mit hoher Beschleunigung, die allmählich abnimmt und erreicht mit der Höchstgeschwindigkeit das Ziel. Vereinfachend nehmen wir an, der Sprinter bewegt sich nach dem Start zunächst 2,4 s lang mit der konstanten Beschleunigung $a = 4{,}7\frac{m}{s^2}$ und läuft dann mit der erreichten konstanten Geschwindigkeit bis zum Ziel.

a) Wie groß ist die Strecke, die der Sprinter in der Beschleunigungsphase zurücklegt?

b) Wie groß ist die Geschwindigkeit des Sprinters nach der Beschleunigungsphase?

c) Nach welcher Zeit erreicht der Sprinter das Ziel?

4. Ein Pkw beschleunigt (konstante Beschleunigung) in 20 s von $0\frac{km}{h}$ auf $144\frac{km}{h}$ und fährt anschließend mit der konstanten Geschwindigkeit $144\frac{km}{h}$ weiter.

a) Bestimmen Sie die Beschleunigung des Pkw während der ersten 20 s!

b) Nach welcher Zeit hat der Pkw die Geschwindigkeit $12\frac{m}{s}$ erreicht?

c) Welchen Weg legt der Pkw in den ersten 30 s zurück?

5. Ein Fahrzeug bewegt sich nach dem Start 15 s lang mit der konstanten Beschleunigung a und erreicht dabei die Endgeschwindigkeit v. Mit dieser (jetzt konstanten) Endgeschwindigkeit v bewegt sich das Fahrzeug weiter. 40 s nach dem Start hat das Fahrzeug 812,5 m zurückgelegt.
Berechnen Sie die Beschleunigung a und die Endgeschwindigkeit v!

6. In einem Autotest wird bei einem mit genau $100\frac{km}{h}$ fahrenden Pkw eine Vollbremsung durchgeführt. Der Bremsweg beträgt 49 m. Berechnen Sie die „Bremsbeschleunigung" a, wenn angenommen wird, dass die Beschleunigung während des Bremsvorgangs konstant ist!

7. Ein verantwortungsloser Autofahrer rast bei einer Sichtweite von nur 50 m mit der Geschwindigkeit 108 km/h durch den dichten Nebel. Plötzlich taucht aus dem Nebel ein auf der Fahrbahn liegendes Hindernis auf. Der Fahrer reagiert blitzschnell und drückt schon nach 0,4 s scharf auf die Bremse. Das Abbremsen mit den sehr guten Bremsen erfolgt mit der weitgehend konstanten Bremsbeschleunigung $-7\,\frac{m}{s^2}$.

a) Wie weit ist das Fahrzeug beim Bremsbeginn noch von dem Hindernis entfernt?

b) Mit welcher Geschwindigkeit prallt das Auto auf das Hindernis?

c) Wie viele Sekunden nach dem Beginn der Bremsung erfolgt der Aufprall?

8. Gegeben ist das t-v-Diagramm einer Bewegung.

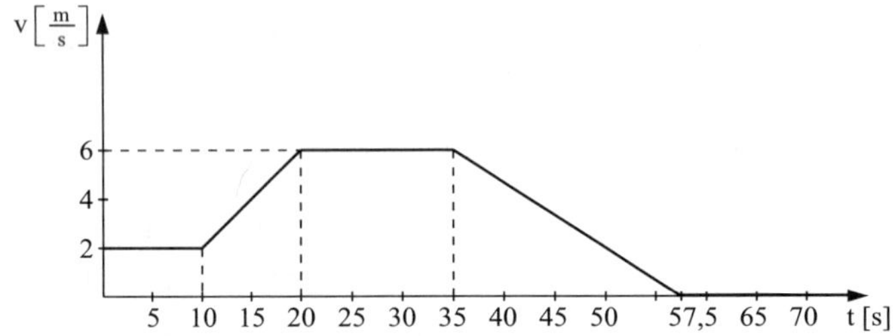

Abb. 7

a) Beschreiben Sie die Bewegung im Zeitintervall [0 s; 70 s]!

b) Berechnen Sie die Beschleunigung im Zeitintervall [10 s; 20 s]!

c) Berechnen Sie den jeweils zurückgelegten Weg und die mittleren Geschwindigkeiten für die Zeitintervalle [20 s; 35 s], [35 s; 57,5 s] und [10 s; 20 s]!

d) Welche Entfernung hat der Körper zur Zeit t = 70 s vom Ausgangspunkt (Ort zur Zeit t = 0 s)?

9. Gegeben ist das t-v-Diagramm einer Bewegung.

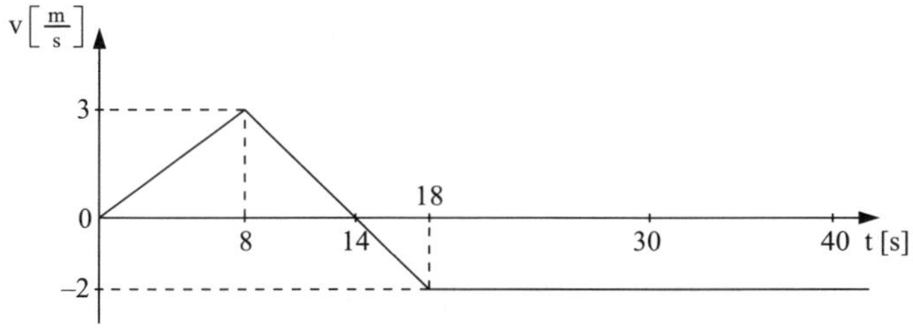

Abb. 8

a) Beschreiben Sie die Bewegung im Zeitintervall [0 s; 40 s]!

b) Wie weit entfernt sich der Körper in positiver Bewegungsrichtung maximal vom Ausgangspunkt?

c) Wie weit ist der Körper zum Zeitpunkt t = 18 s vom Ausgangspunkt entfernt?

d) Zu welchem Zeitpunkt bewegt sich der Körper wieder durch den Ausgangspunkt?

10. Gegeben ist das t-s-Diagramm einer Bewegung.

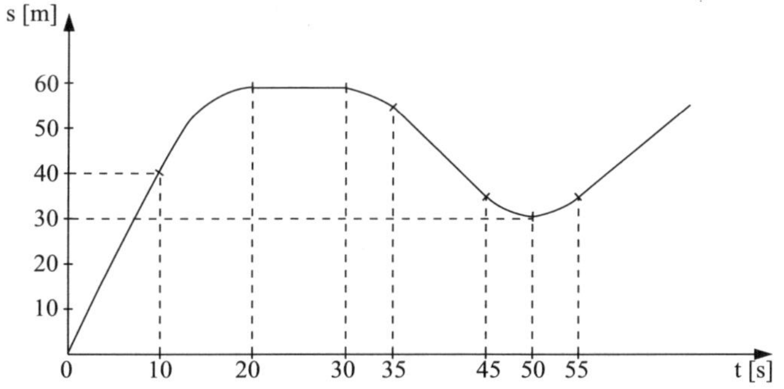

Abb. 9

a) Beschreiben Sie die Bewegung des Körpers in den Zeitintervallen:
[0 s; 10 s], [10 s; 20 s], [20 s; 30 s], [30 s; 35 s], [35 s; 45 s], [45 s; 50 s] und [50 s; 55 s]!

b) Berechnen Sie die mittleren Geschwindigkeiten in den Zeitintervallen [0 s; 50 s] und [10 s; 50 s]!

2 Trägheitssatz – Grundgesetz der Mechanik

Mit einem Teil seiner Muskelkräfte muss der Kugelstoßer eine Komponente der Gewichtskraft der Kugel überwinden, da die Kugel schräg aufwärts bewegt wird.
Der weitaus größere Anteil der Muskelkräfte aber wird für die Beschleunigung der Kugelmasse nach dem Grundgesetz der Mechanik (2.1) aufgewendet.

2.1 Beschleunigte und nicht-beschleunigte Bewegungen

Eine beschleunigte Bewegung liegt nicht nur dann vor, wenn ein Körper schneller oder langsamer wird, sondern auch, wenn sich die Richtung seiner Bewegung ändert d. h., wenn er sich nicht geradlinig bewegt.

Beispiele

1. Beschleunigte Bewegungen
   a) Ein Auto bremst auf einer geraden Strecke.
   b) Ein Motorradfahrer fährt mit konstant $20\frac{\text{km}}{\text{h}}$ in einer Kurve (d. h. nicht geradlinig).
   c) Ein Radfahrer rollt antriebslos auf einer schiefen Ebene und wird dabei schneller.
   d) Ein Auto fährt mit konstant $80\frac{\text{km}}{\text{h}}$ über eine Kuppe (d. h. nicht geradlinig) (vgl. Abb. 10).

Abb. 10

2. Nicht-beschleunigte Bewegungen
   a) Ein Auto fährt mit der konstanten Geschwindigkeit von $100\frac{\text{km}}{\text{h}}$ auf einer schnurgeraden, ebenen Straße (d. h. geradlinig).
   b) Ein Auto parkt (d. h. es ruht).
   c) Ein Fallschirmspringer bewegt sich bei geöffnetem Fallschirm und Windstille mit der konstanten Geschwindigkeit von $20\frac{\text{km}}{\text{h}}$ senkrecht auf die Erde zu (d. h. geradlinig).

2.2 Trägheitssatz (1. Newton'sches Gesetz)

Ein Körper bewegt sich genau dann **nicht**-beschleunigt, wenn auf ihn keine Kraft wirkt, bzw. wenn sich alle an dem Körper angreifenden Kräfte gegenseitig aufheben.

Beispiel

Ein Pkw fährt auf einer schnurgeraden, ebenen Autobahnstrecke mit der konstanten Geschwindigkeit von $120\frac{\text{km}}{\text{h}}$, d. h., der Pkw bewegt sich **nicht**-beschleunigt.
Nach dem Trägheitssatz darf auf den Pkw keine Kraft wirken, bzw. müssen sich alle an ihm angreifenden Kräfte gegenseitig aufheben.

Das ist tatsächlich der Fall: Die in Fahrtrichtung wirkende Antriebskraft $\vec{F}_A$ des Pkw wird durch eine betragsgleiche, entgegengesetzt wirkende Reibungskraft $\vec{F}_R$ kompensiert.

Auch die nach unten wirkende Gewichtskraft $\vec{G}$ wird von einer durch die Unterlage (Straßenbelag) bedingte Kraft $\vec{F}_U$ ausgeglichen.

Die Summe aller an dem Pkw angreifenden Kräfte ist somit null. Der Pkw befindet sich im Kräftegleichgewicht (vgl. Abb. 11).

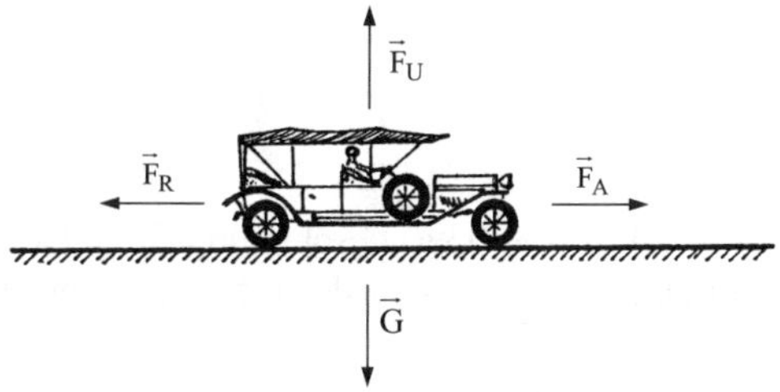

Abb. 11

2.3 Grundgesetz der Mechanik (2. Newton'sches Gesetz)

Aus dem Trägheitssatz folgt, dass ein Körper sich genau dann beschleunigt bewegt, wenn auf ihn eine Kraft wirkt (die von keiner anderen Kraft kompensiert wird).

Welche Kraft $\vec{F}$ muss auf einen Körper der Masse m wirken, damit er sich mit der Beschleunigung $\vec{a}$ bewegt? Diese Frage wird mit dem Grundgesetz der Mechanik (2. Newton'sches Gesetz) beantwortet:
vektorielle Form:

$$\boxed{\vec{F} = m \cdot \vec{a}} \quad \Rightarrow \text{ Kraft } \vec{F} \text{ und Beschleunigung } \vec{a} \text{ sind gleich gerichtet} \qquad (2.1)$$

Betragsform:

$$\boxed{F = m \cdot a} \qquad (2.2)$$

Einheiten: $[F] = N$; $[m] = kg$; $[a] = \frac{m}{s^2}$

Beachten Sie:

$$\boxed{1\,N = 1\,kg\,\frac{m}{s^2}} \qquad (2.3)$$

Beispiel

Ein geradeaus fahrender Pkw (Masse: 800 kg) beschleunigt in 0,5 s von $22\frac{km}{h}$ auf $25{,}6\frac{km}{h}$. (Die Beschleunigung a sei während der 0,5 s als konstant angenommen.)
Mit welcher Kraft F wird der Pkw beschleunigt?

Lösung:
Beschleunigung a:

$$a \overset{(1.3)}{=} \frac{v - v_0}{t} = \frac{25{,}6\,\frac{km}{h} - 22\,\frac{km}{h}}{0{,}5\,s} = \frac{3{,}6\,\frac{km}{h}}{0{,}5\,s} \overset{(1.6)}{=} \frac{1\,\frac{m}{s}}{0{,}5\,s} = 2\,\frac{m}{s^2}$$

beschleunigende Kraft F:

$$F \overset{(2.2)}{=} m \cdot a = 800\,kg \cdot 2\,\frac{m}{s^2} = 1600\,kg\,\frac{m}{s^2} \overset{(2.3)}{=} \underline{\underline{1600\,N}}$$

Spezialfall:
An einem festen Ort fallen (wenn man von der Luftreibung absieht) alle Körper mit der gleichen Fallbeschleunigung g.

Nach (2.2) gilt für die beschleunigende Kraft F

$$F = m \cdot a = m \cdot g \quad \text{(wegen } a = g\text{)}$$

und da F mit der Gewichtskraft G identisch ist:

$$\boxed{G = m \cdot g} \qquad (2.4)$$

Einheiten: $[F] = N$; $[m] = kg$; $[g] = \frac{m}{s^2} = \frac{N}{kg}$

Die Fallbeschleunigung g wird auch als Ortsfaktor bezeichnet, da sie nur vom Ort abhängt.

Auf der Erdoberfläche gilt:

$$\boxed{g \approx 9{,}81 \frac{m}{s^2} = 9{,}81 \frac{N}{kg}} \qquad (2.5)$$

Aufgaben

11. Ein Fallschirmspringer (Gesamtmasse mit Fallschirm: 90 kg) bewegt sich bei geöffnetem Fallschirm und Windstille mit konstant $20 \frac{km}{h}$ senkrecht auf die Erde zu.
Wie groß ist die Luftreibungskraft, die den freien Fall des Fallschirmspringers bremst?

12. Ein Marsbewohner lässt einen Stein in einen 121,6 m tiefen Marsbrunnen fallen. Nach genau 8 s trifft der Stein auf dem Brunnenboden auf.

a) Berechnen Sie die Fallbeschleunigung g_M auf dem Mars!

b) Berechnen Sie die Masse m_x des Gewichtskörpers so, dass die Beschleunigung des Luftkissenfahrzeugs (m_L = 100 g) gleich ist der Fallbeschleunigung auf dem Mars!
(m_L und m_x befinden sich auf der Erde).

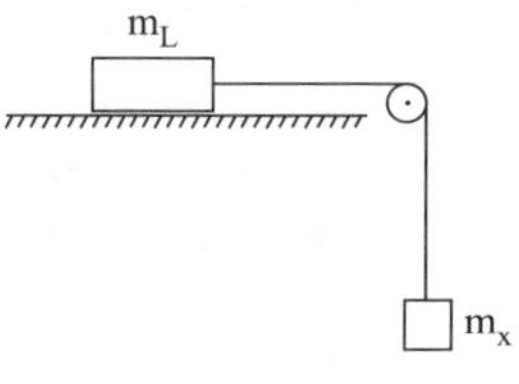

Abb. 12

13. Auf der einen Seite einer masselosen Rolle hängt ein Körper der Masse $m_1 = 100$ g, auf der anderen Seite ein Körper der Masse $m_2 = 120$ g. (Reibungskräfte sowie die Massen von Rolle und Schnur seien vernachlässigt).

a) Berechnen Sie die Beschleunigung der Körper!

b) Wie groß müsste m_2 sein ($m_1 = 100$ g), damit die Beschleunigung halb so groß wäre wie die Fallbeschleunigung g?

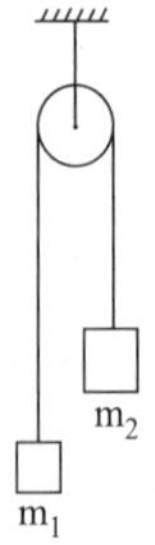

Abb. 13

14. Ein Pkw mit der Gesamtmasse 1100 kg lässt sich nach der Angabe des Herstellers in 10,5 s von 0 km/h auf 100 km/h beschleunigen.
Wie groß ist die beschleunigende Kraft, wenn angenommen wird, dass die Beschleunigung konstant ist?

15. Ein Tennisprofi der Weltklasse beschleunigt beim ersten Aufschlag die „Filzkugel" (Masse ca. 58 g) auf etwa 200 km/h.
Wie groß ist die mittlere Kraft, mit der der Tennisball beschleunigt wird, wenn die Zeitspanne, in der der Ball den Schläger berührt $6 \cdot 10^{-2}$ s beträgt?

16. Der Fahrer (Masse 68 kg) eines Pkw verliert nach einem zu gewagten Überholmanöver die Kontrolle über sein Fahrzeug. Trotz Vollbremsung prallt der Wagen frontal mit der Geschwindigkeit 60 km/h auf einen dicken (völlig unnachgiebigen) Baumstamm. Die Front des Autos (sog. Knautschzone) wird dabei um 90 cm zusammengedrückt. Zunächst sei zugunsten des Fahrers angenommen, dass dieser vorschriftsgemäß angeschnallt war. Die Dehnung des Gurtes während des Aufpralls soll unberücksichtigt bleiben.

a) Wie groß ist die durchschnittliche Bremsverzögerung (negative Beschleunigung) des Fahrers während des Aufpralls?

b) Wie groß ist die durchschnittliche Kraft mit der der Gurt beim Aufprall auf den Oberkörper des Mannes drückt?

c) Jetzt nehmen wir an, der leichtsinnige Überholer war nicht angegurtet! Während der Vorderteil des Pkw durch das Zusammendrücken der „Knautschzone" bereits abgebremst wird, bewegt sich der Fahrer auf das Lenkrad zu, auf das er erst prallt, nachdem dieses schon weitgehend zum Stillstand gelangt ist. Beim Aufprall wird das Lenkrad mit der Lenksäule um 4 cm zusammengedrückt.
Wie groß ist in diesem Fall, bei der Aufprallgeschwindigkeit 60 km/h, die Kraft mit der das Lenkrad auf den Oberkörper des Mannes drückt?

17. Welche Schubkraft musste jedes der fünf gleichen Triebwerke (F1-Motoren) einer Saturn V-Rakete (Gesamtmasse: 2 900 t) aufbringen, damit die Rakete unmittelbar nach dem Start (von der Erde) mit der Beschleunigung $1{,}7\,\frac{m}{s^2}$ senkrecht nach oben abheben konnte?
[Hinweis: Die Saturn V war die Trägerrakete (für den Start von der Erde) die die ersten Mondlandungen von Menschen (ab 1969) ermöglichte.]

18. Jemand beschleunigt (konst. Beschleunigung) mit der Hand 0,2 s lang einen Stein der Masse 200 g auf der senkrechten Strecke [AB]. Beim Loslassen im Punkt B hat der Stein die Geschwindigkeit $15\,\frac{m}{s}$ nach oben.

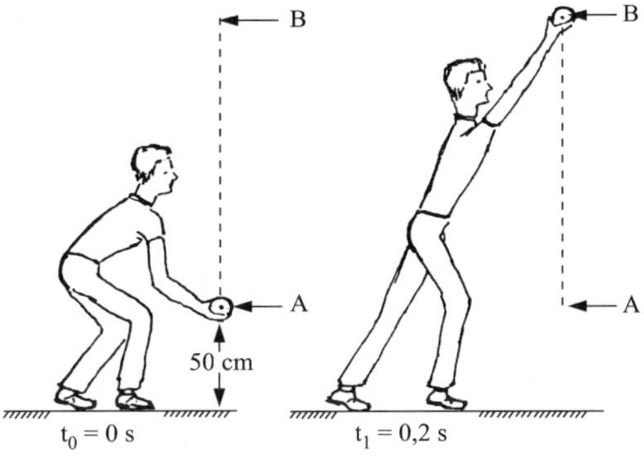

Abb. 14

a) Wie groß ist die Kraft, die den Stein nach oben beschleunigt?

b) Wie lange dauert es (vom Moment des Loslassens ab gerechnet), bis der Stein seinen höchsten Flugpunkt erreicht?

c) Zeichnen Sie ein t-v-Diagramm von der Bewegung des Steines von $t_0 = 0$ s bis zu dem Moment, in dem der Stein seinen höchsten Flugpunkt erreicht!

d) Welche größte Steighöhe erreicht der Stein relativ zum Erdboden?

19. Ein junger Mann lässt einen Stein in einen tiefen Brunnenschacht fallen. Nach 3,5 s hört er den Aufprall des Steines.

a) Wie tief ist der Brunnen, wenn man sowohl die Luftreibung als auch die Zeit, die der Schall auf dem Weg vom Brunnenboden bis zum Ohr des Mannes braucht unberücksichtigt lässt?

b) Ist der Brunnenschacht in Wirklichkeit tiefer oder weniger tief, als in Teilaufgabe a berechnet?
Begründen Sie die Antwort ausführlich!

20. An einem 40 m hohen Turm lösen sich im zeitlichen Abstand von genau zwei Sekunden zwei Eiszapfen. (Luftreibung vernachlässigt!)

a) Berechnen Sie die Fallzeit der Eiszapfen!

b) In welcher Höhe über dem Boden befindet sich der zweite Zapfen, wenn der erste gerade auf dem Boden aufschlägt?

3 Energieerhaltung

Bei einer Achterbahn werden die Wagen zunächst auf eine maximale Höhe gehoben. Sie erhalten dabei potentielle Energie der Höhe. Beim Abwärtsrollen wandelt sich diese Energie in Bewegungsenergie um, wobei die mechanische Gesamtenergie der Wagen wegen der geringen Reibung fast konstant bleibt (vgl. Energieerhaltungssatz auf S. 28).

3.1 Arbeit

Wirkt auf einen Körper eine Kraft F entlang des Weges s, so wird an ihm die Arbeit W verrichtet:

$$W = F \cdot s \qquad (3.1)$$

Einheiten: [W] = Nm = J; [F] = N; [s] = m

Beispiel

Auf einer Baustelle soll mit einem Seil über eine feste Rolle ein mit Mörtel gefüllter Eimer (Masse 14 kg) 6 m hoch gezogen werden. Wie groß ist die Hubarbeit W, die an dem Eimer verrichtet werden muss?

Lösung:
Sieht man von der Reibung der Rolle und von dem Gewicht des Seiles ab, so ist die zum Hochziehen erforderliche Kraft gleich der Gewichtskraft G des Eimers:

$$F = G \overset{(2.4)}{=} m \cdot g \overset{(2.5)}{=} 14\,\text{kg} \cdot 9{,}81 \frac{\text{N}}{\text{kg}} = $$
$$= 137{,}34 \;\; \text{N}$$

Abb. 15

Der Weg s entspricht der Strecke h, die der Eimer hoch gehoben wird:

$s = h = 6$ m

$$\Rightarrow \; W \overset{(3.1)}{=} F \cdot s = m \cdot g \cdot h = 137{,}34 \;\; \text{N} \cdot 6 \;\; \text{m} \approx \underline{\underline{824 \;\; \text{J}}}$$

3.2 Energie als gespeicherte Arbeit

Die Arbeit, die man in den Eimer (vgl. Beispiel auf S. 24) beim Hochziehen gewissermaßen hineinsteckt, ist nicht verloren. In dem hochgezogenen Eimer bleibt die Arbeit gespeichert. Man sagt: der hochgezogene Eimer trägt Energie. Er kann die gespeicherte Arbeit (Energie) auf verschiedene Weise wieder freisetzen:

Beispiel

Der hochgezogene Eimer E_1 wird über die Rolle mit einem unten stehenden, etwa gleich schweren Eimer E_2 verbunden. Stößt man E_1 mit geringer Kraft nach unten, so steigt E_2 nach oben (vgl. Abb. 16).
Während E_1 seine Energie allmählich verliert, wird an E_2 Hubarbeit verrichtet. Das heißt die Energie, die E_1 verliert, geht auf E_2 über. Die Summe der Energien von E_1 und E_2 bleibt dabei gleich.

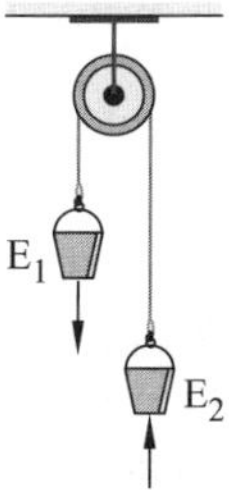

Abb. 16

Bemerkung:
Die hier festgestellte **Energieerhaltung** wird auf Seite 28 allgemeiner formuliert.

3.3 Energiearten in der Mechanik

Kinetische Energie (Bewegungsenergie)

Die Arbeit, die zum Beschleunigen eines Körpers der Masse m vom Ruhezustand auf die Geschwindigkeit v aufgewendet wurde, ist in ihm als kinetische Energie E_{kin} gespeichert.

$$E_{kin} = \frac{1}{2} m\, v^2 \qquad (3.2)$$

Einheiten: $[E_{kin}] = J$; $[m] = kg$; $[v] = \frac{m}{s}$

Beispiel

Ein Pkw (Masse: 1 000 kg) fährt mit 108 $\frac{km}{h}$ auf der Autobahn. Wie groß ist die kinetische Energie des Autos?

Lösung:

$$E_{kin} \overset{(3.2)}{=} \frac{1}{2} m v^2 = 500 \text{ kg} \cdot \left[108 \frac{km}{h}\right]^2 \overset{(1.6)}{=}$$
$$= 500 \text{ kg} \cdot \left[108 \left(\frac{1}{3,6} \frac{m}{s}\right)\right]^2 = 500 \text{ kg} \cdot \left[30 \frac{m}{s}\right]^2 =$$
$$= 500 \text{ kg} \cdot 900 \frac{m^2}{s^2} = 450000 \text{ kg} \frac{m}{s^2} \cdot m \overset{(2.3)}{=}$$
$$= 450000 \text{ Nm} = \underline{\underline{450000 \text{ J}}} = \underline{\underline{450 \text{ kJ}}}$$

Potentielle Energie der Höhe (Höhenenergie)

Die Arbeit, die zum Heben eines Körpers (Gewicht G = m · g, Hubstrecke h) aufgewendet wurde (Hubarbeit, vgl. Beispiel auf S. 24), ist in ihm als potentielle Energie (der Höhe) E_h gespeichert.

$$E_h = G \cdot h \overset{(2.4)}{=} m \cdot g \cdot h \qquad (3.3)$$

Einheiten: $[E_h] = J$; $[G] = N$; $[h] = m$; $[m] = kg$; $[g] = \frac{N}{kg} = \frac{m}{s^2}$

Die Höhe h bezieht sich auf ein Nullniveau (NN). g ist der Ortsfaktor, bzw. die Fallbeschleunigung.
Auf der Erdoberfläche gilt:

$$g \approx 9{,}81 \frac{N}{kg} = 9{,}81 \frac{m}{s^2} \quad \text{(vgl. (2.5))}$$

Beispiel

Eine Blumenkiste (Masse 4 kg) steht auf einem 1 m hohen Balkongeländer. Die (obere Kante der) Betonplatte des Balkons befindet sich 2 m über dem Erdboden des Gartens.
Welche potentielle Energie der Höhe wird jeweils frei, wenn der Blumentopf auf die Balkonplatte (Nullniveau 1), bzw. in den Garten (Nullniveau 2) fällt?

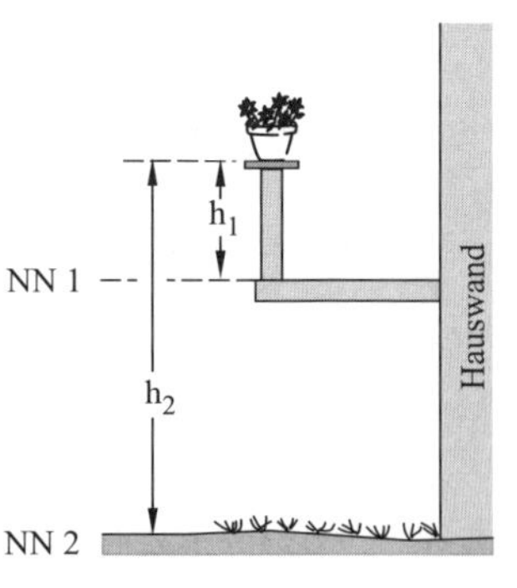

Abb. 17

Lösung:
Bezogen auf NN 1

$$E_h \overset{(3.3)}{=} m\,g\,h_1 = 4\,\text{kg} \cdot 9{,}81\,\frac{\text{N}}{\text{kg}} \cdot 1\,\text{m} = 39{,}24\,\text{Nm} = \underline{\underline{39{,}24\,\text{J}}}$$

Bezogen auf NN 2

$$E_h \overset{(3.3)}{=} m\,g\,h_2 = 4\,\text{kg} \cdot 9{,}81\,\frac{\text{N}}{\text{kg}} \cdot 3\,\text{m} = 117{,}72\,\text{Nm} = \underline{\underline{117{,}72\,\text{J}}}$$

Potentielle Energie der gespannten Feder (Spannenergie)
Die Arbeit, die beim Spannen einer Hooke'schen Feder mit der Federkonstanten D (vgl. (3.5)) durch Dehnung oder Stauchung (Längenveränderung s) aufgewendet wurde, ist in ihr als potentielle Energie (der gespannten Feder) E_{Sp} gespeichert.

$$\boxed{E_{Sp} = \frac{1}{2} D\, s^2} \qquad (3.4)$$

Einheiten: $[E_{Sp}] = \text{J}$; $[D] = \frac{\text{N}}{\text{m}}$; $[s] = \text{m}$

Dabei ist die Federkonstante D (oder Federhärte) das bei einer Hooke'schen Feder konstante Verhältnis aus Dehnungskraft F und Dehnungsstrecke s (bzw. aus Stauchungskraft F und Stauchungsstrecke s).

$$\boxed{D = \frac{F}{s}} \qquad (3.5)$$

Einheiten: $[D] = \frac{\text{N}}{\text{m}}$; $[F] = \text{N}$; $[s] = \text{m}$

Beispiel

Mit der Kraft F = 10 N lässt sich eine Hooke'sche Feder um 5 cm verlängern (dehnen). Welche Energie trägt die Feder, wenn sie um 20 cm gedehnt ist?

Lösung:

$$D \overset{(3.5)}{=} \frac{F}{s} = \frac{10\,\text{N}}{5\,\text{cm}} = \frac{10\,\text{N}}{0{,}05\,\text{m}} = 200\,\frac{\text{N}}{\text{m}}$$

$$E_{Sp} \overset{(3.4)}{=} \frac{1}{2} D\, s^2 = \frac{1}{2} \cdot 200\,\frac{\text{N}}{\text{m}} \cdot (20\,\text{cm})^2 =$$
$$= 100\,\frac{\text{N}}{\text{m}} \cdot (0{,}20\,\text{m})^2 = 100\,\frac{\text{N}}{\text{m}} \cdot 0{,}04\,\text{m}^2 = 4\,\text{Nm} = \underline{\underline{4\,\text{J}}}$$

3.4 Energieerhaltungssatz in der Mechanik

Wie wir bereits bei dem Beispiel auf Seite 25 mit den an einer Rolle hängenden Eimern festgestellt haben, bleibt unter bestimmten Voraussetzungen die Gesamtenergie erhalten:

Bei reibungsfreien und vollelastischen Vorgängen bleibt in einem abgeschlossenen System die Summe der mechanischen Energien gleich.

Hinweis: Der Begriff „abgeschlossenes System“ wird auf Seite 37 erklärt.

Beispiel

Abb. 18

Auf einem gleichmäßig abfallenden Straßenabschnitt [AB] (Länge 200 m; Höhenunterschied 20 m) hat ein Radfahrer (100 kg) bei A die Geschwindigkeit $5\frac{m}{s}$ (Abb. 18).

Welche Geschwindigkeit hat der Radfahrer bei B,

a) wenn er von A nach B ohne Antrieb (und ohne Reibung) rollt?

b) wenn er von A nach B gleichmäßig mit der Kraft 80 N bremst?

Lösung:

Zunächst legen wir das Nullniveau (auf das sich die potentielle Energie der Höhe bezieht) durch den unteren Punkt B.

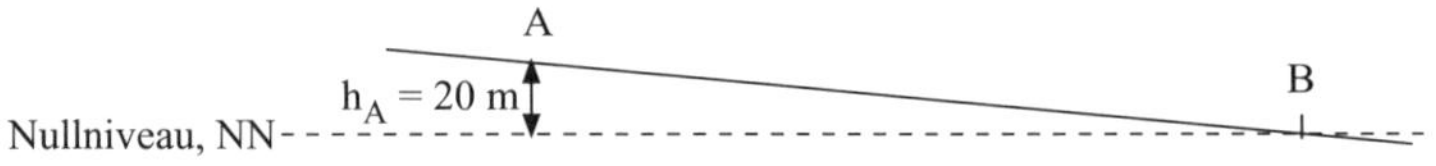

Abb. 19

$\Rightarrow$ im Punkt B ist die potentielle Energie Null

Wir führen folgende Bezeichnungen ein:

$E_{kin\,B}$:	kin. Energie im Punkt B;	v_B:	Geschwindigkeit in B
$E_{kin\,A}$:	kin. Energie im Punkt A;	v_A:	Geschwindigkeit in A
$E_{h\,A}$:	pot. Energie im Punkt A;	h_A:	Höhe von A über NN

a) Es handelt sich um einen reibungsfreien Vorgang, also gilt der mechanische Energieerhaltungssatz.

$\Rightarrow$ Summe der mechanischen Energien des Radfahrers im Punkt B = Summe der mechanischen Energien des Radfahrers im Punkt A

$$\Rightarrow \quad E_{kin\,B} = E_{kin\,A} + E_{h\,A}$$

$$\Rightarrow \quad \tfrac{1}{2} m v_B^{\,2} = \tfrac{1}{2} m v_A^{\,2} + m g h_A \qquad \Big| \cdot \tfrac{2}{m}$$

$$v_B^{\,2} = v_A^{\,2} + 2 g h_A$$

$$v_B^{\,2} = \left(5\,\tfrac{m}{s}\right)^2 + 2 \cdot 9{,}81\,\tfrac{m}{s^2} \cdot 20\,m$$

$$v_B^{\,2} = 417{,}4\,\tfrac{m^2}{s^2}$$

$$v_B = \underline{\underline{20{,}43\,\tfrac{m}{s}}}$$

b) Es handelt sich um keinen reibungsfreien Vorgang, d. h. der mechanische Energieerhaltungssatz gilt nicht.
Ein Teil der mechanischen Energie wird durch Reibungsarbeit W_R verbraucht.
Energieansatz:

$\Rightarrow$ Summe der mechanischen Energien des Radfahrers im Punkt B = Summe der mechanischen Energien des Radfahrers im Punkt A − Reibungsarbeit

$$\Rightarrow \quad E_{kin\,B} = E_{kin\,A} + E_{h\,A} - W_R$$

$$\tfrac{1}{2} m v_B^{\,2} = \tfrac{1}{2} m v_A^{\,2} + m g h_A - \underbrace{F_R \cdot s}_{(3.1)} \qquad \Big| \cdot \tfrac{2}{m}$$

$$v_B^{\,2} = v_A^{\,2} + 2 g h_A - \frac{2 F_R \cdot s}{m}$$

$$v_B^{\,2} = \left(5\,\tfrac{m}{s}\right)^2 + 2 \cdot 9{,}81\,\tfrac{m}{s^2} \cdot 20\,m - \frac{2 \cdot 80\,N \cdot 200\,m}{100\,kg}$$

$$v_B^{\,2} = 25\,\tfrac{m^2}{s^2} + 392{,}4\,\tfrac{m^2}{s^2} \overset{(2.3)}{-} 320\,\tfrac{m^2}{s^2}$$

$$v_B^{\,2} = 97{,}4\,\tfrac{m^2}{s^2}$$

$$v_B = \underline{\underline{9{,}87\,\tfrac{m}{s}}}$$

Aufgaben

21. Mit welcher Geschwindigkeit muss ein auf dem Elfmeterpunkt liegender Fussball geschossen werden, damit er mit der Geschwindigkeit $11\,\frac{m}{s}$ auf die Querlatte (Höhe: 2,44 m) trifft? (Luftreibung vernachlässigt!)

22. Ein Federkatapult kann mit der Kraft 80 N gespannt werden, wobei sich die (Hooke'sche-)Feder um 5 cm verkürzt.

a) Berechnen Sie die Federkonstante D und die potentielle Energie der gespannten Feder!
[Teilergebnis: $E_{Sp} = 2\ J$]

b) Mit dem Katapult wird eine Kugel (Masse: 5 g) senkrecht nach oben abgeschossen. Wie groß ist die Abschussgeschwindigkeit der Kugel, wenn sie beim Abschuss 50 % der Federenergie aufnimmt, und wie hoch steigt die Kugel nach dem Abschuss? (Luftreibung vernachlässigt!)

23. Auf einer Achterbahn bewegt sich ein Wagen (Gesamtmasse: 700 kg) mit der Geschwindigkeit 3 m/s durch Punkt A und rollt dann antriebslos über B nach C (vgl. Abb. 20). Der Weg (Bahnlänge) von A nach B beträgt 30 m und von B nach C 20 m.

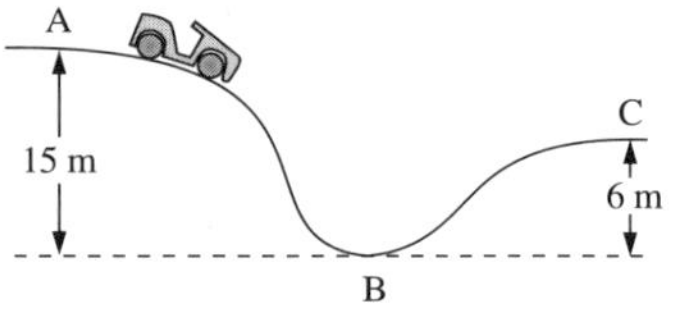

Abb. 20

a) Wie groß ist die Geschwindigkeit des Wagens im Punkt C, wenn man von Reibungskräften absieht?

b) Wie groß ist die Geschwindigkeit des Wagens im Punkt C, wenn der Wagen auf der ganzen Strecke von der konstanten Reibungskraft 120 N gebremst wird?

c) Von A bis B bewege sich der Wagen reibungsfrei. Ab Punkt B werde der Wagen von einer eingebauten Bremse gebremst. Wie groß müsste die als konstant angenommene Bremskraft sein, dass der Wagen genau im Punkt C zum Stehen kommt?

24. Ein Skifahrer (Gesamtmasse 75 kg) fährt einen Hang (30° Neigung) im Schuss hinunter, um auf dem Gegenhang (30° Neigung) die Liftstation L zu erreichen (Reibungskraft: 3 % des Skifahrergewichts).

a) Wie groß ist die Geschwindigkeit des Skifahrers im Punkt B und die Beschleunigung auf der Strecke [AB], wenn er bei A startet?

b) Aus welcher Höhe x (bezogen auf das Nullniveau) muss der Skiläufer starten, um L gerade noch zu erreichen?
Wie hängt x von der Masse des Skifahrers ab? (Begründung!)

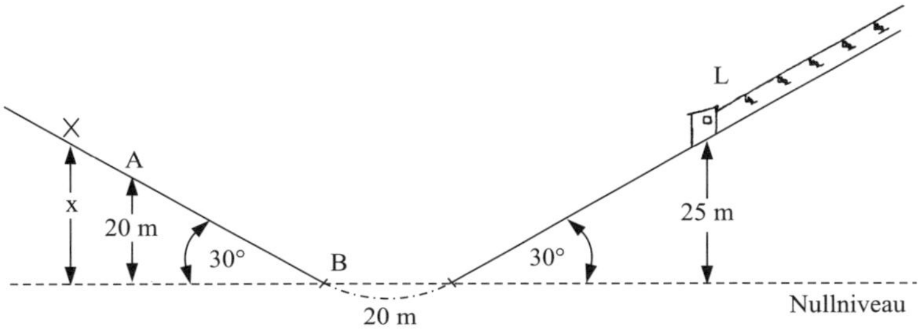

Abb. 21

25. Ein abgeschlossenes System besteht aus einer festen und einer losen Rolle mit zwei Körpern A und B ($m_A = 300$ g; $m_B = 200$ g).
Im Zustand 1 sind die Körper A und B in Ruhe. Wird Körper B losgelassen, so beschleunigt er nach unten, während gleichzeitig A nach oben beschleunigt.

a) Begründen Sie, weshalb in jedem Moment gilt: Die Geschwindigkeit von B ist doppelt so groß wie die Geschwindigkeit von A.

b) Wie groß sind die Geschwindigkeiten der Körper A und B im Zustand 2?
(Die Massen von Rollen und Seilen sowie die Reibung werde vernachlässigt!)

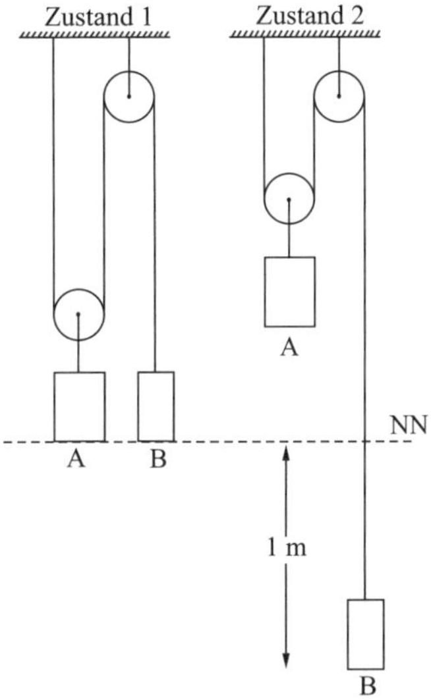

Abb. 22

4 Impulserhaltung

Der Treibstoff aus den beiden Feststoffraketen und dem großen Außentank des Space Shuttle wird in den Triebwerken verbrannt. Die heißen Verbrennungsgase werden mit der Gesamtkraft 34,6 Mill. Newton nach unten ausgestoßen. Nach dem Prinzip „actio gegengleich reactio" (vgl. S. 34) wirkt dabei auf das gesamte System mit der Masse 2 041 Tonnen eine Gesamtschubkraft (Rückstoßkraft) von ebenfalls 34,6 Mill. Newton nach oben. Unter Berücksichtigung des Eigengewichts (vgl. Aufgabe 17) können Sie daraus errechnen, dass die Anfangsbeschleunigung des Shuttle nach dem Start 7,14 $\frac{m}{s^2}$ beträgt.

4.1 Kraft und Gegenkraft (actio und reactio – 3. Newton'sches Gesetz)

Eine Kraft, die auf einen Körper wirkt, geht immer von einem oder mehreren anderen Körpern aus. Greift an einem Körper A eine Kraft $\vec{F}_A$ an, die von einem Körper B verursacht wird, so greift auch an dem Körper B eine Kraft $\vec{F}_B$ an, die von A verursacht wird. Dabei gilt:

$\vec{F}_A$ und $\vec{F}_B$ sind betragsgleich und entgegengesetzt gerichtet:

$$\vec{F}_A = -\vec{F}_B \quad \text{(3. Newton'schen Gesetz) „actio gegengleich reactio"} \qquad (4.1)$$

$\vec{F}_A$ und $\vec{F}_B$ können sich prinzipiell nicht gegenseitig aufheben, da sie an zwei verschiedenen Körpern A und B angreifen (Unterschied zum Kräftegleichgewicht!)

Fall 1: A und B ziehen sich an.

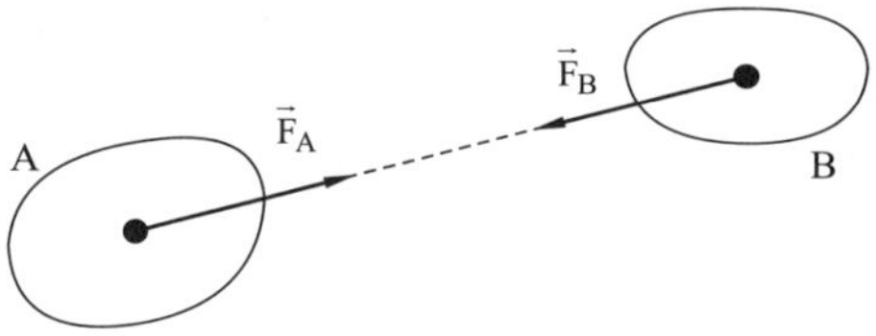

Abb. 23

Fall 2: A und B stoßen sich ab.

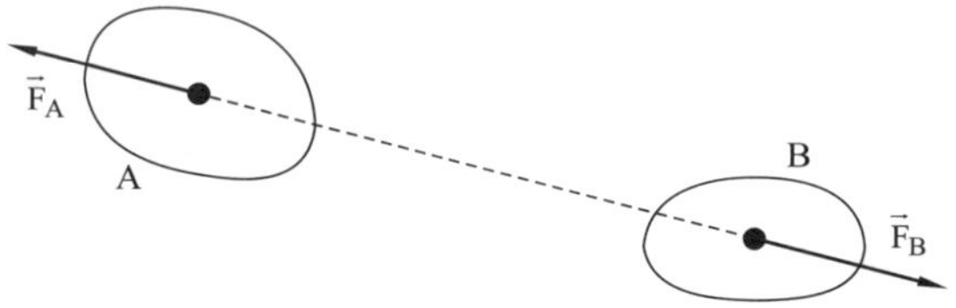

Abb. 24

Beispiel

Ein Stein (Masse $m_{St} = 1$ kg) fällt aus 5 m Höhe auf die Erde E. Die Kraft $\vec{F}_{St}$, die den Stein beim freien Fall nach unten beschleunigt, wird verursacht von der Erde (Erdanziehungskraft, Gewichtskraft, Schwerkraft; vgl. Kap. 8)

$$F_{St} = G \overset{(2.4)}{=} m \cdot g \overset{(2.5)}{=} 1 \text{ kg} \cdot 9{,}81 \ \frac{\text{N}}{\text{kg}} = 9{,}81 \ \text{N}$$

Nach dem Gesetz (4.1) „actio gegengleich reactio" wirkt auf den Erdball E eine gleich große, allerdings entgegengesetzt, d. h. nach „oben" gerichtete Kraft $\vec{F}_E$ ($F_E = F_{St} = 9{,}81$ N).
Genau genommen (von anderen Einflüssen abgesehen) beschleunigt deshalb die Erde nach „oben" während der Stein nach unten fällt.
Wie groß ist diese Beschleunigung der Erde? Wie weit kommt die Erde dem Stein nach „oben" entgegen? (Masse der Erde: $m_E = 5{,}98 \cdot 10^{24}$ kg)

Lösung:
Beschleunigung der Erde:

$$F_E \overset{(2.2)}{=} m_E \cdot a \Rightarrow a = \frac{F_E}{m_E} = \frac{9{,}81 \text{N}}{5{,}98 \cdot 10^{24} \ \text{kg}} = \frac{9{,}81 \frac{\text{kg m}}{\text{s}^2}}{5{,}98 \cdot 10^{24} \ \text{kg}} = \underline{\underline{1{,}64 \cdot 10^{-24} \ \frac{\text{m}}{\text{s}^2}}}$$

Weg der Erde nach „oben"
Die Erde lege den Weg s_E zurück, der Stein lege den Weg s_{St} zurück.
Es gilt: $s_E + s_{St} = 5$ m.
Wegen $s_E \ll s_{St}$ (s_E sehr viel kleiner als s_{St}),
können wir vereinfachend annehmen: $s_{St} = 5$ m (Fallstrecke).
Während der Fallzeit t wird der Stein mit $g = 9{,}81 \frac{\text{m}}{\text{s}^2}$ und die Erde mit $a = 1{,}64 \cdot 10^{-24} \frac{\text{m}}{\text{s}^2}$ beschleunigt.

Mit $v_0 = 0$ (keine Anfangsgeschwindigkeit!)
gilt nach (1.4):

$$\left.\begin{aligned} s_E &= \frac{a}{2} t^2 \\ s_{St} &= \frac{g}{2} t^2 \end{aligned}\right\} \frac{s_E}{s_{St}} = \frac{\frac{a}{2} t^2}{\frac{g}{2} t^2} = \frac{a}{g} \Rightarrow s_E = \frac{a}{g} \cdot s_{St}$$

$$\Rightarrow s_E = \frac{1{,}64 \cdot 10^{-24} \ \frac{\text{m}}{\text{s}^2}}{9{,}81 \frac{\text{m}}{\text{s}^2}} \cdot 5 \text{ m} = \underline{\underline{8{,}36 \cdot 10^{-25} \text{ m}}}$$

Da der errechnete Wert um viele Größenordnungen unter dem Radius eines Elektrons ($\approx 2{,}8 \cdot 10^{-15}$ m) liegt, ist die Strecke s_E prinzipiell nicht messbar und damit physikalisch ohne Bedeutung.

4.2 Impuls

Das Produkt „Masse mal Geschwindigkeit" eines Körpers wird als Impuls $\vec{p}$ des Körpers bezeichnet

Vektorielle Form:

$$\vec{p} = m \cdot \vec{v} \qquad (4.2)$$

Betragsform:

$$p = m \cdot v \qquad (4.3)$$

Einheiten: $[p] = \frac{kg \cdot m}{s}$; $[m] = kg$; $[v] = \frac{m}{s}$

Somit ist der Impuls $\vec{p}$ (wie die Geschwindigkeit $\vec{v}$) eine vektorielle Größe mit Betrag und Richtung.

Beispiel

Ein Auto (Masse: 900 kg) fährt mit $72 \frac{km}{h}$ nach Norden. Wie groß ist der Impuls p des Autos?

Lösung:
Der Impuls $\vec{p}$ zeigt wie die Geschwindigkeit $\vec{v}$ nach Norden.
Für den Betrag p gilt:

$$p \overset{(4.3)}{=} m \cdot v = 900\,kg \cdot 72\,\frac{km}{h} \overset{(1.6)}{=} 900\,kg \cdot 72\left(\frac{1}{3{,}6}\,\frac{m}{s}\right) =$$

$$= 900\,kg \cdot 20\,\frac{m}{s} = \underline{\underline{18\,000\,\frac{kg \cdot m}{s}}}$$

4.3 Abgeschlossene Systeme

Was ist unter einem abgeschlossenen System zu verstehen?

- Eine Menge von Körpern bildet ein abgeschlossenes System, wenn jede Kraft auf einen Körper des Systems von einem anderen Körper des gleichen Systems ausgeht. (D. h., keine Kraft auf einen Körper des Systems geht von einem Körper aus, der nicht dem System angehört.)
- Eine Menge von Körpern bildet ein abgeschlossenes System, wenn zu jeder Kraft (actio), die auf einen Körper des Systems wirkt, auch die Gegenkraft (reactio) auf einen Körper des gleichen Systems wirkt (vgl. S. 34).

Beispiel

Auf die Körper A, B und C wirken folgende Kräfte:

1. $\vec{F}_1$ wirkt auf A und geht von C aus (Anziehungskraft).
2. $\vec{F}_2$ wirkt auf C und geht von A aus (Anziehungskraft).
   $\vec{F}_2$ ist die Gegenkraft von $\vec{F}_1$ und umgekehrt.
3. $\vec{F}_3$ wirkt auf B und geht von C aus (Abstoßungskraft).
4. $\vec{F}_4$ wirkt auf C und geht von B aus (Abstoßungskraft).
   $\vec{F}_4$ ist die Gegenkraft von $\vec{F}_3$ und umgekehrt.

⇒ Die Körper A, B und C bilden ein abgeschlossenes System.

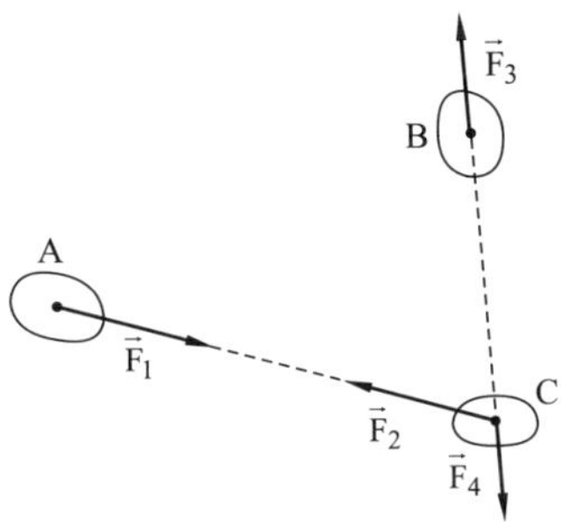

Abb. 25

4.4 Impulserhaltungssatz

Aus dem Gesetz „actio gegengleich reactio“ (vgl. S. 34) lässt sich der sehr wichtige Impulserhaltungssatz ableiten:

In einem abgeschlossenen System (vgl. S. 37) bleibt die (vektorielle) Summe der Impulse (vgl. S. 36) gleich.

Beispiel

Auf der Autobahn fährt bei Nebel ein unvorsichtiger Pkw-Fahrer mit seinem Kleinwagen A (Gesamtmasse: 600 kg) auf einen schweren Pkw B (1 500 kg) auf. Der Kleinwagen fuhr unmittelbar vor dem Aufprall um $36\frac{\text{km}}{\text{h}}$ schneller als der Wagen B. Unmittelbar nach dem Zusammenstoß bewegen sich die nunmehr verkeilten Pkws mit der Geschwindigkeit $72\frac{\text{km}}{\text{h}}$. Wie schnell fuhren die beiden Autos jeweils unmittelbar vor dem Aufprall?

Zur klareren Darstellung führen wir zunächst folgende Bezeichnungen ein:

p_{A1}: Impuls von A unmittelbar vor dem Aufprall
p_{B1}: Impuls von B unmittelbar vor dem Aufprall
p_{A2}: Impuls von A unmittelbar nach dem Aufprall
p_{B2}: Impuls von B unmittelbar nach dem Aufprall
v_{A1}: Geschwindigkeit von A unmittelbar vor dem Aufprall
v_{B1}: Geschwindigkeit von B unmittelbar vor dem Aufprall
v_2: gemeinsame Geschwindigkeit von A und B unmittelbar nach dem Aufprall
m_A: Masse von A
m_B: Masse von B

Das „System von Körpern“ besteht hier aus den beiden Pkws A und B. Während des Aufpralls verformen sich A und B gegenseitig, d. h., die Kraft, mit der A verformt wird, geht von B aus und umgekehrt. Andere Kräfte auf die Autos, wie z. B. die Reibung zwischen Autos und Straße, sind im Vergleich zu den sehr großen Verformungskräften so klein, dass sie vernachlässigt werden können. A und B bilden während des Aufpralls ein abgeschlossenes System (vgl. S. 37).

Während des Aufpralls gilt der Impulserhaltungssatz.

Summe der Impulse von A und B unmittelbar vor dem Aufprall = Summe der Impulse von A und B unmittelbar nach dem Aufprall

$$\Rightarrow \quad p_{A1} + p_{B1} = p_{A2} + p_{B2}$$

$$m_A \cdot v_{A1} + m_B \cdot v_{B1} = m_A \cdot v_2 + m_B \cdot v_2$$

Aus der Angabe folgt: $v_{A1} = v_{B1} + 36\,\frac{\text{km}}{\text{h}}$

eingesetzt:

$$m_A \left(v_{B1} + 36 \frac{km}{h}\right) + m_B \cdot v_{B1} = m_A \cdot v_2 + m_B \cdot v_2$$

$$m_A \cdot v_{B1} + m_A \cdot 36 \frac{km}{h} + m_B \cdot v_{B1} = m_A \cdot v_2 + m_B \cdot v_2$$

nach v_{B1} auflösen:

$$m_A \cdot v_{B1} + m_B \cdot v_{B1} = m_A \cdot v_2 + m_B \cdot v_2 - m_A \cdot 36 \frac{km}{h}$$

$$v_{B1} \cdot (m_A + m_B) = m_A \cdot v_2 + m_B \cdot v_2 - m_A \cdot 36 \frac{km}{h}$$

$$v_{B1} = \frac{m_A \cdot v_2 + m_B \cdot v_2 - m_A \cdot 36 \frac{km}{h}}{m_A + m_B}$$

$$v_{B1} = \frac{600\,kg \cdot 72 \frac{km}{h} + 1500\,kg \cdot 72 \frac{km}{h} - 600\,kg \cdot 36 \frac{km}{h}}{600\,kg + 1500\,kg} =$$

$$= \frac{43200\,kg \cdot \frac{km}{h} + 108000\,kg \cdot \frac{km}{h} - 21600\,kg \cdot \frac{km}{h}}{2100\,kg} =$$

$$= \frac{129600\,kg \cdot \frac{km}{h}}{2100\,kg} = \underline{\underline{61{,}7 \frac{km}{h}}}$$

$$v_{A1} = v_{B1} + 36 \frac{km}{h} = 61{,}7 \frac{km}{h} + 36 \frac{km}{h} = \underline{\underline{97{,}7 \frac{km}{h}}}$$

Ergebnis:
Der Kleinwagen A fuhr mit der Geschwindigkeit $97{,}7\frac{km}{h}$ auf den mit $61{,}7\ \frac{km}{h}$ fahrenden Pkw B auf.

Bemerkung:
Da es sich hier um einen vollkommen unelastischen Stoß handelt (vgl. S. 42), könnte man diese Aufgabe auch mit (4.6) lösen.

4.5 Der lineare zentrale Stoß

Treffen zwei Körper K_1 und K_2 so aufeinander, dass sich ihre Schwerpunkte auf der gleichen Geraden bewegen, so spricht man von einem linearen (geraden) und zentralen Stoß. Da sich in diesem Fall beide Körper vor und nach dem Stoß parallel zu einer festen Geraden bewegen, gibt es nur zwei mögliche Bewegungsrichtungen, die durch die Vorzeichen + bzw. – unterschieden werden.

K_1 habe die Masse m_1 und K_2 die Masse m_2. Unmittelbar vor dem Stoß habe K_1 die Geschwindigkeit v_1 und K_2 die Geschwindigkeit v_2. Unmittelbar nach dem Stoß habe K_1 die Geschwindigkeit u_1 und K_2 die Geschwindigkeit u_2.

Für jeden Stoßvorgang gilt der Impulserhaltungssatz:
Die Summe der Impulse der beiden am Stoß beteiligten Körper ist unmittelbar vor dem Stoß gleich groß wie unmittelbar nach dem Stoß.

$$\Rightarrow \quad m_1 v_1 + m_2 v_2 = m_1 u_1 + m_2 u_2 \qquad \text{(Impulserhaltung)}$$

Zwei extreme Fälle sind von besonderer Bedeutung:

Der vollkommen elastische Stoß

In diesem Fall ist die Verformung der am Stoß beteiligten Körper vollelastisch, d. h. während des Stoßes werden die Körper nur für sehr kurze Zeit etwas deformiert (zusammengedrückt). Nach dem Stoß haben beide Körper wieder ihre ursprüngliche Form. Dabei treten keine mechanischen Energieverluste auf.
Es gilt also auch der mechanische Energieerhaltungssatz (hier nur kinetische Energien):
Die Summe der kinetischen Energien der beiden am Stoß beteiligten Körper ist unmittelbar vor dem Stoß gleich groß wie unmittelbar nach dem Stoß:

$$\Rightarrow \quad \frac{1}{2} m_1 v_1^2 + \frac{1}{2} m_2 v_2^2 = \frac{1}{2} m_1 u_1^2 + \frac{1}{2} m_2 u_2^2 \qquad \text{(Energieerhaltung)}$$

Aus den Erhaltungssätzen für Impuls und Energie lassen sich folgende Zusammenhänge herleiten :

$$u_1 = \frac{m_1 v_1 + m_2 (2 v_2 - v_1)}{m_1 + m_2}$$

$$u_2 = \frac{m_2 v_2 + m_1 (2 v_1 - v_2)}{m_1 + m_2} \qquad \text{(vollelastischer Stoß)} \qquad (4.5)$$

Einheiten: $[u] = \frac{m}{s}$; $[v] = \frac{m}{s}$; $[m] = kg$

Beispiel

Ein Gleiter G_1 ($m_1 = 100$ g) bewegt sich auf einer horizontalen Luftkissenfahrbahn mit der Geschwindigkeit $0{,}5\frac{m}{s}$ nach rechts, während sich Gleiter G_2 ($m_2 = 150$ g) mit $0{,}4\frac{m}{s}$ nach links bewegt. An den Gleitern sind vorne (in Bewegungsrichtung) jeweils Stahlfedern angebracht, sodass der Zusammenstoß der beiden Gleiter fast vollkommen elastisch erfolgt. Mit welchen Geschwindigkeiten u_1 bzw. u_2 bewegen sich die Gleiter nach dem Stoß?

Lösung:

Wir legen fest:

Geschwindigkeiten nach rechts haben ein positives Vorzeichen

$\Rightarrow$ Geschwindigkeiten nach links haben ein negatives Vorzeichen

$v_1 = +0{,}5\frac{m}{s}$ und $v_2 = -0{,}4\frac{m}{s}$

Nach (4.5) gilt:

$$u_1 = \frac{m_1 v_1 + m_2(2v_2 - v_1)}{m_1 + m_2} = \frac{100\,g \cdot 0{,}5\frac{m}{s} + 150\,g \cdot \left[2 \cdot \left(-0{,}4\frac{m}{s}\right) - 0{,}5\frac{m}{s}\right]}{100\,g + 150\,g} = \underline{\underline{-0{,}58\frac{m}{s}}}$$

$\Rightarrow$ Gleiter G_1 bewegt sich nach dem Stoß mit der Geschwindigkeit $0{,}58\frac{m}{s}$ nach links!

$$u_2 = \frac{m_2 v_2 + m_1(2v_1 - v_2)}{m_1 + m_2} = \frac{150\,g \cdot \left(-0{,}4\frac{m}{s}\right) + 100\,g \cdot \left[2 \cdot 0{,}5\frac{m}{s} - \left(-0{,}4\frac{m}{s}\right)\right]}{100\,g + 150\,g} = \underline{\underline{0{,}32\frac{m}{s}}}$$

$\Rightarrow$ Gleiter G_2 bewegt sich nach dem Stoß mit der Geschwindigkeit $0{,}32\frac{m}{s}$ nach rechts!

Der vollkommen unelastische Stoß

In diesem Fall ist die Verformung der am Stoß beteiligten Körper unelastisch, d. h. die während des Stoßes erfolgte Verformung der beiden Körper bleibt erhalten, sodass sich die Körper nicht mehr voneinander abstoßen, sondern miteinander verbunden bleiben. Folglich haben beide Körper nach dem Stoß die gleiche Geschwindigkeit, die wir mit u bezeichnen.
Aus der Impulserhaltung folgt somit:

$$m_1 v_1 + m_2 v_2 = (m_1 + m_2) u$$

bzw. (unelastischer Stoß) (4.6)

$$u = \frac{m_1 v_1 + m_2 v_2}{m_1 + m_2}$$

Einheiten: $[u] = \frac{m}{s}$; $[v] = \frac{m}{s}$; $[m] = kg$

Hinweis:
Beim unelastischen Stoß gilt der mechanische Energieerhaltungssatz nicht!

Beispiel

Bei einem plötzlichen Stau auf der Autobahn fährt ein schwerer Pkw ($m_1 = 1\,400$ kg) trotz Vollbremsung mit der Geschwindigkeit 18 km/h auf einen kleineren Wagen ($m_2 = 700$ kg), der bereits stand, auf.
Wie groß ist die Geschwindigkeit der beiden Fahrzeuge unmittelbar nach dem Zusammenstoß, wenn dieser vollkommen unelastisch erfolgte?

Lösung:
Nach (4.6) gilt:

$$u = \frac{m_1 v_1 + m_2 v_2}{m_1 + m_2} = \frac{1400\,kg \cdot 18\,\frac{km}{h} + 700\,kg \cdot 0\,\frac{km}{h}}{1400\,kg + 700\,kg} =$$

$$= \frac{1400\,kg \cdot 18\,\frac{km}{h}}{2100\,kg} = \underline{\underline{12\,\frac{km}{h}}}$$

Aufgaben

26. Ein Mann (Gesamtmasse 75 kg) springt aus einem anfangs ruhenden Boot (Leermasse 100 kg) mit der Geschwindigkeit 5 m/s waagrecht ins Wasser. Welche Geschwindigkeit hat das (dann leere) Boot unmittelbar nach dem Absprung?

27. Eine Silvesterrakete, deren Masse *ohne* Treibstoff 200 g beträgt, erhält durch plötzliches Ausstoßen des Treibstoffes die Startgeschwindigkeit $55\frac{\mathrm{m}}{\mathrm{s}}$. Der Treibstoff wird (bezogen auf die ruhende Umgebung) mit der Geschwindigkeit $80\frac{\mathrm{m}}{\mathrm{s}}$ „nach hinten" ausgestoßen.

a) Wie groß ist die Masse des Treibstoffes?

b) Angenommen, die Rakete startet senkrecht nach oben. Wie viele Sekunden nach dem Start erreicht sie dann ihren höchsten Flugpunkt und wie hoch liegt dieser Punkt über dem Boden? (Luftreibung vernachlässigt!)

28. Bei einer Eiskunstlaufkür stösst nach gemeinsamem Gleiten mit der Gechwindigkeit $5\frac{\mathrm{m}}{\mathrm{s}}$ der Eiskunstläufer (80 kg) seine zierliche Partnerin (40 kg) so in Laufrichtung von sich ab, dass sich die Läuferin mit der doppelten Geschwindigkeit weiterbewegt.
Mit welcher Geschwindigkeit bewegt sich der Läufer nach dem Stoß?

29. Auf einem zunächst ruhenden Schienenwagen (130 kg) steht ein Mann (65 kg). Neben ihm auf dem Wagen liegen zwei Steine von je 5 kg Masse.

a) Der Mann stösst einen Stein 0,25 s lang mit der Kraft 80 N horizontal nach vorn aus dem Wagen.
Welche Beschleunigung erfährt der gestoßene Stein?
Welche Geschwindigkeit hat der Stein nach dem Stoß?
Welche Geschwindigkeit hat der Wagen nach dem Stoß?
(Die Geschwindigkeiten beziehen sich auf die ruhende Umgebung!)

b) Der Mann stösst auch noch den zweiten Stein 0,25 s lang mit der Kraft 80 N nach vorn aus dem Wagen.
Welche Geschwindigkeit haben der zweite Stein und der Wagen unmittelbar nach dem zweiten Stoß?
(Bezogen auf die ruhende Umgebung!)

30.

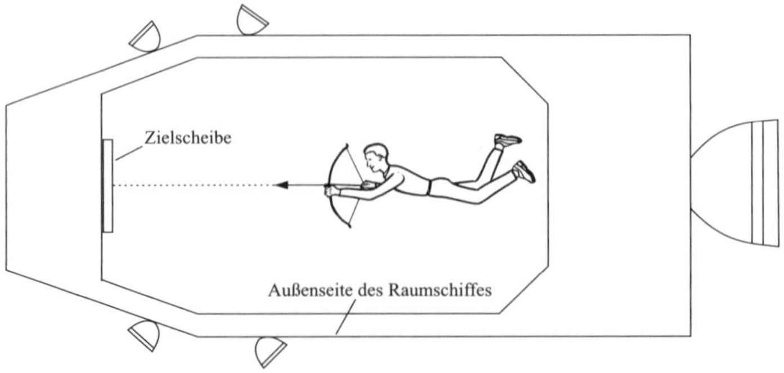

Abb. 26

Ein schwereloser Astronaut schwebt in einem als zunächst ruhend angenommenen Raumschiff mit der Geschwindigkeit 0,5 m/s nach links. Der Astronaut schießt einen Pfeil nach links.

Gegeben: Masse des Astronauten (ohne Pfeil, mit Bogen): $m_A = 70$ kg
Masse des Pfeiles: $m_P = 0{,}2$ kg
Masse des Raumschiffes: $m_R = 5000$ kg

a) Welche Geschwindigkeit muss der Pfeil (relativ zum Raumschiff) haben, damit der Raumfahrer unmittelbar nach Abschuss des Pfeiles zum Stehen kommt?

b) Mit welcher Geschwindigkeit bewegt sich der Astronaut relativ zum Raumschiff, nachdem der Pfeil in der Zielscheibe steckengeblieben ist? (Geschwindigkeit des Pfeiles wie in Teilaufgabe a berechnet).

31. An einer 300 cm langen Schnur hängt ein zunächst ruhender Holzklotz K (150 g). Aus einem Gewehr wird ein Geschoss G (6 g) horizontal in den Holzklotz geschossen und bleibt darin stecken. Der Holzklotz schwingt um 90° nach oben (vom unteren Punkt A zum oberen Punkt B – vgl. Abb. 27).

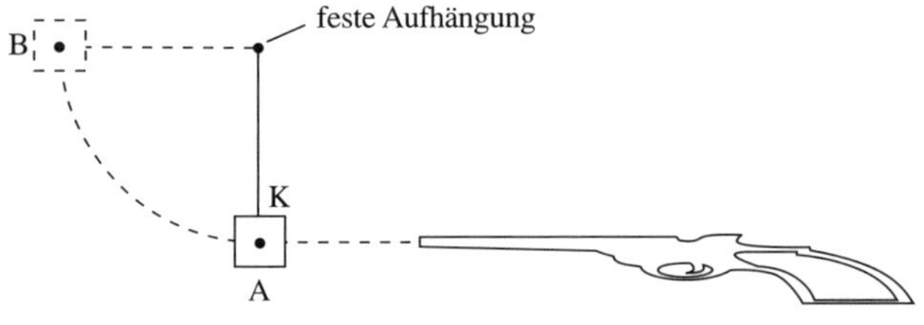

Abb. 27

a) Zeigen Sie, dass der Holzklotz unmittelbar nach dem Einschuss des Geschosses die Geschwindigkeit 7,67 m/s hatte!

b) Wie groß war die Geschwindigkeit des Geschosses unmittelbar vor dem Eindringen in den Holzklotz?

32. Die Stahlkugel K_1 (Masse m_1) bewegt sich auf der Geraden g mit der Geschwindigkeit w. Auf derselben Geraden kommt ihr die Stahlkugel K_2 (Masse m_2) mit der doppelten Geschwindigkeit (–2w) entgegen. Der Zusammenstoß erfolgt zentral und so gut wie vollelastisch.

a) Zeigen Sie, dass für die Geschwindigkeiten u_1 von K_1 und u_2 von K_2 unmittelbar nach dem Stoß gilt:

$$u_1 = w \cdot \frac{m_1 - 5m_2}{m_1 + m_2} \qquad u_2 = w \cdot \frac{4m_1 - 2m_2}{m_1 + m_2}$$

b) Zeigen Sie, dass für das Geschwindigkeitsverhältnis $\frac{u_1}{u_2}$ gilt: $\frac{u_1}{u_2} = \dfrac{\frac{m_1}{m_2} - 5}{4\frac{m_1}{m_2} - 2}$

c) Wie groß muss das Verhältnis $\frac{m_1}{m_2}$ sein, dass sich beide Kugeln nach dem Stoß in der gleichen Richtung bewegen, wobei K_1 dreimal so schnell ist wie K_2?

d) Wie groß ist das Verhältnis $\frac{u_1}{u_2}$ näherungsweise, wenn $m_2 >> m_1$?

5 Einfache krummlinige Bewegungen

Schottische Schmiede entdeckten im 19. Jahrhundert den Hammer als Sportgerät. Der „Hammer“ der heute in der Leichtathletik verwendet wird, besteht im Wesentlichen aus einer Metallkugel mit der Masse 7 kg. Beim Schleudern bewegt sich der Hammer in etwa auf einer Kreisbahn. Die Zentralkraft (vgl. S. 54), die ihn auf diese Bahn zwingt wird von der Muskelkraft des Sportlers erzeugt und über ein Drahtseil auf die rotierende Kugel übertragen.

5.1 Der waagrechte Wurf

Auf einer geraden, horizontalen Schiene rollt eine Kugel mit der konstanten Geschwindigkeit v_0 auf das Ende der Schiene zu (vgl. Abb. 28). Nach Verlassen der Schiene bewegt sich die Kugel im freien Flug weiter. Sieht man von Luftreibungskräften ab, so wirkt auf die frei fliegende Kugel nur noch die senkrecht nach unten wirkende Gewichtskraft. Die Beschleunigung der Kugel ist deshalb gleich der (nach unten gerichteten) Fallbeschleunigung g (vgl. Spezialfall auf S. 19).
Somit erfolgt die horizontale Komponente der Bewegung unbeschleunigt also mit konstanter Geschwindigkeit v_0.

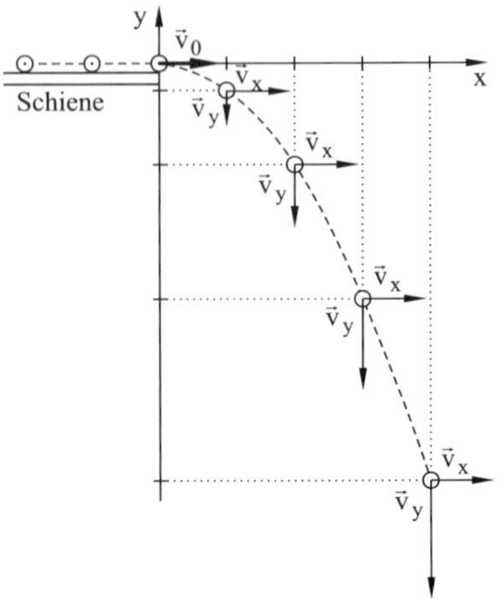

Abb. 28

⇒ die horizontale Geschwindigkeitskomponente v_x bleibt unverändert:

$$v_x = v_0 \tag{5.1}$$

⇒ für die horizontale Wegkomponente x gilt (vgl. (1.2)):

$$x = v_0 t \tag{5.2}$$

Die vertikale Komponente der Bewegung erfolgt mit der konstanten Beschleunigung g (genauer: mit der Beschleunigung (–g), da die Kugel nach unten beschleunigt).

⇒ für die vertikale Geschwindigkeitskomponente v_y gilt (vgl. (1.3)):

$$v_y = -g t \tag{5.3}$$

(Beschleunigung nach unten, deshalb das Minuszeichen!)

⇒ für die vertikale Wegkomponente y gilt (vgl. (1.4)):

$$y = -\frac{1}{2} g t^2 \tag{5.4}$$

(Bewegung nach unten, deshalb das Minuszeichen!)

Gleichung der Bahnkurve:

Aus (5.2): $t = \frac{x}{v_0}$; eingesetzt in (5.4): $y = -\frac{1}{2} g \left(\frac{x}{v_0}\right)^2 \Rightarrow$

$$y = -\frac{g}{2 v_0^2} x^2 \qquad (5.5)$$

Für den Betrag v der resultierenden Bahngeschwindigkeit gilt nach dem Satz des Pythagoras:

$v^2 = v_x^2 + v_y^2$ (vgl. Abb. 29)

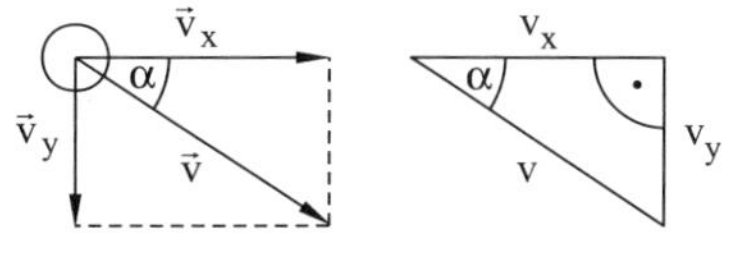

Abb. 29

$\Rightarrow$ Betrag der Bahngeschwindigkeit v:

$$v = \sqrt{v_x^2 + v_y^2} \qquad (5.6)$$

Mit α werde der Neigungswinkel der Bahnkurve relativ zur Horizontalen bezeichnet. Nach Abb. 29 gilt:

$$\tan \alpha = \frac{v_y}{v_x} \qquad (5.7)$$

Einheiten für die Gleichungen (5.1) bis (5.7):

$[x] = [y] = m$; $[t] = s$; $[g] = ms^{-2}$; $[\alpha] = 1$; $[v] = [v_0] = [v_x] = [v_y] = ms^{-1}$

Beispiel

Bei einem Auto-Stunt in einem Actionfilm fährt ein Pkw auf einer horizontalen Fahrbahn mit der Geschwindigkeit v_0 auf eine senkrecht abstürzende Felskante F zu um eine Schlucht zu „überfliegen“ (vgl. Abb. 30).

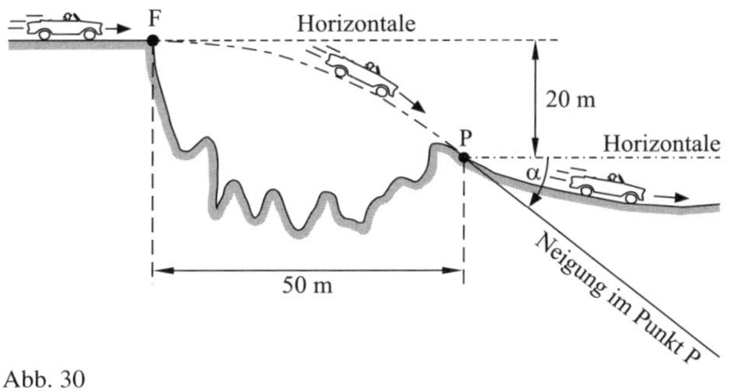

Abb. 30

a) Wie lange dauert der freie Flug des Wagens?
b) Wie groß muss v_0 sein, damit das Fahrzeug, nach dem freien Flug, im Punkt P wieder auftrifft?
c) Wie groß ist die Geschwindigkeit v des Pkw unmittelbar vor dem Auftreffen?
d) Wie groß sollte an der Stelle P der Gelände-Neigungswinkel α sein, dass der Wagen möglichst stoßfrei auftrifft?

Lösung:

a) Von F bis P fällt das Auto 20 m $\Rightarrow$ für die senkrechte Wegkomponente y gilt: y = –20 m

somit gilt nach (5.4):

$$y = -\frac{1}{2} g\, t^2 = -20\ \text{m} \Rightarrow t^2 = \frac{20\ \text{m} \cdot 2}{g} = \frac{40\ \text{m}}{9{,}81\frac{\text{m}}{\text{s}^2}} \approx 4{,}08\ \text{s}^2 \Rightarrow t \approx \underline{\underline{2{,}02\ \text{s}}}$$

b) Für die horizontale Wegkomponente x gilt: x = 50 m

nach (5.2)

$$\Rightarrow x = v_0 t = 50\ \text{m} \Rightarrow v_0 = \frac{50\,\text{m}}{t} = \frac{50\,\text{m}}{2{,}02\,\text{s}} \approx \underline{\underline{24{,}75\ \frac{\text{m}}{\text{s}}}} = \underline{\underline{89{,}1\ \frac{\text{km}}{\text{h}}}}$$

c) Zunächst werden die waagrechte und senkrechte Geschwindigkeitskomponente in P bestimmt:

Nach (5.1) gilt:

$$v_x = v_0 \approx 24{,}75\ \frac{\text{m}}{\text{s}}$$

Nach (5.3) gilt:

$$v_y = -g\, t = -9{,}81\ \frac{\text{m}}{\text{s}^2} \cdot 2{,}02\ \text{s} = -19{,}8\ \frac{\text{m}}{\text{s}}$$

Mit (5.6) gilt:

$$v = \sqrt{{v_x}^2 + {v_y}^2} = \sqrt{\left(24{,}75\ \frac{\text{m}}{\text{s}}\right)^2 + \left(-19{,}8\ \frac{\text{m}}{\text{s}}\right)^2} \approx \underline{\underline{31{,}7\ \frac{\text{m}}{\text{s}}}} \approx \underline{\underline{114\ \frac{\text{km}}{\text{h}}}}$$

d) Bei einem ideal stoßfreien Aufsetzen muss das Gelände im Auftreffpunkt genau in Bewegungsrichtung des Autos geneigt sein.
$\Rightarrow$ Gelände-Neigungswinkel = Bahn-Neigungswinkel

Mit (5.7) gilt:

$$\tan\alpha = \frac{v_y}{v_x} = \frac{-19{,}8\frac{\text{m}}{\text{s}}}{24{,}75\frac{\text{m}}{\text{s}}} = -\,0{,}8 \Rightarrow \alpha \approx \underline{\underline{-38{,}7^\circ}}$$

d. h. der Hang sollte im Punkt P mit einer Neigung von etwa 38,7° relativ zur Horizontalen fallen.

5.2 Gleichförmige Kreisbewegung

Das Bogenmaß

Eine Kreisbewegung lässt sich am einfachsten mit dem Drehwinkel beschreiben. Meist wird der Drehwinkel nicht im Gradmaß, sondern im sog. Bogenmaß angegeben. Unter dem Bogenmaß eines Winkels φ versteht man das Verhältnis aus Bogenlänge b und Kreisradius r.

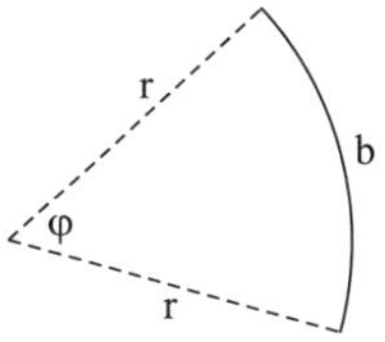

Abb. 31

Winkel im Bogenmaß:

$$\varphi = \frac{b}{r} \quad \text{bzw.} \quad b = \varphi \cdot r \tag{5.8}$$

Einheiten: $[\varphi] = 1$; $[b] = m$; $[r] = m$

Beispiel

φ sei ein rechter Winkel (im Gradmaß: 90°). Wie groß ist φ im Bogenmaß?

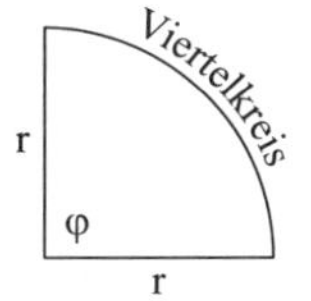

Abb. 32

Lösung:

Offensichtlich ist die Bogenlänge b $\frac{1}{4}$ des Kreisumfangs U (Viertelkreis)

$\Rightarrow b = \frac{U}{4}$

$\Rightarrow$ Winkel im Bogenmaß:

$$\varphi \overset{(5.8)}{=} \frac{b}{r} = \frac{\frac{U}{4}}{r} = \frac{\frac{2r\pi}{4}}{r} = \frac{\frac{r\pi}{2}}{r} = \underline{\underline{\frac{\pi}{2}}}$$

Ergebnis:

90° (im Gradmaß) $\hat{=}$ $\frac{\pi}{2}$ (im Bogenmaß)

Tabelle zum Vergleich von Grad- und Bogenmaß:

Gradmaß	30°	45°	60°	90°	180°	360°
Bogenmaß	$\frac{\pi}{6}$	$\frac{\pi}{4}$	$\frac{\pi}{3}$	$\frac{\pi}{2}$	π	2π

Frequenz – Umlaufzeit – Winkelgeschwindigkeit

Die Zahl k der Umdrehungen pro Zeit t wird als Frequenz f (oder Drehzahl) bezeichnet.

$$\text{Frequenz } f = \frac{\text{Zahl k der Umdrehungen}}{\text{Zeit t}}$$

$$f = \frac{k}{t} \tag{5.9}$$

Einheiten: $[f] = \frac{1}{s} = s^{-1}$; $[k] = 1$; $[t] = s$

Anmerkung:
Die Einheit „s^{-1}" der Frequenz f wird auch mit „Hertz" (Abkürzung: Hz) bezeichnet.

Beispiel

Ein Karussellfahrer macht in 60 s 10 volle Umdrehungen.
Es gilt: k = 10; t = 60 s

$$f \overset{(5.9)}{=} \frac{k}{t} = \frac{10}{60\,s} = \frac{1}{6}\,s^{-1} = \underline{\underline{\frac{1}{6}\,\text{Hz}}} \quad \text{(d. h. } \frac{1}{6} \text{ Umdrehungen pro Sekunde)}$$

Die Zeit für eine volle Umdrehung wird als Umlaufzeit T bezeichnet. Es gilt:

$$T = \frac{t}{k} \tag{5.10}$$

Einheiten: $[T] = s$; $[t] = s$; $[k] = 1$

in unserem Beispiel: $T \overset{(5.10)}{=} \frac{t}{k} = \frac{60\,s}{10} = \underline{\underline{6\,s}}$

Wegen $f = \frac{k}{t}$ und $T = \frac{t}{k}$ ist T der Kehrwert von f und umgekehrt f der Kehrwert von T.

$$T = \frac{1}{f} \quad \text{bzw.} \quad f = \frac{1}{T} \tag{5.11}$$

Einheiten: $[T] = s$; $[f] = \frac{1}{s} = s^{-1} = \text{Hz}$

Der Quotient aus Drehwinkel φ und Zeit t wird als Winkelgeschwindigkeit ω bezeichnet.

$$\text{Winkelgeschwindigkeit } \omega = \frac{\text{Drehwinkel } \varphi}{\text{Zeit t}}$$

$$\omega = \frac{\varphi}{t} \qquad (5.12)$$

Einheiten (falls φ im Bogenmaß gegeben): $[\omega] = \frac{1}{s} = s^{-1}$; $[\varphi] = 1$; $[t] = s$

Beispiel

Wie groß ist die Winkelgeschwindigkeit ω des Karussellfahrers im obigen Beispiel?

Lösung:
In der Zeit $t = 60$ s macht der Karussellfahrer 10 volle Umdrehungen, das entspricht einem Drehwinkel φ von $10 \cdot 360°$ (Gradmaß) oder $10 \cdot 2\pi$ (Bogenmaß).

$$\Rightarrow \omega \text{ im Gradmaß: } \omega \overset{(5.12)}{=} \frac{\varphi}{t} = \frac{10 \cdot 360°}{60\,s} = \underline{\underline{60° \cdot s^{-1}}}$$

d. h., pro Sekunde wird der Winkel 60° durchlaufen.

$$\Rightarrow \omega \text{ im Bogenmaß: } \omega \overset{(5.12)}{=} \frac{\varphi}{t} = \frac{10 \cdot 2\pi}{60\,s} = \underline{\underline{\frac{\pi}{3} s^{-1}}}$$

d. h., pro Sekunde wird der Winkel $\frac{\pi}{3}$ ($\triangleq 60°$) durchlaufen.

Bei einem Umlauf ($t = T$) wird der Winkel $\varphi = 2\pi$ ($\triangleq 360°$) durchlaufen

$$\Rightarrow \omega \overset{(5.12)}{=} \frac{\varphi}{t} = \frac{2\pi}{T} = 2\pi \cdot \frac{1}{T} \overset{(5.11)}{=} 2\pi \cdot f$$

$$\omega = \frac{2\pi}{T} = 2\pi f \qquad (5.13)$$

Einheiten: $[\omega] = \frac{1}{s} = s^{-1}$; $[T] = s$; $[f] = \frac{1}{s} = s^{-1} = Hz$

Geschwindigkeitsbetrag v und Winkelgeschwindigkeit ω

Durchläuft ein rotierender Körper in der Zeit t das Bogenstück b, so gilt für den Betrag v seiner Geschwindigkeit:

$$\text{Geschwindigkeitsbetrag } v = \frac{\text{Weg}}{\text{Zeit}} = \frac{b}{t} \overset{(5.8)}{=} \frac{\varphi \cdot r}{t} = \frac{\varphi}{t} \cdot r \overset{(5.12)}{=} \omega \cdot r$$

$$\boxed{v = \omega \cdot r} \qquad (5.14)$$

Einheiten: $[v] = \frac{m}{s}$; $[\omega] = \frac{1}{s}$; $[r] = m$

Beispiel

Im obigen Beispiel rotiert der Karussellfahrer mit der Winkelgeschwindigkeit $\omega = \frac{\pi}{3} s^{-1}$. Mit welcher Geschwindigkeit v bewegt sich der Karussellfahrer, wenn der Radius seiner Kreisbahn 8 m beträgt?

Lösung:

$$v \overset{(5.14)}{=} \omega \cdot r = \frac{\pi}{3}\, s^{-1} \cdot 8\, m = \underline{\underline{8,38\ \frac{m}{s}}}$$

Zentralbeschleunigung a_Z und Zentralkraft F_Z

Ein Körper, der auf einer Kreisbahn gleichförmig (d. h. mit konstanter Winkelgeschwindigkeit) rotiert, bewegt sich offensichtlich nicht geradlinig, sondern gekrümmt, d. h., er bewegt sich beschleunigt (vgl. S. 16). (Obwohl der Geschwindigkeitsbetrag v konstant ist, ändert sich die Richtung des Geschwindigkeitsvektors. Jede Änderung des Geschwindigkeitsvektors bedeutet eine Beschleunigung!)
Die beschleunigende Kraft, die den Körper auf die gekrümmte Bahn zwingt, muss offensichtlich nach „innen" (genauer: zum Kreismittelpunkt hin) gerichtet sein. Deshalb wird diese Kraft mit Zentralkraft $\vec{F}_Z$ bezeichnet.

Nach dem Grundgesetz der Mechanik (2.1): $\vec{F} = m \cdot \vec{a}$ muss dann auch die Beschleunigung (Zentralbeschleunigung $\vec{a}_Z$) zum Kreismittelpunkt gerichtet sein.
Es gilt (ohne Nachweis):

$$\boxed{a_Z = \omega^2 \cdot r = \frac{v^2}{r}} \qquad (5.15)$$

Einheiten: $[a_Z] = \frac{m}{s^2}$; $[\omega] = s^{-1}$; $[r] = m$; $[v] = \frac{m}{s}$

und wegen $F_Z \overset{(2.2)}{=} m \cdot a_Z$:

$$F_Z = m \cdot \omega^2 \cdot r = \frac{m\,v^2}{r} \tag{5.16}$$

Einheiten: $[F_Z] = N$; $[m] = kg$

Beispiel

Der Karussellfahrer aus den vorangegangenen Beispielen rotiert auf einer Kreisbahn (Radius 8 m) mit der Winkelgeschwindigkeit $\omega = \frac{\pi}{3} s^{-1}$ (bzw. Geschwindigkeit $v \approx 8{,}38 \frac{m}{s}$).
Wie groß ist die Zentralbeschleunigung des Karussellfahrers und mit welcher Zentralkraft wird er beschleunigt, wenn er eine Masse von insgesamt (mit Kleidung) 65 kg hat?

Lösung:
Zentralbeschleunigung:

$$a_Z \overset{(5.15)}{=} \omega^2 \cdot r = \left(\frac{\pi}{3}\ s^{-1}\right)^2 \cdot 8\ m = \underline{\underline{8{,}77\ \frac{m}{s^2}}}$$

Zentralkraft:

$$F_Z \overset{(2.2)}{=} m \cdot a_Z = 65\ kg \cdot 8{,}77\ \frac{m}{s^2} \approx 570\ kg\ \frac{m}{s^2} = \underline{\underline{570\ N}}$$

Aufgaben

33. Ein Badegast steigt auf den 5-Meter-Sprungturm, nimmt Anlauf und springt mit der waagrechten Geschwindigkeit 14 km/h in aufrechter (vertikaler) Haltung ab. Diese Haltung behält er während des ganzen Sprunges bei.

a) Wie lange dauert der Sprung vom Moment des Absprungs bis zum Eintauchen mit den Füßen ins Wasser?

b) Wie groß ist die waagrechte Wegkomponente beim Sprung?

c) Wie groß ist die Geschwindigkeit des Springers unmittelbar vor dem Berühren der Wasseroberfläche?

34. Die Gegenspieler von James Bond versuchen mit einem Boot zu entkommen. „007" rast mit einem Motorrad mit der Geschwindigkeit v über den Landungssteg, der 4 m über der Wasseroberfläche verläuft. Seine Absicht ist es, nach einem freien Flug auf dem feindlichen 5 m langen Boot zu „landen". Die „Landefläche" auf dem Boot befindet sich 50 cm über der Wasseroberfläche.

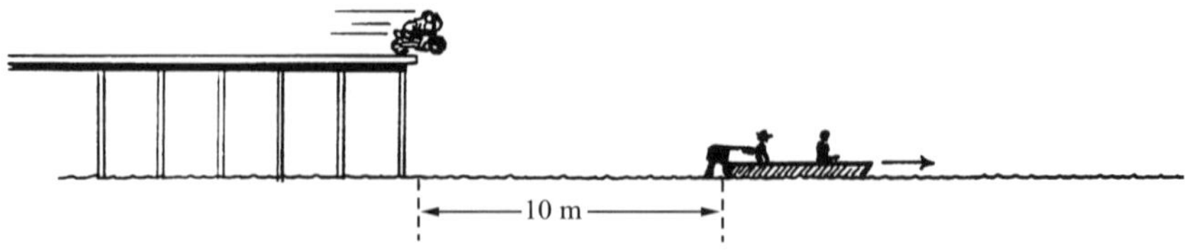

Abb. 33

Die Abbildung zeigt den Moment des Absprungs. Das Boot bewegt sich mit 30 km/h nach rechts.
In welchem Intervall muss die Geschwindigkeit von James beim Absprung sein, damit er (mit der Mitte des Motorrads) auf das Boot trifft?

35. Der Rotor (Durchmesser 10 m) eines Hubschraubers dreht sich beim Flug 420-mal pro Minute um seine Achse.

a) Bestimmen Sie Frequenz f, Umlaufzeit T und Winkelgeschwindigkeit ω des Rotors!

b) Berechnen Sie für den Punkt A an der Spitze eines der vier Rotorblätter die Geschwindigkeit und die Zentralbeschleunigung!

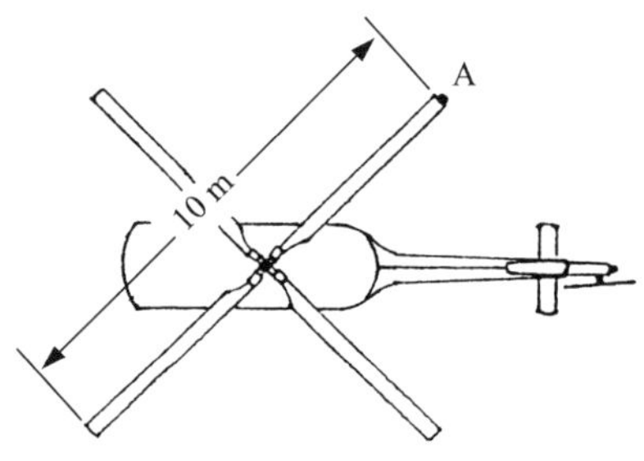

Abb. 34

36. a) Bestimmen Sie für die Rotation der Erde um ihre Achse die Frequenz f und die Winkelgeschwindigkeit ω!
[Umlaufzeit der Erde bezogen auf den Sternenhimmel:
T = 1 Sterntag = 23 h 56 min 4 s = 86 164 s]

b) Berechnen Sie jeweils für einen Ort am Äquator und für Regensburg (49. Breitengrad) die, durch die Erddrehung verursachte, Geschwindigkeit und Zentralbeschleunigung! [Radius der Erdkugel: R ≈ 6 370 km]

c) Weshalb wäre ein Mensch am Äquator schwerer, wenn sich die Erde nicht drehen würde?
Um wie viel N wäre z. B. ein Mann mit der Masse 65 kg schwerer?

d) Wie lange müsste ein Sterntag dauern, damit ein Körper am Äquator scheinbar schwerelos wäre?

37. Ein Satellit bewegt sich auf einer Kreisbahn von Ost nach West in 200 km Höhe über dem Äquator um die Erde. Erdumfang am Äquator:
$U = 40\,076{,}6\ \text{km}$
Ortsfaktor in 200 km Höhe: $g = 9{,}22\frac{\text{N}}{\text{kg}}$

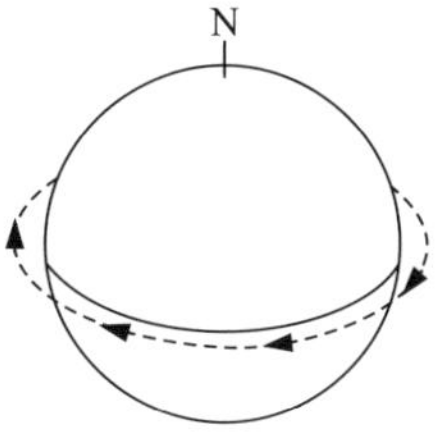

Abb. 35

a) Weisen Sie durch Rechnung nach, dass der Bahnradius r des Satelliten etwa 6 578 km beträgt!

b) Welche Winkelgeschwindigkeit und Umlaufzeit (bezogen auf die Erde) ergibt sich für den Satelliten, wenn man die Eigendrehung der Erde unberücksichtigt lässt?

c) Welche Winkelgeschwindigkeit und Umlaufzeit (bezogen auf die Erde) ergibt sich für den Satelliten, wenn man die Eigendrehung der Erde mit berücksichtigt?

6 Harmonische Schwingung

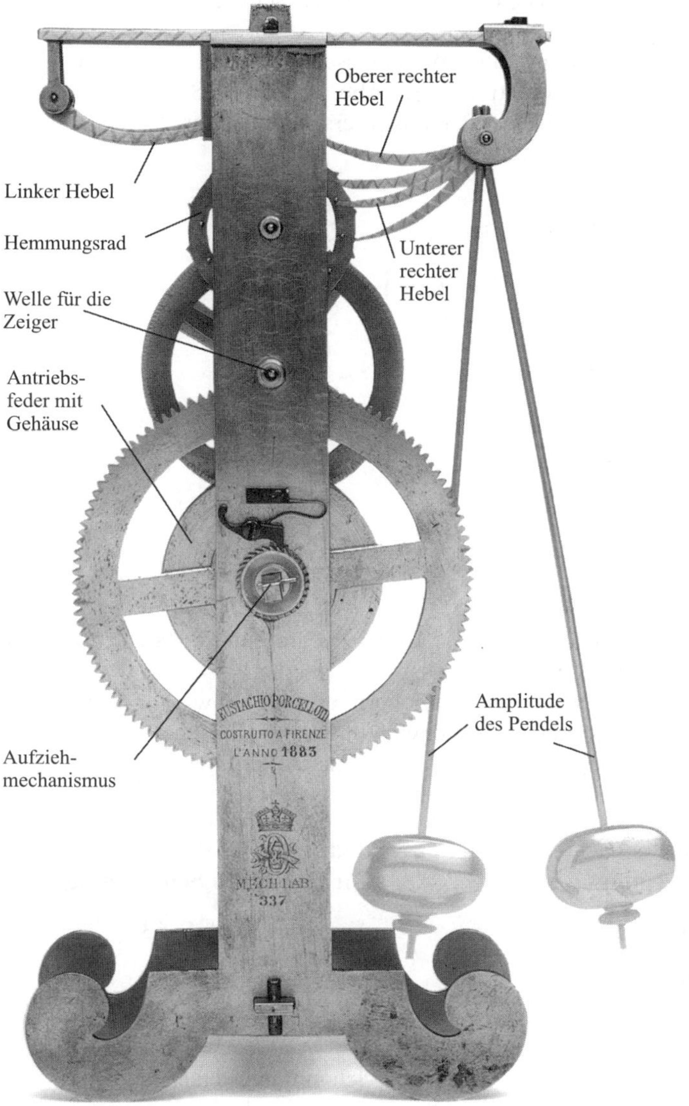

Das Bild zeigt eine Pendeluhr von 1883 nach einem Entwurf von Galileo Galilei (1564–1642). Der Pendelkörper schwingt harmonisch und erzeugt den Zeittakt der Uhr.

6.1 Harmonische Schwingung und Kreisbewegung

An einer Hooke'schen Feder hängt ein Pendelkörper K_1. Zieht man den Körper senkrecht nach unten ein wenig aus der Gleichgewichtslage und lässt ihn dort los, so beginnt er symmetrisch um die Gleichgewichtslage zu schwingen (die Gleichgewichtslage wird zum Schwingungsmittelpunkt).
Ein Körper K_2, der sich mit konstanter Winkelgeschwindigkeit auf einem Kreis bewegt, wirft bei geeigneter Projektion (vgl. Abb. 36) einen Schatten S, dessen Bewegung genauso verläuft wie die des Pendelkörpers an der Feder.

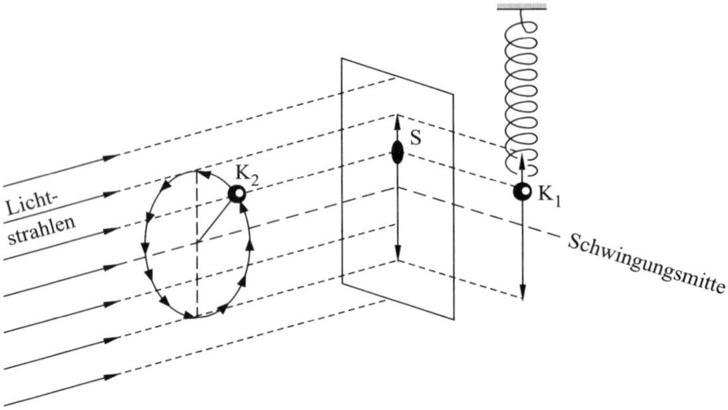

Abb. 36

Die Schwingung des Pendelkörpers und die Kreisbewegung mit konstanter Winkelgeschwindigkeit sind somit eng verwandt.
Man bezeichnet eine solche Schwingung als harmonische Schwingung. Aufgrund der Verwandtschaft von harmonischer Schwingung und Kreisbewegung gibt es Größen, die bei beiden Bewegungsformen vorkommen, allerdings mit unterschiedlichen Bedeutungen:

Größe	Bedeutung bei der **Kreisbewegung**	Bedeutung bei der **harmonischen Schwingung**
s_0	Kreisradius	Amplitude (vgl. S. 63)
φ	Drehwinkel	Schwingungsphase
ω	Winkelgeschwindigkeit	Kreisfrequenz
T	Umlaufzeit	Schwingungsdauer
f	$\text{Frequenz} = \frac{\text{Umdrehungszahl}}{\text{Zeit}}$	$\text{Frequenz} = \frac{\text{Schwingungszahl}}{\text{Zeit}}$

Wichtige Schwingungsphasen:

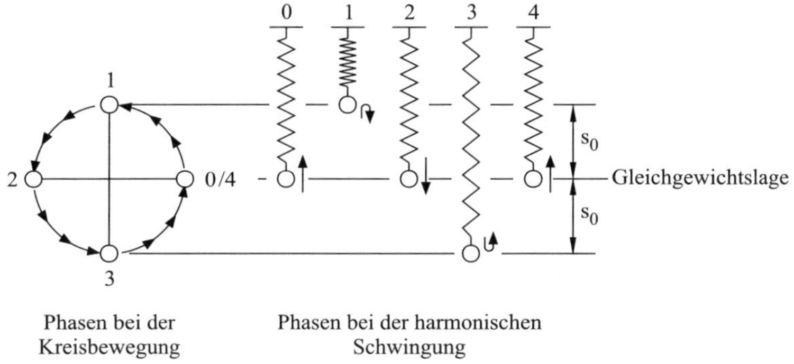

Abb. 37

Beschreibung der Phasen:

0/4 :	$\varphi = 0 \ (0°)$:	Pendelkörper schwingt von unten nach oben durch die Gleichgewichtslage
1 :	$\varphi = \frac{\pi}{2} \ (90°)$:	Pendelkörper ist am oberen Umkehrpunkt
2 :	$\varphi = \pi \ (180°)$:	Pendelkörper schwingt von oben nach unten durch die Gleichgewichtslage
3 :	$\varphi = \frac{3\pi}{2} \ (270°)$:	Pendelkörper ist am unteren Umkehrpunkt

6.2 Ort s des Pendelkörpers

Den Ort s des Pendelkörpers gibt man bezogen auf den Schwingungsmittelpunkt (Gleichgewichtslage) an. Man nennt s auch Auslenkung oder Elongation.

Beispiele

s = 0 cm:	der Körper befindet sich in der Gleichgewichtslage
s = 3 cm:	der Körper befindet sich 3 cm über der Gleichgewichtslage
s = –2 cm:	der Körper befindet sich 2 cm unter der Gleichgewichtslage

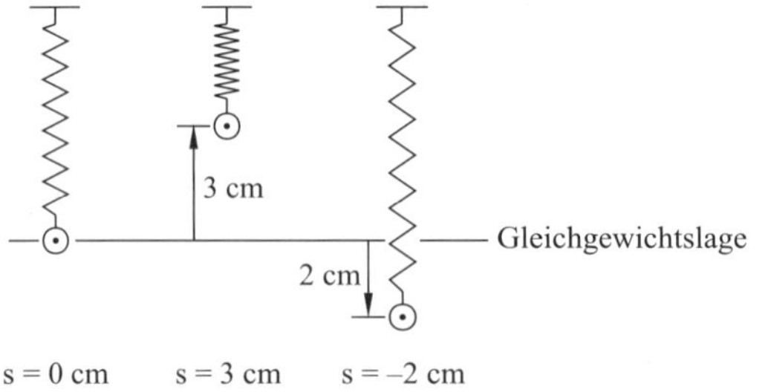

Abb. 38

6.3 Ort s in Abhängigkeit von der Schwingungsphase φ und der Zeit t

Aus dem Zusammenhang von Kreisbewegung und harmonischer Schwingung folgt (vgl. Abb. 39):

$$\frac{s}{s_0} = \sin \varphi$$

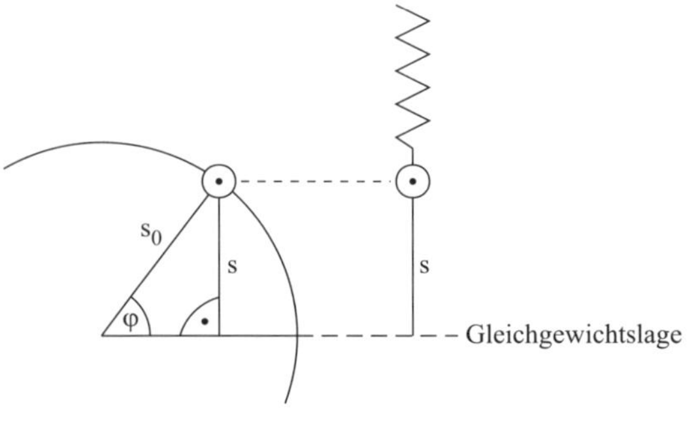

Abb. 39

Daraus folgt:

$$s = s_0 \cdot \sin\varphi$$
bzw.
$$s = s_0 \cdot \sin(\omega t + \varphi_0) \qquad (6.1)$$

dabei gilt: $\varphi = \omega t + \varphi_0$

Einheiten: $[s] = [s_0] = m$; $[\varphi] = [\varphi_0] = 1$; $[\omega] = s^{-1}$; $[t] = s$

Erklärung der Größen:

s_0: **Amplitude** (Betrag der maximalen Elongation s, d. h. maximale Entfernung des schwingenden Körpers vom Schwingungsmittelpunkt)

φ: **Schwingungsphase** (vgl. S. 61)

φ_0: **Schwingungsphase zur Zeit t = 0 s:** (vgl. S. 61)

Beispiele:

$\varphi_0 = 0$: zur Zeit t = 0 bewegt sich der Pendelkörper von unten nach oben (pos. Richtung) durch die Gleichgewichtslage

$\varphi_0 = \frac{\pi}{2}$: zur Zeit t = 0 befindet sich der Pendelkörper im oberen Umkehrpunkt (pos. Umkehrpunkt)

$\varphi_0 = \pi$: zur Zeit t = 0 bewegt sich der Pendelkörper von oben nach unten (neg. Richtung) durch die Gleichgewichtslage

$\varphi_0 = \frac{3}{2}\pi$: zur Zeit t = 0 befindet sich der Pendelkörper im unteren Umkehrpunkt (neg. Umkehrpunkt)

ω: **Kreisfrequenz**

Es gilt (vgl. (5.13)):

$$\omega = \frac{2\pi}{T} = 2\pi f \qquad (6.2)$$

mit T: Schwingungsdauer
und f: Schwingungsfrequenz

t: **Zeit**

6.4 Geschwindigkeit v in Abhängigkeit von der Schwingungsphase φ und der Zeit t

Es gilt: (ohne Nachweis)

$$v = v_0 \cdot \cos\varphi$$
$$v = v_0 \cdot \cos(\omega t + \varphi_0) \qquad (6.3)$$
$$v = \omega \cdot s_0 \cdot \cos(\omega t + \varphi_0)$$

Einheiten: $[v] = [v_0] = \frac{m}{s}$; $[\varphi] = [\varphi_0] = 1$; $[\omega] = s^{-1}$; $[t] = s$; $[s_0] = m$

Beachten Sie dabei:

$\varphi = \omega t + \varphi_0$ und $v_0 = \omega s_0$

v_0 ist der maximale Geschwindigkeitsbetrag, der jeweils beim Durchschwingen des Körpers durch den Schwingungsmittelpunkt erreicht wird.

6.5 Beschleunigung a in Abhängigkeit von der Schwingungsphase φ und der Zeit t

Es gilt: (ohne Nachweis)

$$a = -a_0 \cdot \sin\varphi$$
$$a = -a_0 \cdot \sin(\omega t + \varphi_0) \qquad (6.4)$$
$$a = -\omega^2 \cdot s_0 \cdot \sin(\omega t + \varphi_0)$$

Einheiten: $[a] = [a_0] = \frac{m}{s^2}$; $[\varphi] = [\varphi_0] = 1$; $[\omega] = s^{-1}$; $[t] = s$; $[s_0] = m$

beachten Sie dabei:

$\varphi = \omega t + \varphi_0$ und $a_0 = \omega^2 s_0$

a_0 ist der maximale Beschleunigungsbetrag, der jeweils bei maximaler Auslenkung ($s = s_0$ oder $s = -s_0$), d.h. in den beiden Umkehrpunkten der Schwingung erreicht wird.

6.6 Lineares Kraftgesetz

Für die Kraft F, mit der der schwingende Pendelkörper (Masse m) beschleunigt wird, gilt:

$$F \overset{(2.2)}{=} m \cdot a \overset{(6.4)}{=} m \cdot [-\omega^2 s_0 \sin(\omega t + \varphi_0)]$$

$$F = -m\omega^2 \cdot \underbrace{s_0 \cdot \sin(\omega t + \varphi_0)}_{s} \tag{6.5}$$

Einheiten: $[F] = N$; $[m] = kg$; $[\omega] = s^{-1}$; $[s_0] = m$; $[t] = s$; $[\varphi_0] = 1$;

mit

$$s \overset{(6.1)}{=} s_0 \cdot \sin(\omega t + \varphi_0) \Rightarrow F = -m\omega^2 \cdot s$$

Den konstanten (zeitunabhängigen) Faktor $m\omega^2$ bezeichnet man mit „Richtgröße D".

Daraus folgt das **lineare Kraftgesetz:**

$$F = -D \cdot s \quad \text{mit} \quad D = m\omega^2 \tag{6.6}$$

Einheiten: $[F] = [D] = \frac{N}{m} = \frac{kg}{s^2}$; $[s] = m$; $[m] = kg$; $[\omega] = s^{-1}$

Hinweis:
Die Richtgröße D beim Federpendel ist mit der Federkonstanten (Federhärte) identisch, vgl. (3.5).

Das lineare Kraftgesetz in Worten:

1. Die beschleunigende Kraft F (und damit auch die Beschleunigung a) ist entgegengesetzt zur Elongation s gerichtet (Minuszeichen!).
2. Der Betrag der Kraft F (und damit auch der Betrag der Beschleunigung a) ist zum Betrag der Elongation s direkt proportional.

Folgerungen aus 1:
Die Kraft F wirkt auf den Pendelkörper immer „rücktreibend", d. h. zum Schwingungsmittelpunkt hin.

$\Rightarrow$ Bewegt sich der Körper vom Schwingungsmittelpunkt weg, so wird er gebremst. Bewegt sich der Körper zum Schwingungsmittelpunkt hin, so wird er schneller.

$\Rightarrow$ Im Schwingungsmittelpunkt ist der Geschwindigkeitsbetrag am größten. Im höchsten und tiefsten Schwingungspunkt (Umkehrpunkte) ist die Geschwindigkeit jeweils momentan gleich Null.

Folgerungen aus 2:
Je weiter der Pendelkörper vom Schwingungsmittelpunkt entfernt ist, desto größer ist der Betrag der Kraft F (und damit auch der Beschleunigung a).

$\Rightarrow$ Im höchsten und tiefsten Schwingungspunkt ($\hat{=}$ maximale Entfernung vom Schwingungsmittelpunkt) ist der Betrag der Beschleunigungskraft F (und damit auch der Betrag der Beschleunigung a) maximal.
Im Schwingungsmittelpunkt (s = 0) ist die Kraft F (und damit auch die Beschleunigung a) momentan gleich Null.

Weiter gilt:

$$D \overset{(6.6)}{=} m\,\omega^2 \overset{(6.2)}{=} m\left(\frac{2\pi}{T}\right)^2 \Rightarrow T^2 = (2\pi)^2 \frac{m}{D}$$

Daraus folgt:

$$\boxed{T = 2\pi\sqrt{\frac{m}{D}}} \qquad (6.7)$$

Einheiten: $[T] = s$; $[m] = kg$; $[D] = \frac{kg}{s^2}$

6.7 Schwingungsenergie

Kinetische Energie (vgl. S. 25 und S. 26)

$$E_{kin} = \frac{1}{2} m v^2 \overset{(6.3)}{=} \frac{1}{2} m v_0^2 (\cos\varphi)^2 \qquad (6.8)$$

Einheiten: $[E_{kin}] = J$; $[m] = kg$; $[v] = [v_0] = \frac{m}{s}$; $[\varphi] = [\varphi_0] = 1$; $[\omega] = s^{-1}$

Beachten Sie dabei: $\varphi = \omega t + \varphi_0$ und $v_0 = \omega s_0$

Potentielle Energie (setzt sich zusammen aus E_h und E_{Sp}, vgl. S. 26 und S. 27)

$$E_{pot} = \frac{1}{2} D s^2 \overset{(6.1)}{=} \frac{1}{2} D s_0^2 (\sin\varphi)^2 \qquad (6.9)$$

Einheiten: $[E_{pot}] = J$; $[D] = \frac{kg}{s^2}$; $[s] = [s_0] = m$; $[\varphi] = [\varphi_0] = 1$; $[\omega] = s^{-1}$

Beachten Sie dabei: $\varphi = \omega t + \varphi_0$ und $D = m\omega^2$

Maximale kinetische Energie – Maximale potentielle Energie – Gesamtenergie

Wenn der Pendelkörper durch die Gleichgewichtslage schwingt, ist die kinetische Energie maximal und die potentielle Energie gleich Null.
Wenn sich der Pendelkörper im oberen oder unteren Umkehrpunkt der Schwingung befindet, ist die potentielle Energie maximal und die kinetische Energie gleich Null.
Aus dem Energieerhaltungssatz folgt, dass die Gesamtenergie E_{ges} (Summe aus E_{kin} und E_{pot}) konstant ist.

$$E_{ges} = E_{kin} + E_{pot} = \underbrace{\frac{1}{2} m v_0^2}_{\text{max. kin. Energie}} = \underbrace{\frac{1}{2} D s_0^2}_{\text{max. pot. Energie}} = \text{konstant} \qquad (6.10)$$

6.8 Übersicht über die Schwingungsphasen

Phase φ	0	$\frac{\pi}{2}$	π	$\frac{3\pi}{2}$
Elongation s	$s = 0$ Gleichgewichts-lage	$s = s_0$ oberer (pos.) Umkehrpunkt	$s = 0$ Gleichgewichts-lage	$s = -s_0$ unterer (neg.) Umkehrpunkt
Geschwindigkeit v	$v = v_0$ max. Geschwin-digkeit nach oben (pos. Richtung)	$v = 0$	$v = -v_0$ max. Geschwin-digkeit nach unten (neg. Richtung)	$v = 0$
Beschleunigung a	$a = 0$	$a = -a_0$ max. Beschleu-nigung nach unten (neg. Richtung)	$a = 0$	$a = a_0$ max. Beschleu-nigung nach oben (pos. Richtung)
kinetische Energie	$E_{kin} = E_{ges}$ maximal	$E_{kin} = 0$	$E_{kin} = E_{ges}$ maximal	$E_{kin} = 0$
potentielle Energie	$E_{pot} = 0$	$E_{pot} = E_{ges}$ maximal	$E_{pot} = 0$	$E_{pot} = E_{ges}$ maximal

Beispiel

$$T = 4\ \text{s}; \quad s_0 = \tfrac{3}{2}\ \text{cm}; \quad \varphi_0 = \tfrac{\pi}{2} \quad \text{(zur Zeit t = 0: oberer Umkehrpunkt!)}$$

$$\Rightarrow \quad \omega \quad = \frac{2\pi}{T} = \frac{2\pi}{4\,\text{s}} = \frac{\pi}{2}\,\text{s}^{-1}$$

$$\Rightarrow \quad v_0 \overset{(6.3)}{=} \omega \cdot s_0 = \frac{\pi}{2}\,\text{s}^{-1} \cdot 1{,}5\ \text{cm} = \underline{\underline{\frac{3}{4}\,\pi\,\frac{\text{cm}}{\text{s}}}} \approx \underline{\underline{2{,}36\,\frac{\text{cm}}{\text{s}}}}$$

$$\Rightarrow \quad a_0 \overset{(6.4)}{=} \omega^2\, s_0 = \left(\frac{\pi}{2}\,\text{s}^{-1}\right)^2 \cdot 1{,}5\ \text{cm} = \underline{\underline{\frac{3}{8}\,\pi^2\,\frac{\text{cm}}{\text{s}^2}}} \approx \underline{\underline{3{,}7\,\frac{\text{cm}}{\text{s}^2}}}$$

$$\Rightarrow \quad s \overset{(6.1)}{=} s_0 \cdot \sin(\omega t + \varphi_0) = \frac{3}{2}\,\text{cm} \cdot \sin\left(\frac{\pi}{2}\,\text{s}^{-1} \cdot t + \frac{\pi}{2}\right)$$

$$v \overset{(6.3)}{=} v_0 \cdot \sin(\omega t + \varphi_0) = \frac{3}{4}\,\pi\,\frac{\text{cm}}{\text{s}} \cdot \cos\left(\frac{\pi}{2}\,\text{s}^{-1} \cdot t + \frac{\pi}{2}\right)$$

$$a \overset{(6.4)}{=} -a_0 \cdot \sin(\omega t + \varphi_0) = -\frac{3}{8}\,\pi^2\,\frac{\text{cm}}{\text{s}^2} \cdot \sin\left(\frac{\pi}{2}\,\text{s}^{-1} \cdot t + \frac{\pi}{2}\right)$$

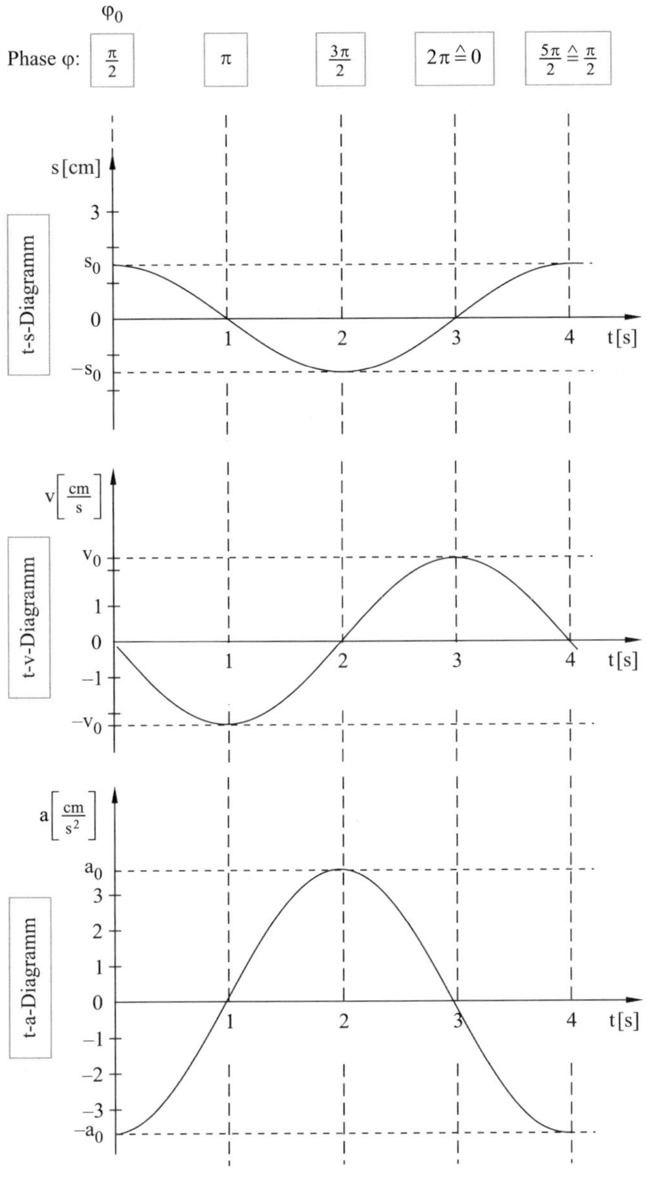
φ_0
Phase φ:
$\frac{\pi}{2}$
π
$\frac{3\pi}{2}$
$2\pi \hat{=} 0$
$\frac{5\pi}{2} \hat{=} \frac{\pi}{2}$
s[cm]
t-s-Diagramm
3
s_0
0
$-s_0$
1
2
3
4
t[s]
v$\left[\frac{cm}{s}\right]$
t-v-Diagramm
v_0
1
0
–1
$-v_0$
1
2
3
4
t[s]
a$\left[\frac{cm}{s^2}\right]$
t-a-Diagramm
a_0
3
2
1
0
–1
–2
–3
$-a_0$
1
2
3
4
t[s]

Abb. 40

Aufgaben

38. An einer als masselos angenommenen Schraubenfeder hängt eine Kugel ($m = 100$ g). Zieht man die Kugel aus der Gleichgewichtslage um 4 cm nach unten und lässt sie dort zur Zeit $t = 0$ s los, so entsteht eine harmonische Schwingung mit $T = 1$ s!

a) Skizzieren Sie das Zeit-Ort-Diagramm im Zeitintervall [0 s; 1,5 s]! (t-Achse: 1 cm $\hat{=} \frac{1}{6}$ s; s-Achse: 1 cm $\hat{=}$ 2 cm).

b) Berechnen Sie jeweils für die Zeit $t = 0{,}9$ s die Elongation s, die Geschwindigkeit v und die Beschleunigung a! Geben Sie auch die Richtung dieser Größen an (d. h. nach oben oder nach unten?)!

c) Wie groß ist der maximale Geschwindigkeitsbetrag v_0? Zu welchen Zeiten und bei welchen Elongationen wird diese Geschwindigkeit jeweils erreicht?

d) Berechnen Sie den maximalen Beschleunigungsbetrag a_0 und den Betrag der maximalen Beschleunigungskraft F_0! Zu welchen Zeiten und bei welchen Elongationen werden a_0 und F_0 jeweils erreicht?

e) Bei welcher Elongation wird die Kugel mit der Kraft $F = 0{,}1$ N nach unten beschleunigt?

f) Skizzieren Sie das t-v- und das t-a-Diagramm der Schwingung!

g) Wie groß ist die Beschleunigung der Kugel 1 cm über dem Schwingungsmittelpunkt?

39. Eine unbelastete Hooke'sche Feder hat die Länge 70 cm. Hängt man an die Feder eine Kugel mit der Masse $m = 200$ g, so hat die Feder die Länge 94,8 cm (im Gleichgewichtszustand). Die Kugel wird nun aus der Gleichgewichtslage um 5 cm angehoben und dort zur Zeit $t = 0$ s losgelassen.

a) Zeigen Sie, dass die Feder eine Federkonstante von etwa $7{,}9 \frac{\text{N}}{\text{m}}$ hat!

b) Zeigen Sie, dass die Schwingungsdauer der Kugel etwa 1 s beträgt!

c) Skizzieren Sie das t-s-Diagramm der Schwingung im Zeitintervall [0 s; 2s]! (t-Achse: 1 cm $\hat{=} \frac{1}{6}$ s; s-Achse 1 cm $\hat{=}$ 2 cm)

d) Geben Sie die Elongation s als Funktion der Zeit t an!
Berechnen Sie die Elongation des Pendelkörpers zur Zeit $t = 0{,}9$ s!
Mit welcher Kraft wird der Pendelkörper zur Zeit $t = 0{,}9$ s beschleunigt?

e) Bei welcher Elongation und zu welchem Zeitpunkt ist die kinetische Energie des Federpendels erstmals maximal?
Berechnen Sie die maximale kinetische Energie des Pendels!

f) Wie groß ist die Geschwindigkeit der Kugel, wenn sie sich 2 cm über der Gleichgewichtslage befindet?
(Hinweis: Verwenden Sie den Energieerhaltungssatz!)

40. An einer Hooke'schen Feder mit der Federkonstanten $D = 1\frac{kg}{s^2}$ schwingt eine Stahlkugel mit der Masse m = 40 g.
Beim Durchschwingen der Gleichgewichtslage hat die Kugel die Geschwindigkeit $0{,}5\frac{m}{s}$.

a) Berechnen Sie die Schwingungsdauer T des Pendels!

b) Bestimmen Sie die maximale kinetische Energie und die maximale potentielle Energie des Pendels!

c) Berechnen Sie die Amplitude s_0 der Schwingung!

7 Wellenphänomene

Zu den imposantesten Wellenerscheinungen in der Natur gehören die meterhohen Wellen der Weltmeere. Es handelt sich dabei um Transversalwellen (Querwellen, vgl. S. 74). Das Wellenbild ist das Ergebnis komplizierter Überlagerungen (Interferenzen, vgl. S. 79).

7.1 Die sinusförmige, lineare Querwelle

Regt man ein Ende eines langen, elastischen Seiles mit der Hand zu einer harmonischen Schwingung an (Schwingungsrichtung senkrecht zum Seil), so wird diese Schwingung von den anderen Teilen des Seiles zeitversetzt übernommen. Es entsteht der Eindruck wandernder Wellenberge und -täler (vgl. Abb. 41).
Mit den längs des Seiles laufenden Wellenbergen und -tälern bewegen sich **keine materiellen Teilchen** mit. Ein Wellenberg ist nur ein sich ausbreitender physikalischer Zustand. Die einzelnen materiellen Teilchen des Seiles schwingen dabei harmonisch senkrecht zur Ausbreitungsrichtung der Welle um ihre jeweils ortsfesten Ruhelagen. Wenn sich wie hier Welle und Teilchen senkrecht zueinander bewegen, spricht man von einer Querwelle (Transversalwelle). Die harmonische Schwingung der Teilchen führt zu einer sinusförmigen Welle.

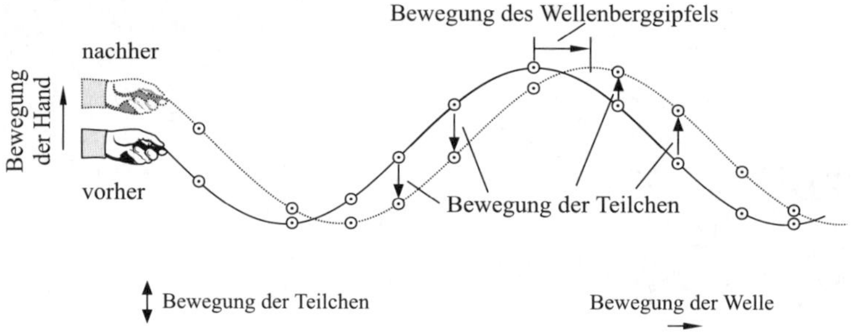

Abb. 41

Den Abstand zweier benachbarter Wellenberggipfel bezeichnet man als Wellenlänge λ.

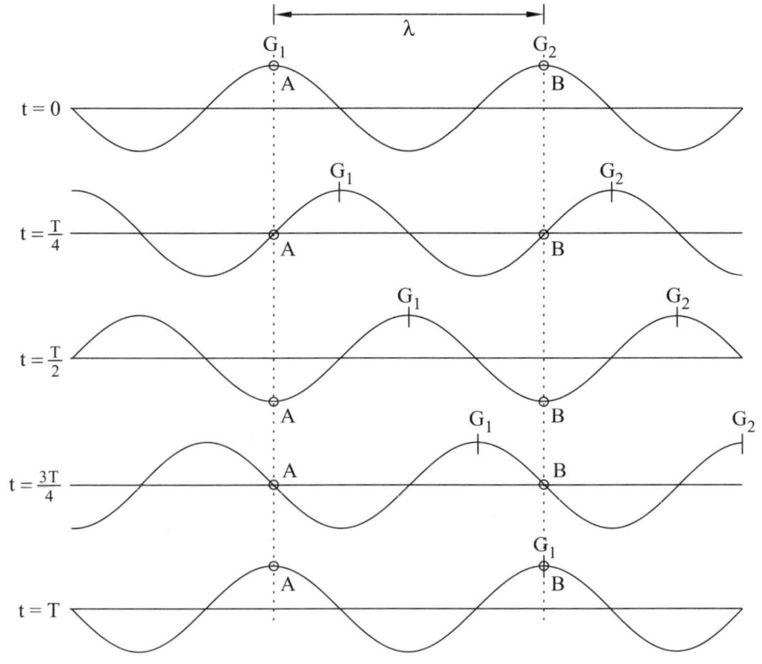

Abb. 42

Bei t = 0 wird Teilchen A vom Wellenberggipfel G_1 und Teilchen B vom Wellenberggipfel G_2 erfasst. In diesem Moment befinden sich Teilchen A und B jeweils im oberen Umkehrpunkt ihrer harmonischen Schwingungen.

Bei $t = \frac{T}{4}$ (T ist die Schwingungsdauer der Teilchen) durchschwingen A und B nach unten ihre Gleichgewichtslagen.

Bei $t = \frac{T}{2}$ sind A und B jeweils am unteren Umkehrpunkt ihrer harmonischen Schwingungen.

Bei $t = \frac{3T}{4}$ durchschwingen A und B nach oben ihre Gleichgewichtslagen.

Bei t = T sind A und B jeweils wieder am oberen Umkehrpunkt ihrer Gleichgewichtslagen. In diesem Augenblick wird Teilchen B vom Wellenberggipfel G_1 erfasst.

Der Wellenberg G_1 hat somit in der Zeit T den Weg λ zurückgelegt.
Für die Ausbreitungsgeschwindigkeit c der Welle gilt deshalb:

$$\text{Ausbreitungsgeschwindigkeit } c = \frac{\text{Weg } \lambda}{\text{Zeit T}}$$

$$c = \frac{\lambda}{T} \qquad (7.1)$$

Wegen $\frac{\lambda}{T} = \lambda \cdot \frac{1}{T} \overset{(5.11)}{=} \lambda \cdot f$
gilt:

$$c = \lambda \cdot f \qquad (7.2)$$

Einheiten: $[c] = \frac{m}{s}$; $[\lambda] = m$; $[T] = s$; $[f] = s^{-1} = Hz$

Hinweis:
f ist die Frequenz der harmonischen Schwingung (vgl. S. 52 und S. 60).

7.2 Die sinusförmige, lineare Längswelle

Erfolgt die Auslenkung, der von der Welle erfassten Teilchen, nicht senkrecht zur Ausbreitungsrichtung, sondern in Ausbreitungsrichtung der Welle, so spricht man von einer Längswelle oder Longitudinalwelle.
Das Momentbild einer sinusförmigen Längswelle erhält man aus dem entsprechenden Momentbild einer Querwelle, indem man die Auslenkungen nach oben in Auslenkungen nach rechts und die Auslenkungen nach unten in Auslenkungen nach links umwandelt.

Beispiel

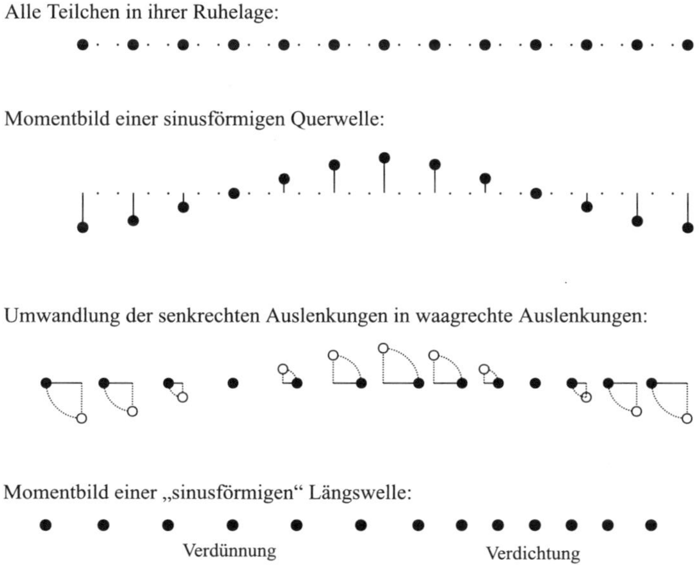

Abb. 43

So wie sich bei einer Querwelle sichtbare Wellenberge und -täler in Ausbreitungsrichtung der Welle „bewegen“, so bewegen sich bei einer Längswelle Verdichtungen und Verdünnungen.
Der Abstand von einer Verdünnung zur folgenden Verdichtung entspricht einer halben Wellenlänge.

7.3 Wellenausbreitung in der Ebene und im Raum

Wirft man einen Stein auf eine glatte Wasseroberfläche, so wird eine Welle erzeugt, die sich vom Auftreffpunkt des Steines nach allen Richtungen auf der Wasseroberfläche ausbreitet.
Regt man mit einem Luftdruck-Tupfer die Oberfläche an einer Stelle zu einer harmonischen Schwingung an, so breiten sich die Schwingungsphasen in Form von kreisförmigen Wellenbergen und -tälern vom Erregerzentrum aus (vgl. Abb. 44). Da sich diese Welle parallel zur Wasseroberfläche ausbreitet, die Wasserteilchen aber senkrecht zur Wasseroberfläche schwingen, handelt es sich um eine Querwelle.
Die folgende Abbildung zeigt die Ausbreitung einer harmonischen Wasserwelle in der Betrachtung von oben. Die durchgezogenen Kreislinien sind die Wellenberge (Orte mit der größten Auslenkung nach oben). Die gestrichelten Kreislinien sind die Wellentäler (Orte mit der größten Auslenkung nach unten). Die gepunkteten Kreislinien stellen die Orte dar, die sich in der Ruhelage befinden.
Unter den Wellenbildern ist jeweils ein Querschnitt durch das „Wellengebirge“ gezeichnet.
T ist die Schwingungsdauer der Teilchen. Die Wellenbilder sind im zeitlichen Abstand von jeweils $\frac{T}{4}$ dargestellt.

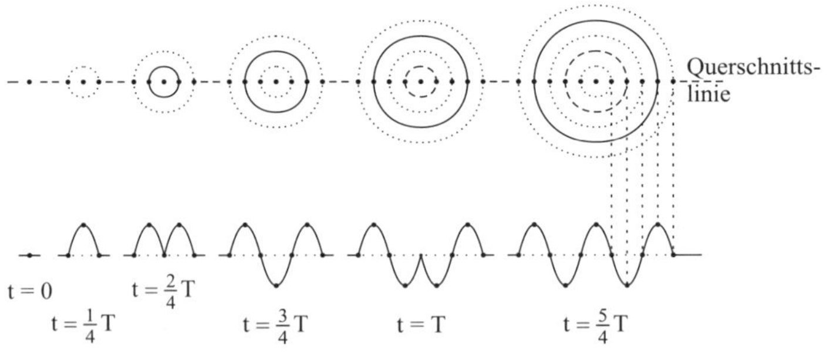

Abb. 44

Eine harmonisch schwingende Lautsprechermembran erzeugt eine Longitudinalwelle, die sich in der Luft ausbreitet. Punkte mit der gleichen Schwingungsphase (z. B. Orte mit maximaler Verdichtung) liegen auf Kugelflächen, in deren Mittelpunkt die Lautsprechermembran liegt (vgl. S. 77 und S. 128).

7.4 Überlagerung von zwei Wellen in der Ebene (Interferenz)

Zwei gleichphasig mit gleicher Frequenz harmonisch schwingende Erreger erzeugen in zwei Punkten E_1 und E_2 auf einer Wasseroberfläche jeweils kreisförmige Wellen, die sich überlagern (Interferenz von Wellen).
Abbildung 45 zeigt die Entstehung des Momentbildes einer solchen Interferenz. Die durchgezogenen Kreislinien entsprechen den Wellenbergen und die gestrichelten Kreislinien den Wellentälern der interferierenden (sich überlagernden) Kreiswellen.

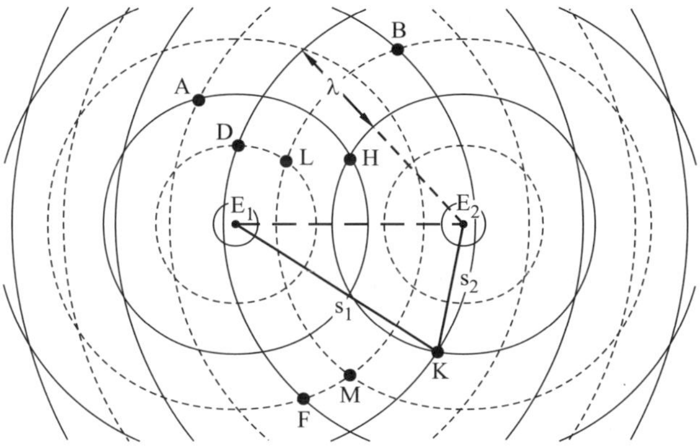

Abb. 45

Es gibt Punkte, die bezogen auf E_1 in einem Wellental, aber bezogen auf E_2 auf einem Wellenberg liegen (z. B. A und B) oder umgekehrt (z. B. D und F). In solchen Punkten heben sich die Wirkungen der beiden Wellen praktisch auf. Die Schwingungsamplitude in diesen Punkten ist gleich der Differenz der Amplituden der beiden Wellen und somit nahezu gleich null (Amplitudenminimum).
In Punkten, die sowohl bezogen auf E_1, als auch auf E_2 auf einem Wellenberg liegen (z. B. H und K) oder sowohl bezogen auf E_1, als auch auf E_2 in einem Wellental liegen (z. B. L und M) verstärken sich die Wirkungen der beiden Wellen. Die Schwingungsamplitude in solchen Punkten ist die Summe der Amplituden der beiden Wellen (Amplitudenmaximum).
Obwohl sich die Wellenberge und -täler bewegen, bleiben die Amplitudenminima und -maxima am gleichen Ort.
Ob an einem bestimmten Ort P des Wellengebiets ein Amplitudenmaximum, ein Amplitudenminimum oder etwa anderes vorliegt, hängt nur von den Entfernungen $\overline{PE}_1$ und $\overline{PE}_2$ dieses Punktes von den Erregerzentren ab.
Sei die Streckenlänge $\overline{PE}_1 = s_1$ und die Streckenlänge $\overline{PE}_2 = s_2$, so gelten folgende Interferenzbedingungen (λ ist die Wellenlänge):

Bedingung für Amplitudenmaxima:
(Maximum k-ter Ordnung)

$$|s_1 - s_2| = k \cdot \lambda \quad \text{mit } k \in \mathbb{N}_0 \tag{7.3}$$

Bedingung für Amplitudenminima:
(Minimum k-ter Ordnung)

$$|s_1 - s_2| = \left(k - \tfrac{1}{2}\right) \cdot \lambda \quad \text{mit } k \in \mathbb{N} \tag{7.4}$$

Einheiten: $[s_1] = [s_2] = [\lambda] = m$; $[k] = 1$

Beispiel

Für Punkt K gilt (vgl. Abb. 45):
$s_1 = 2{,}25\ \lambda$ und $s_2 = 1{,}25\ \lambda$
$\Rightarrow |s_1 - s_2| = |2{,}25\ \lambda - 1{,}25\ \lambda| = 1\ \lambda$
Somit liegt bei K ein Maximum 1. Ordnung vor.

Für Maxima 0. Ordnung gilt:
$|s_1 - s_2| = 0 \Rightarrow s_1 = s_2 \Rightarrow$ aller Orte mit Maximum 0. Ordnung liegen auf der Mittelsenkrechten m der Strecke $[E_1 E_2]$.
Alle Orte mit Maximum 1. Ordnung bilden zwei gekrümmte zu m symmetrische Linien (Hyperbel). Entsprechendes gilt für Orte mit Maximum größerer Ordnung bzw. für Orte mit Minimum einer bestimmten Ordnung (vgl. Abb. 46).

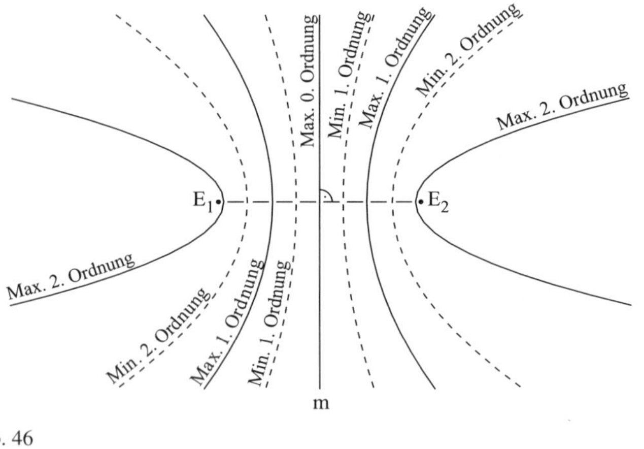

Abb. 46

7.5 Stehende Wellen

Wir betrachten die Strecke $[E_1 E_2]$ in den Abbildungen 45 und 46.
Eine harmonische Welle mit der Wellenlänge λ läuft von E_1 ausgehend nach rechts und überlagert sich mit einer harmonischen, gleichfrequenten Welle, die von E_2 kommend nach links läuft.
In Abbildung 47 sind drei Momentbilder der Wellen im Querschnitt dargestellt. Die gestrichelt dargestellte Welle läuft von E_1 ausgehend nach rechts, die gepunktet gezeichnete Welle von E_2 kommend nach links. Die durchgehende Linie zeigt das Überlagerungsbild (resultierende Welle).

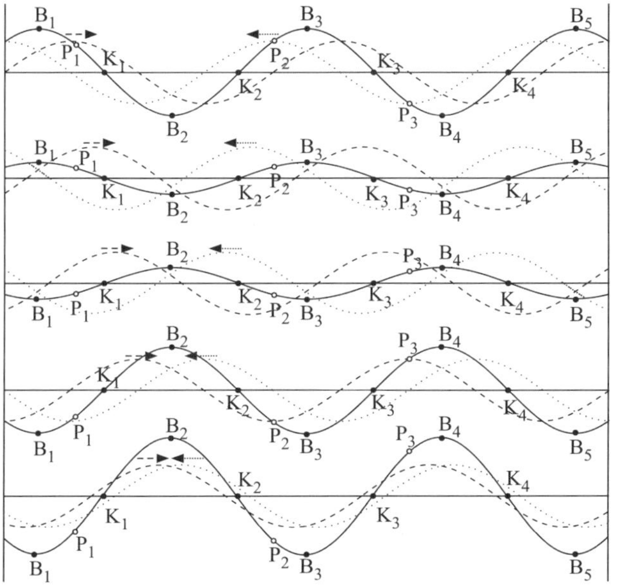

Abb. 47

Offensichtlich gibt es bei der resultierenden Welle Punkte (K_1, K_2, K_3 und K_4), die stets in ihrer Ruhelage bleiben, so genannte Knoten.
Alle anderen Punkte schwingen gleichphasig (z. B. B_1, P_1, P_2, B_3, B_5 oder B_2, P_3, B_4) oder gegenphasig (z. B. B_1, B_2 oder P_1, P_3 oder P_2, P_3 oder B_3, P_3) mit verschieden großen Amplituden.
Die größten Amplituden haben die Punkte, die genau in der Mitte zwischen zwei benachbarten Knoten liegen. Dort liegen die sog. Schwingungsbäuche (B_1, B_2, B_3, B_4 und B_5).
Insgesamt ist das Resultat der Überlagerung mehr eine Schwingung, als eine laufende Welle.

Man spricht hier von einer „stehenden Welle“.
Die Knoten K_1, K_2, K_3 und K_4 sind Spezialfälle der Amplitudenminima und erfüllen somit die Minimumbedingung (7.4). In diesen Punkten hat die Amplitude der resultierenden Schwingung stets einen Wert nahe Null, da sich die gegenläufigen Wellen dort in jedem Moment aufheben.
Die Schwingungsbäuche B_1, B_2, B_3, B_4 und B_5 sind Spezialfälle der Amplitudenmaxima und erfüllen die Maximumbedingung (7.3).

Aufgaben

41. Eine Schallwelle ist eine Längswelle, die sich z. B. in Luft (abhängig von Druck und Temperatur) mit einer Geschwindigkeit c von etwa 340 ms^{-1} ausbreitet. Ein reiner Ton mit konstanter Lautstärke ergibt eine sinusförmige Welle (vgl. Kapitel 11). Auf einer Flöte wird der Kammerton a' (f = 440 Hz) gespielt. Der Ton breitet sich als Schallwelle in der umgebenden Luft aus. Wie groß ist die Wellenlänge?

42. An der Atlantikküste beobachten Sie den Wellengang. In einer Minute zählen Sie 10 Wellen, die das Ufer erreichen. Der Abstand von zwei Wellenbergen beträgt etwa 12 m.
Wie groß ist die Ausbreitungsgeschwindigkeit der Wellen?

43.

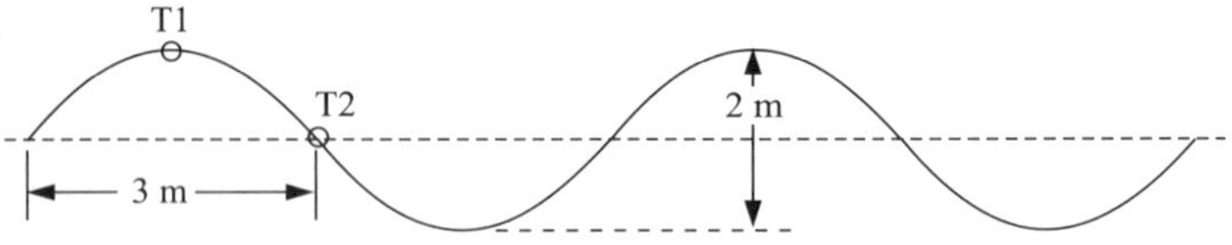

Abb. 48

Die Zeichnung zeigt das Momentbild (zur Zeit t = 0 s) einer sinusförmigen Querwelle, die sich nach rechts ausbreitet.
Die an der Ausbreitung der Welle beteiligten Teilchen (z. B. T1 und T2) schwingen harmonisch mit der Frequenz $f = \frac{1}{3}\, s^{-1}$.

a) Geben Sie die Wellenlänge λ an!

b) Mit welcher Amplitude s_0 schwingen die Teilchen (z. B. T1 und T2)?

c) Berechnen Sie die Ausbreitungsgeschwindigkeit c der Welle!

d) Zeichnen Sie die Momentbilder der Welle (mit T1 und T2) jeweils zur Zeit t = 0,5 s und zur Zeit t = 1,5 s!

e) Nach welcher Zeit ergibt sich (zum ersten Mal) wieder das gleiche Wellenbild wie zur Zeit t = 0 s?

f) Mit welcher Geschwindigkeit (und in welche Richtung) bewegen sich zur Zeit t = 0 s die Teilchen T1 und T2?

g) Wie groß ist die Beschleunigung der Teilchen T1 und T2 zur Zeit t = 0 s?

h) Geben Sie für die Teilchen T1 und T2 jeweils die Auslenkung s als Funktionen der Zeit t an!
Berechnen Sie die Auslenkungen von T1 und T2 zur Zeit t = 0,5 s!

i) Zeichnen Sie für die Teilchen T1 und T2 jeweils ein t-s-Diagramm für das Zeitintervall [0 s; 6 s]!

44.

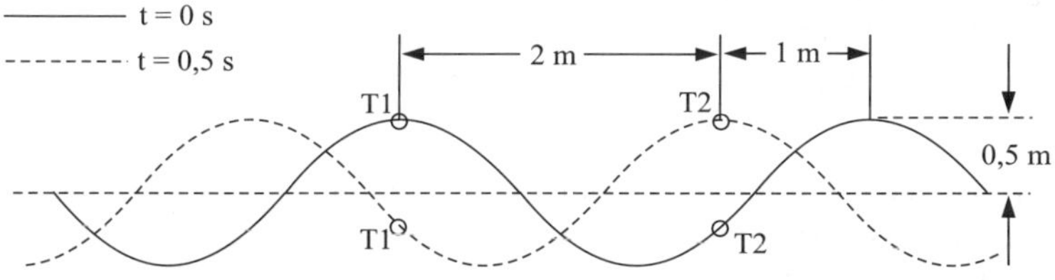

Abb. 49

Die Zeichnung zeigt zwei Momentbilder (t = 0 s und t = 0,5 s) einer sinusförmigen Querwelle. Ein Wellenberg wandert von t = 0 bis t = 0,5 s von Teilchen T1 bis Teilchen T2.

a) Geben Sie die Wellenlänge λ an!

b) Mit welcher Amplitude s_0 schwingen die Teilchen (z. B. T1 und T2)?

c) Bestimmen Sie die Ausbreitungsgeschwindigkeit c der Welle!

d) Mit welcher Frequenz und welcher Schwingungsdauer schwingen die an der Ausbreitung der Welle beteiligten Teilchen (z. B. T1 und T2)?

e) Zeichnen Sie die Momentbilder der Welle (mit T1 und T2) jeweils zur Zeit t = 0,25 s und zur Zeit t = 1 s!

f) Mit welcher Geschwindigkeit und welcher Beschleunigung bewegt sich das Teilchen T1 zur Zeit t = 0 s?

45. Zwei gleichphasig mit der Frequenz 18 Hz schwingende Wellenerreger in den Punkten A und B auf einer Wasseroberfläche bilden die Zentren von zwei sich überlagernden harmonischen Kreiswellen. Die Wellen breiten sich mit der Geschwindigkeit 0,36 ms^{-1} aus. Der Abstand von A zu B beträgt 5 cm (vgl. Abb. 50).

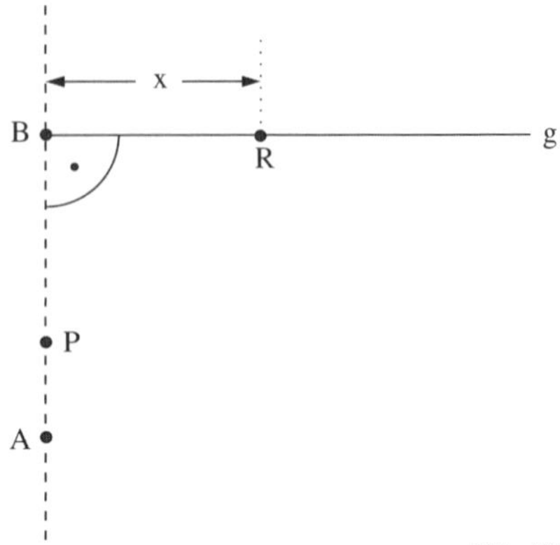

Abb. 50

a) Weisen Sie nach, dass die Wellenlänge 2 cm beträgt!

b) P liegt auf der Strecke [AB] mit $\overline{AP} = 1{,}5$ cm. Welche Art von Überlagerung ergibt sich in P (Maximum, Minimum oder keines von beiden)?

c) Zeigen Sie, dass sich für alle Punkte Q, die auf der Geraden AB, aber außerhalb der Strecke [AB] liegen, ein Amplitudenminimum ergibt. Welche Ordnung haben dort die Minima?

d) R liegt auf der Halbgeraden g. Für welches x ergibt sich in R ein Minimum 2. Ordnung?

46. Zwei Lautsprecher L_1 und L_2, die einen Abstand von 4 m zueinander haben, erzeugen jeweils einen (sinusförmigen) Ton mit der Frequenz f. Für die Schallgeschwindigkeit c gilt: $c = 340\ ms^{-1}$.

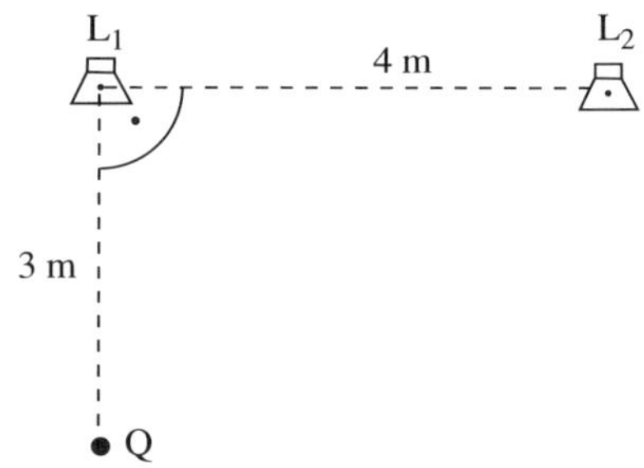

Abb. 51

a) Wie groß ist die Wellenlänge für $f = 600$ Hz?

b) Welche Art der Überlagerung registriert man in allen Punkten P, die von L_1 und L_2 gleich weit entfernt liegen, wenn die Membranen von L_1 und L_2 gleichphasig (gegenphasig) schwingen?

c) Ein Mikrofon befindet sich im Punkt Q. Bei welchen Frequenzen f registriert das Mikrofon ein Intensitätsmaximum, wenn die Membranen von L_1 und L_2 gleichphasig schwingen?

47. Ein Glasrohr mit der Länge 60 cm ist an einem Ende verschlossen und am anderen Ende offen. Vor dem offenen Ende befindet sich ein Lautsprecher, der einen Sinuston mit der Frequenz f erzeugt. Die vom Lautsprecher durch das Rohr laufende Schallwelle überlagert sich mit der am verschlossenen (festen) Ende reflektierten Welle so, dass in dem Rohr eine stehende Schallwelle entsteht. Dabei ergibt sich am offenen Rohrende ein Schwingungsbauch und am festen Rohrende ein Schwingungsknoten. Die stehende Welle lässt sich mit Korkpulver sichtbar machen, da es an den Schwingungsbäuchen verwirbelt wird, während es an den Knotenpunkten liegen bleibt (Kundt'sches Staubrohr).
Die Frequenz f wird nun mithilfe eines Tonfrequenzgenerators so eingestellt, dass sich genau zwei innere Knoten (und der Randknoten am festen Ende) ergeben. Mit der Skala des Generators lesen wir für f den Wert 710 Hz ab.

a) Wie groß ist der Abstand zwischen den beiden inneren Knoten und die Wellenlänge λ?

b) Wie groß ist die Schallgeschwindigkeit?

c) Bei welchen Frequenzen ergeben sich kein bzw. genau ein innerer Knoten?

8 Gravitation

Die Bewegungen aller neun Planeten und deren Monde, der Planetoiden sowie der Kometen des Sonnensystems lassen sich mit dem Gravitationsgesetz (8.1) und den daraus ableitbaren Kepler'schen Gesetzen beschreiben. Unter Verwendung genauer Daten über die momentane Lage und Geschwindigkeit dieser Himmelskörper lassen sich mit diesen Gesetzen auch genaue Prognosen über deren Lage in der Zukunft bzw. in der Vergangenheit treffen und so beispielsweise Sonnenfinsternissen exakt vorhersagen.

8.1 Das Gravitationsgesetz

Die Bewegungen aller Himmelskörper (z. B. Bahn des Mondes um die Erde, Bahn der Erde um die Sonne) und die Gewichtskraft, die wir auf der Erde erfahren, sind auf das gleiche Grundphänomen zurückzuführen: Abgesehen von elektromagnetischen und mechanischen Kräften ziehen sich alle Körper aufgrund ihrer Massen gegenseitig an. Diese Anziehung ist bei den meisten Körpern, mit denen wir im Alltag zu tun haben, so gering, dass man nichts davon spürt.
Erst bei Körpern mit sehr großen Massen (wie z. B. der Erde und anderen Himmelskörpern) ist die Anziehungskraft so groß, dass ihre Wirkung deutlich wird.
Die gegenseitige Anziehungskraft aller Massen wird als Gravitationskraft, Schwerkraft oder Gewichtskraft bezeichnet.

Gravitationsgesetz
Haben die Schwerpunkte zweier Körper A und B mit den Massen m_A und m_B den Abstand r, so gilt für die gegenseitige Anziehungskraft F_G (Gravitationskraft) der beiden Körper:

$$F_G = \gamma \cdot \frac{m_A \cdot m_B}{r^2}$$

mit (8.1)

$$\gamma = 6{,}67 \cdot 10^{-11}\ \frac{m^3}{kg\ s^2}$$

γ heißt Gravitationskonstante

Einheiten: $[F_G] = N$; $[m_A] = [m_B] = kg$; $[r] = m$

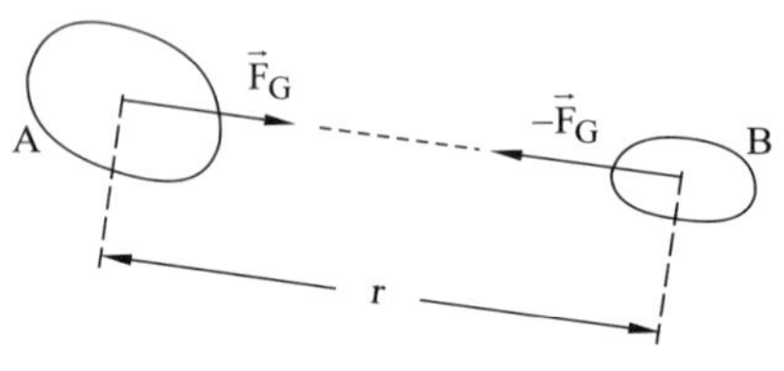

Abb. 52

Selbstverständlich sind die Anziehungskräfte auf die Körper A und B bis auf die Orientierung gleich (vgl. S. 34 „actio gegengleich reactio"), auch wenn die Massen von A und B sehr ungleich sind (vgl. Beispiel auf S. 35).

Beispiel

Die Schwerpunkte (≈ Mittelpunkte) von
Mond (Masse $m_M = 7{,}35 \cdot 10^{22}$ kg) und
Erde (Masse $m_E = 5{,}97 \cdot 10^{24}$ kg) haben im Durchschnitt
die Entfernung 384 000 km.
Mit welcher Kraft F ziehen sich Erde und Mond gegenseitig an?

Lösung:

$$F = F_G \overset{(8.1)}{=} \gamma \cdot \frac{m_M \cdot m_E}{r^2} =$$

$$= 6{,}67 \cdot 10^{-11} \frac{m^3}{kg \cdot s^2} \cdot \frac{7{,}35 \cdot 10^{22}\ kg \cdot 5{,}97 \cdot 10^{24}\ kg}{(384\,000\,km)^2} =$$

$$= 6{,}67 \cdot 10^{-11} \frac{m^3}{kg \cdot s^2} \cdot \frac{7{,}35 \cdot 10^{22}\ kg \cdot 5{,}97 \cdot 10^{24}\ kg}{(3{,}84 \cdot 10^{8}\ m)^2} =$$

$$= \frac{6{,}67 \cdot 7{,}35 \cdot 5{,}97}{(3{,}84)^2} \cdot 10^{-11} \cdot 10^{22} \cdot 10^{24} \cdot 10^{-16} \frac{m^3 \cdot kg \cdot kg}{kg \cdot s^2 \cdot m^2} =$$

$$= 19{,}8 \cdot 10^{19} \frac{kg \cdot m}{s^2} \overset{(2.3)}{=} \underline{\underline{1{,}98 \cdot 10^{20}\ N}}$$

8.2 Die Planetengesetze von Kepler

Johannes Kepler entdeckte nach einer jahrelangen, mühsamen Auswertung der umfangreichen Beobachtungsdaten von Tycho Brahe, die drei folgenden Gesetze zur Beschreibung der Planetenbahnen:

1. Kepler'sches Gesetz:
Alle Planeten bewegen sich auf elliptischen Bahnen. In einem der beiden Brennpunkte der Ellipsen steht die Sonne.

Was ist eine Ellipse?
Angenommen es sind zwei Punkte F_1 und F_2 gegeben.
Der Mittelpunkt der Strecke $[F_1F_2]$ heiße M.
Dann ist die Menge aller Punkte P, für die gilt:

$$\overline{PF_1} + \overline{PF_2} = \text{konstant}$$

eine Ellipse mit den Brennpunkten F_1 und F_2.

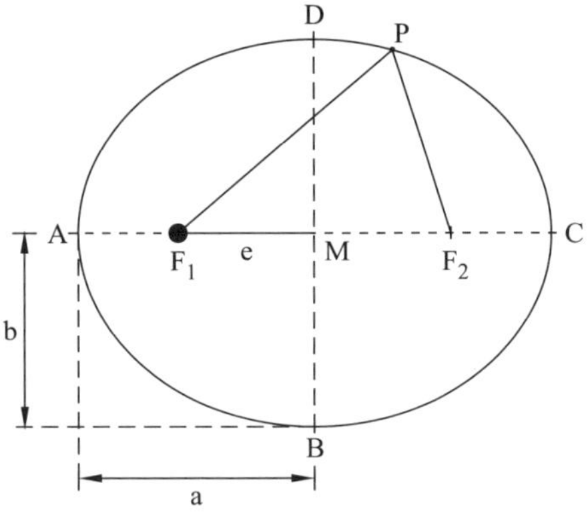

Abb. 53

Angenommen, die Sonne steht im Brennpunkt F_1 (vgl. Abb. 53). Die Streckenlänge $a = \overline{AM}$ heißt große Halbachse und die Streckenlänge $b = \overline{BM}$ kleine Halbachse der Ellipse. Die Streckenlänge $e = \overline{F_1M}$ wird als „lineare Exzentrizität der Ellipse" bezeichnet. Der Quotient $\frac{e}{a}$ heißt „numerische Exzentrizität ε". Wegen $0 < e < a$ liegt der Wert von ε zwischen 0 und 1. Je größer ε ist, desto mehr weicht die Form der Ellipse von der Kreisform ab. Im Falle $\varepsilon = 0$ ist die Ellipse ein Kreis mit dem Mittelpunkt M.

Der sonnennächste Punkt A heißt Perihel und der sonnenfernste Punkt C heißt Aphel.

2. Kepler'sches Gesetz:
Die Verbindungsstrecke von der (als ruhend angenommenen) Sonne zum bewegten Planeten überstreicht in gleich langen Zeitintervallen gleich große Flächen.

Die Flächen A_1 und A_2 sind gleich groß.
Die zugehörigen Bögen b_1 und b_2 werden in gleich langen Zeitintervallen durchlaufen.
Wegen $b_1 > b_2$, muss sich der Planet beim Durchlaufen von b_1 schneller bewegen, als beim Durchlaufen von b_2.
Folgerung: Je weiter der Planet auf seiner Bahn von der Sonne entfernt ist, desto langsamer bewegt er sich. Am langsamsten bewegt sich der Planet im Aphel, am schnellsten im Perihel.

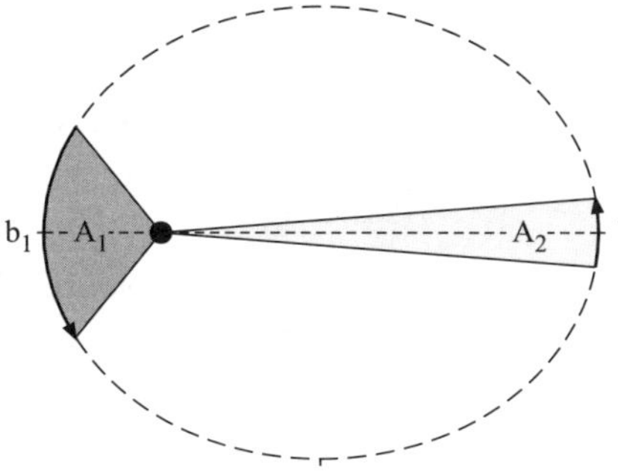

Abb. 54

3. Kepler'sches Gesetz:
Die Quadrate der Umlaufzeiten zweier Planeten verhalten sich wie die dritten Potenzen der großen Halbachsen ihrer Bahnellipsen.

Bezeichnet man die Umlaufzeit der zwei Planeten mit T_1 bzw. T_2 und die großen Halbachsen mit a_1 und a_2, so lautet das 3. Kepler'sche Gesetz:

$$\frac{T_1^2}{T_2^2} = \frac{a_1^3}{a_2^3} \qquad (8.2)$$

Einheiten: $[T_1] = [T_2] = s$; $[a_1] = [a_2] = m$

Beispiel

Planet	(siderische) Umlaufzeit	große Halbachse
Merkur	$T_1 = 88$ d	$a_1 = 57{,}9 \cdot 10^6$ km
Erde	$T_2 = 365{,}25$ d	$a_2 = 149{,}6 \cdot 10^6$ km

Verhältnis der Quadrate der Umlaufzeiten:

$$\frac{T_1^2}{T_2^2} = \frac{(88\,\text{d})^2}{(365{,}25\,\text{d})^2} = 0{,}058\,;$$

Verhältnis der dritten Potenzen der großen Halbachsen:

$$\frac{a_1^3}{a_2^3} = \frac{(57{,}9 \cdot 10^6\ \text{km})^3}{(149{,}6 \cdot 10^6\ \text{km})^3} = 0{,}058.$$

Aufgaben

48. Ein Körper mit der Masse 1 kg hat auf der Erdoberfläche etwa das Gewicht 9,8 N. Der Erdradius beträgt etwa 6 370 km.
Berechnen Sie daraus die Erdmasse (die Erddrehung braucht nicht berücksichtigt werden)!

49. Ein Außerirdischer beobachtet die Kreisbahnen von Erdsatelliten.
Welche der Kreisbahnen 1, 2, 3 und 4 sind dabei nicht möglich?
(Genaue Begründung!)

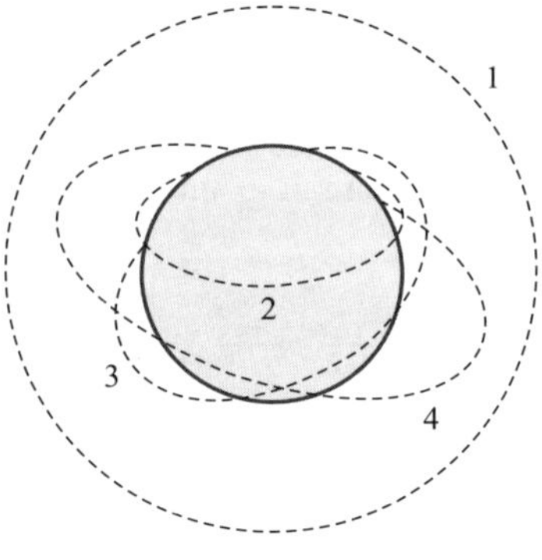

Abb. 55

50. Der mittlere Abstand von Sonne und Erde beträgt 149,6 Mio. km. Berechnen Sie die Masse der Sonne! Wie viele Erdmassen ergeben eine Sonnenmasse?
(Erdmasse: $m_E = 5{,}97 \cdot 10^{24}$ kg)

51.

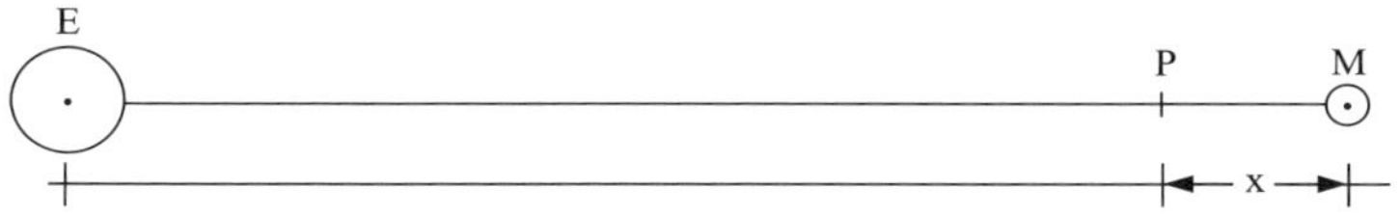

Abb. 56

Auf der Strecke Erde–Mond gibt es einen Punkt P, in dem sich Erdanziehungskraft und Mondanziehungskraft das Gleichgewicht halten.
Berechnen Sie die Entfernung x dieses Punktes vom Mondmittelpunkt!
[Für Erdmasse m_E und Mondmasse m_M gilt: $m_E = 81{,}53\ m_M$]
[Mittlere Entfernung von Erdmittelpunkt und Mondmittelpunkt: 384 405 km]

52. Nachrichtensatelliten bewegen sich meist auf der sog. geostationären Bahn, d. h. sie stehen bei ihrer Drehung um die Erde immer über demselben geografischen Ort.

a) Weshalb ist das nur bei Orten möglich, die auf dem Äquator liegen?

b) In welcher Höhe über der Erdoberfläche muss der Satellit „verankert" werden?
[Masse der Erde: $m_E = 5{,}97 \cdot 10^{24}$ kg]
[Umlaufzeit der Erde bezogen auf den Sternenhimmel:
T = 1 Sterntag = 23 h 56 min 4 s = 86 164 s]
[Erdradius: $r_E = 6\,378$ km]

c) Wie groß ist in der Höhe des Nachrichtensatelliten die Fallbeschleunigung (Ortsfaktor)?

53. Im Aphel C ist der Planet Merkur 70 Millionen km, im Perihel A nur 46 Millionen km von der Sonne entfernt. In der Abbildung bewegt sich der Merkur gegen den Uhrzeigersinn um die Sonne.

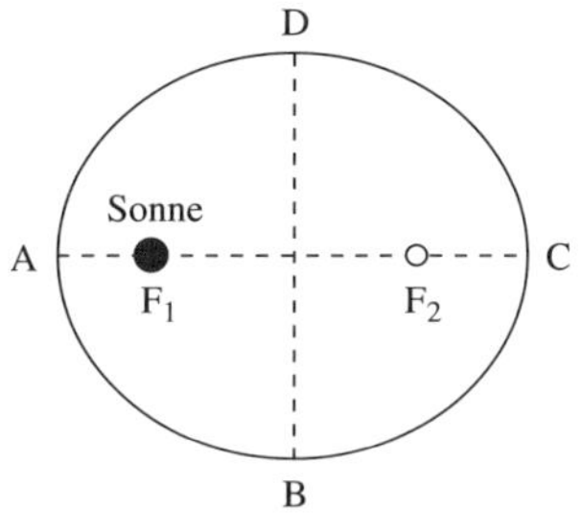

Abb. 57

a) Wie groß sind die große Halbachse a, die lineare Exzentrizität e und die numerische Exzentrizität ε der Merkurbahn?

b) Bahnpunkt D ist von A und C gleich weit entfernt.
Zeigen Sie: Die Entfernung von D zur Sonne ist gleich der großen Halbachse a!

c) Um wie viel % ist die kleine Halbachse b der Merkurbahn kleiner als die große Halbachse a?

d) Wie groß ist jeweils der Winkel zwischen dem Geschwindigkeitsvektor $\vec{v}$ und dem Beschleunigungsvektor $\vec{a}$ des Merkur in den Punkten B und D seiner Bahn?

e) Was lässt sich jeweils allgemein über den Winkel α zwischen dem Geschwindigkeitsvektor $\vec{v}$ und dem Beschleunigungsvektor $\vec{a}$ eines Körpers sagen, wenn der Körper schneller bzw. langsamer wird?

54. (Beachten Sie auch die Angabe von Aufgabe 53!)
Ein künstlicher Planet P_A bewege sich auf einer Kreisbahn um die Sonne durch Punkt A (Perihel der Merkurbahn) mit der Geschwindigkeit v_{PA} (vgl. Abb. 58). Ein künstlicher Planet P_C bewege sich auf einer Kreisbahn um die Sonne durch Punkt C (Aphel der Merkurbahn) mit der Geschwindigkeit v_{PC}. Wir bezeichnen die Geschwindigkeit des Merkur im Punkt A mit v_{MA} und im Punkt C mit v_{MC}.

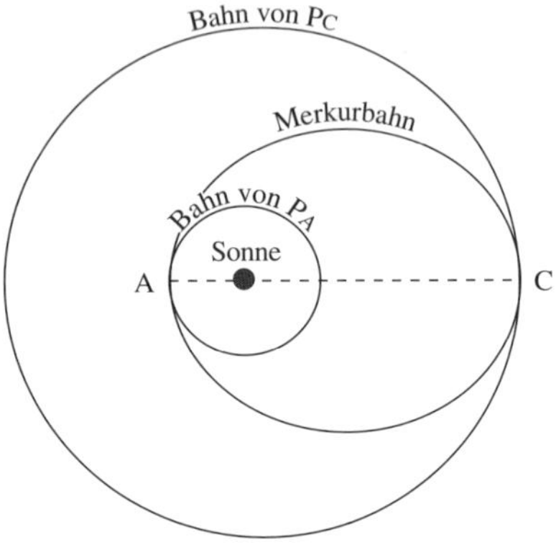

Abb. 58

a) Wie verhalten sich die Geschwindigkeiten v_{MA} und v_{MC} zueinander?

b) Für Kreisbahnen um die Sonne (Bahnradius r) gilt für die Bahngeschwindigkeit v:

$$v = \frac{k}{\sqrt{r}};$$

dabei ist k eine für alle Bahnen gleiche Konstante (Nachweis nicht erforderlich).
Berechnen Sie mithilfe dieser Beziehung das Verhältnis der Geschwindigkeiten v_{PA} und v_{PC} zueinander!

c) Ordnen Sie die vier Geschwindigkeiten v_{PA}, v_{PC}, v_{MA} und v_{MC} der Größe nach (beginnend mit der kleinsten!)!

55. Die große Halbachse der Erdbahn um die Sonne beträgt 149,6 Millionen km. Die Umlaufdauer der Erde um die Sonne beträgt 365,25 Tage (1 Erdjahr). Am 28. 3. 1802 entdeckte der deutsche Astronom W. Olbers den zweiten Kleinplaneten (Planetoid) der sich zwischen der Mars- und der Jupiterbahn um die Sonne bewegt. Er wurde Pallas genannt. Beobachtungen ergaben, dass Pallas die Sonne in 4,62 Erdjahren umrundet.
Wie groß ist die mittlere Entfernung (= große Halbachse) von Pallas zur Sonne?

9 Drehbewegungen

Nach der technisch veralteten Weltraumstation Mir entsteht zur Zeit eine wesentlich größere internationale Raumstation auf einer erdnahen Umlaufbahn, die sich aus vielen Modulen zusammensetzt. Für besonders lange Aufenthaltszeiten im Weltraum eignet sich besonders gut eine ringförmige Weltraumstation. Während die Station gleichförmig um ihre Achse rotiert, erfährt ein mitrotierender Bewohner der Station eine Scheinkraft nach außen, die auf ihn wie eine künstliche Schwerkraft wirkt. Die gesundheitsschädlichen Folgen der langen Schwerelosigkeit könnten so vermieden werden. Trotzdem könnte man im Zentrum der Station ein nicht rotierendes Labor für Experimente mit Schwerelosigkeit einrichten.

9.1 Starre Körper mit fester Drehachse

Es gibt feste Körper, die leicht (d. h. mit relativ kleinen Kräften) verformbar sind, wie z. B. ein Schaumgummiball, eine Schraubenfeder oder ein dünner Zweig eines Baumes. Andere Körper lassen sich nur sehr schwer (d. h. mit sehr großen Kräften) verformen (z. B. eine Stahlkugel, ein Betonwürfel oder der dicke Stamm einer alten Eiche).
Reale feste Körper sind aber stets verformbar, auch wenn große Kräfte nur sehr kleine, kaum messbare Verformungen bewirken.
Unter einem starren Körper verstehen wir einen idealisierten festen Körper, der seine Form prinzipiell beibehält.
Dreht man einen Globus um seine Achse, wobei der Fuß und das Gestell des Globus unbewegt bleiben sollen, so spricht man von einer Drehung um eine feste Achse.
In diesem Fall gibt es genau zwei Punkte auf der Globusoberfläche, die ihren Ort nicht verändern, den Nordpol und den Südpol des Globus. Die ortsfeste Verbindungsgerade dieser Punkte ist die (feste) Drehachse.

9.2 Drehung mit konstanter Winkelgeschwindigkeit

Zur Beschreibung von Kreisbewegungen in Kapitel 5.2 haben wir die Größen Drehwinkel φ und Winkelgeschwindigkeit ω eingeführt.
Die gleichen Größen eignen sich auch zur Beschreibung von Drehungen starrer Körper um eine feste Drehachse, da alle Massenpunkte des rotierenden Körpers im selben Zeitintervall den gleichen Drehwinkel φ durchlaufen.
Im Falle einer konstanten Winkelgeschwindigkeit ω gilt:

$$\text{Winkelgeschwindigkeit } \omega = \frac{\text{Winkel } \varphi}{\text{Zeit t}} = \text{konstant}$$

$$\omega = \frac{\varphi}{t} \quad \text{bzw.} \quad \varphi = \omega \cdot t \qquad \text{mit } \omega = \text{konstant} \tag{9.1}$$

Einheiten: $[\omega] = s^{-1}$; $[\varphi] = 1$; $[t] = s$

Beispiel

Ein Karussell dreht sich mit der konstanten Winkelgeschwindigkeit $\omega = 60° \, s^{-1}$ (vgl. Beispiele auf S. 52 und S. 53).
Welchen Winkel φ hat das Karussell in 18 s durchlaufen?

Lösung:
$\varphi = \omega \, t = 60° \, s^{-1} \cdot 18 \, s = 1\,080°$ (= $360° \cdot 3$, d. h. drei Umdrehungen!)
Das Karussell vollendet in 18 Sekunden drei Umdrehungen.

Die Formeln (5.9), (5.10), (5.11) und (5.13) aus Kapitel 5.2 gelten auch für Drehbewegungen (mit konstanter Winkelgeschwindigkeit).
Mit diesen Formeln wird der Zusammenhang der Größen Winkelgeschwindigkeit ω, Frequenz f und Umlaufzeit T beschrieben.

9.3 Drehung mit konstanter Winkelbeschleunigung

Angenommen, das Karussell sei zunächst noch in Ruhe. Im Zeitpunkt $t = 0$ s beginne es sich zunächst langsam, dann immer schneller werdend zu drehen. Die Drehung erfolgt beschleunigt. Der zurückgelegte Winkel φ ist nun nicht mehr proportional zur Zeit t.
Somit gelten die Formeln aus Kapitel 9.2 nicht mehr.

Bei beschleunigten Drehungen definiert man die momentane Winkelgeschwindigkeit $\omega(t)$ analog zur Momentangeschwindigkeit $v(t)$ bei beschleunigten linearen Bewegungen:

Es gilt: $v(t) = \dot{s}(t)$, d. h. $v(t)$ ist die zeitliche Ableitung von $s(t)$

Entsprechend gilt nun: $\omega(t) = \dot{\varphi}(t)$, d. h. $\omega(t)$ ist die zeitliche Ableitung von $\varphi(t)$

Unter den beschleunigten linearen Bewegungen haben wir in Kapitel 1.2 den Spezialfall der Bewegung mit **konstanter** Beschleunigung a betrachtet.
In Analogie dazu betrachten wir nun, als Spezialfall der beschleunigten Drehbewegungen, die Drehbewegung mit **konstanter** Winkelbeschleunigung α.

Die Bewegungsgleichungen für diesen Fall ergeben sich aus den Gleichungen des Kapitels 1.2 unter der Anwendung der Analogie:
Dazu müssen nur die sich entsprechenden Größen ausgetauscht werden:

Lineare Bewegung		**Drehbewegung**
Weg s	entspricht	Winkel φ
Geschwindigkeit v	entspricht	Winkelgeschwindigkeit ω
Beschleunigung a	entspricht	Winkelbeschleunigung α

Somit erhalten wir (vgl. S. 3):

Ändert sich die momentane Winkelgeschwindigkeit in der Zeit t von der Anfangswinkelgeschwindigkeit ω_0 auf die Winkelgeschwindigkeit ω bei konstanter Winkelbeschleunigung α, so gilt:

$$\text{Winkelbeschleunigung } \alpha = \frac{\text{Winkelgeschwindigkeitsänderung } (\omega - \omega_0)}{\text{Zeit } t} = \text{konstant}$$

$$\alpha = \frac{\omega - \omega_0}{t} \quad \text{bzw.} \quad \omega = \alpha \cdot t + \omega_0 \qquad \text{mit } \alpha = \text{konstant} \tag{9.2}$$

Einheiten: $[\alpha] = s^{-2}$; $[\omega] = s^{-1}$; $[\omega_0] = s^{-1}$; $[t] = s$

Für den in der Zeit t zurückgelegten Winkel φ gilt bei der Winkelbeschleunigung α und der Anfangswinkelgeschwindigkeit ω_0:

$$\varphi = \frac{\alpha}{2} \cdot t^2 + \omega_0 \cdot t \tag{9.3}$$

Einheiten: $[\varphi] = 1$; $[\omega] = s^{-1}$; $[\alpha] = s^{-2}$; $[t] = s$; $[\omega_0] = s^{-1}$

Durch Eliminieren von t aus (9.2) und (9.3) erhält man den Zusammenhang von Winkelbeschleunigung α, Winkel φ, Endwinkelgeschwindigkeit ω und Anfangswinkelgeschwindigkeit ω_0:

$$2\,\alpha\,\varphi = \omega^2 - \omega_0^2 \tag{9.4}$$

Einheiten: $[\alpha] = s^{-2}$; $[\varphi] = 1$; $[\omega] = s^{-1}$; $[\omega_0] = s^{-1}$

Beispiel

Ein Rotor zum Trainieren von Piloten und Astronauten dreht sich in der Stufe 1 mit der Frequenz 0,8 Hz. In der schnelleren Stufe 2 rotiert er mit der Winkelgeschwindigkeit $3\,\pi\,s^{-1}$. Das Umschalten von Stufe 1 auf Stufe 2 dauert 7s. In dieser Zeitspanne (Umschaltphase) ist die Winkelbeschleunigung konstant.
(Der Wert für die Winkelgeschwindigkeit ist im Bogenmaß angegeben. Vergleichen Sie dazu mit den Seiten 51 und 53!
$3\,\pi\,s^{-1}$ bedeutet $3 \cdot 180°$ pro Sekunde, d. h. 1,5 Umdrehungen pro Sekunde.)

a) Wie groß ist die Winkelbeschleunigung in der Umschaltphase?
b) Wie viele Umdrehungen macht der Rotor in der Umschaltphase?

Lösung:

Gegeben: Anfangsfrequenz $f_0 = 0{,}8$ Hz
Endwinkelgeschwindigkeit $\omega = 3\,\pi\,s^{-1}$
Zeit $t = 7$ s

a) Für die Anfangswinkelgeschwindigkeit ω_0 gilt:

$$\omega_0 \overset{(5.13)}{=} 2\,\pi\,f_0 = 2\,\pi\,0{,}8\,\text{Hz} = 2\,\pi\,0{,}8\,s^{-1} = 1{,}6\,\pi\,s^{-1}$$

Somit ergibt sich für die Winkelbeschleunigung α:

$$\alpha \overset{(9.2)}{=} \frac{\omega - \omega_0}{t} = \frac{3\,\pi\,s^{-1} - 1{,}6\,\pi\,s^{-1}}{7\,s} = \frac{1{,}4\,\pi\,s^{-1}}{7\,s} = \underline{\underline{0{,}2\,\pi\,s^{-2}}}$$

b) Wir berechnen zunächst den zurückgelegten Winkel φ:

1. Möglichkeit:

$$\varphi \overset{(9.3)}{=} \frac{\alpha}{2}\,t^2 + \omega_0\,t = 0{,}1\,\pi\,s^{-2}\,(7\,s)^2 + 1{,}6\,\pi\,s^{-1} \cdot 7\,s =$$

$$4{,}9\,\pi + 11{,}2\,\pi = 16{,}1\,\pi$$

2. Möglichkeit:

$$2\,\alpha\,\varphi \overset{(9.4)}{=} \omega^2 - \omega_0^2 \;\Rightarrow\; \varphi = \frac{\omega^2 - \omega_0^2}{2\,\alpha} = \frac{(3\,\pi\,s^{-1})^2 - (1{,}6\,\pi\,s^{-1})^2}{2 \cdot 0{,}2\,\pi\,s^{-2}} = 16{,}1\,\pi$$

Da der Winkel $2\,\pi$ (Bogenmaß!) einer Volldrehung entspricht, ergibt sich für die Zahl Z der Umdrehungen:

$$Z = \frac{16{,}1\,\pi}{2\,\pi} = \underline{\underline{8{,}05}}$$

In der Umschaltphase macht der Rotor 8,05 Umdrehungen.

9.4 Drehmoment

Für die Drehwirkung einer Kraft F auf einen Körper K ist nicht nur der Betrag der Kraft von Bedeutung, sondern auch Richtung und Angriffspunkt.
Ein Körper K sei um eine feste Achse durch A drehbar. In einem Punkt P greife an diesem Körper eine Kraft F, senkrecht zur Drehachse, an. Verlängert man den Kraftpfeil von F nach beiden Seiten, so entsteht die Wirkungslinie der Kraft F.
Der (senkrechte) Abstand l der Wirkungslinie von der Drehachse heißt Kraftarm von F.

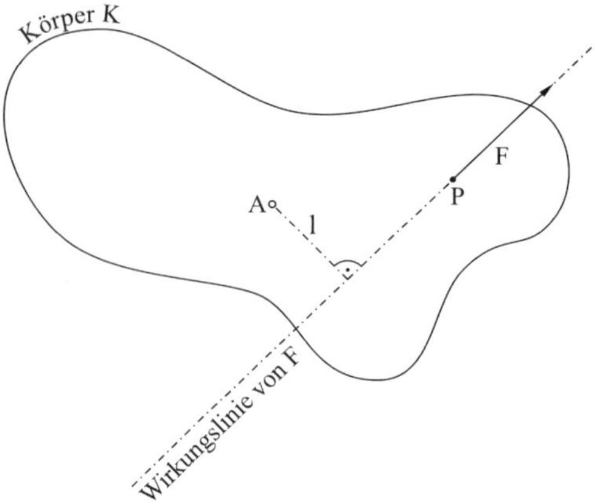

Abb. 59 Die Drehachse geht durch A und steht senkrecht zur Zeichenebene

Entscheidend für die Drehwirkung ist das Produkt aus Kraftbetrag F und Kraftarm l.
Das Produkt aus Kraftbetrag F und Kraftarm l heißt Drehmoment M.

$$M = F \cdot l \tag{9.5}$$

Einheiten: [M] = Nm; [F] = N; [l] = m

9.5 Grundgesetz der Drehbewegung – Trägheitsmoment

Ursache für eine Veränderung der Winkelgeschwindigkeit, d. h. für eine Winkelbeschleunigung eines rotierenden Körpers ist stets ein Drehmoment.
Der Zusammenhang von Winkelbeschleunigung und Drehmoment lässt sich in drei Sätzen angeben:

1. Wirkt auf einen Körper kein Drehmoment, so rotiert er mit konstanter Winkelgeschwindigkeit (oder er rotiert nicht).
2. Wirkt auf einen Körper ein konstantes Drehmoment, so rotiert er mit konstanter Winkelbeschleunigung.
3. Die Winkelbeschleunigung ist direkt proportional zum Drehmoment, d. h. der Quotient: $\frac{M}{\alpha}$ ist eine Konstante.

Ist der Wert dieser Konstanten groß, so ist ein relativ großes Drehmoment notwendig, um eine bestimmte Winkelbeschleunigung zu erzielen, d. h. der Körper erweist sich bei der Drehung um seine Achse als träge. Deshalb bezeichnet man die Konstante als Trägheitsmoment J.

Somit gilt:

$$J = \frac{M}{\alpha} \quad \text{bzw.} \quad M = J \cdot \alpha \qquad \text{(Grundgesetz der Drehbewegung)} \qquad (9.6)$$

Einheiten: $[J] = \text{Nm s}^2 = \text{kg m}^2$; $[M] = \text{Nm}$; $[\alpha] = \text{s}^{-2}$

Auch hier gibt es eine Analogie zur linearen Bewegung:

Lineare Bewegung		**Drehbewegung**
Kraft F	entspricht	Drehmoment M
Beschleunigung a	entspricht	Winkelbeschleunigung α
Masse m	entspricht	Trägheitsmoment J
$F = m \cdot a$	entspricht	$M = J \cdot \alpha$

Damit entspricht das Grundgesetz der Drehbewegung dem Grundgesetz der Mechanik (2. Newton'sches Gesetz) bei linearen Bewegungen.

Beispiel

Eine zylindrische Rolle mit dem Radius 4 cm ist in der (horizontalen) Zylinderachse drehbar gelagert. Um den Zylindermantel ist ein langer Faden gewickelt, der mit einem Ende fest mit dem Zylindermantel verbunden ist (vgl. Abb. 60).

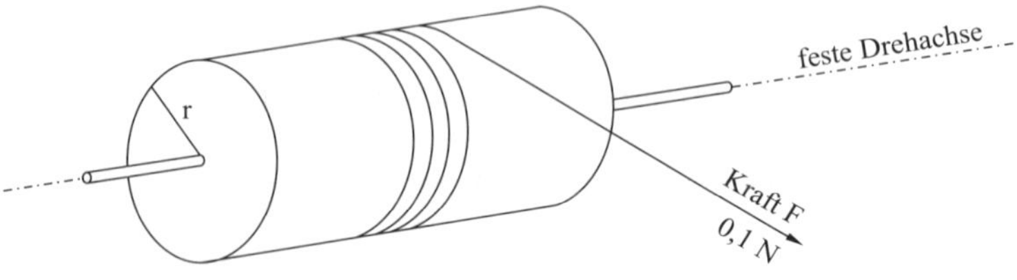

Abb. 60

Zunächst ist der Zylinder in Ruhe. Ab dem Zeitpunkt $t = 0$ wird an dem zweiten Ende des Fadens in horizontaler Richtung mit der konstanten Kraft 0,1 N gezogen. Der Faden beginnt sich abzuspulen und der Zylinder beginnt sich beschleunigt zu drehen.
Im Zeitpunkt $t = 7$ s hat der Zylinder eine momentane Winkelgeschwindigkeit von $14\ s^{-1}$.
Wie groß ist das Trägheitsmoment des Zylinders?

Lösung:
Gegeben: Radius $r = 4$ cm
Kraft $F = 0{,}1$ N
Zeit $t = 7$ s
Winkelgeschwindigkeit $\omega = 14\ s^{-1}$

Wir berechnen zunächst das beschleunigende **Drehmoment M**.
Der Kraftarm l ist identisch mit dem Zylinderradius r, somit: $l = r = 0{,}04$ m.

Damit gilt: $M \overset{(9.5)}{=} F \cdot l = 0{,}1\ N \cdot 0{,}04\ m \approx 0{,}004\ Nm$

Nun berechnen wir die **Winkelbeschleunigung α**.

$$\alpha = \frac{\omega - \omega_0}{t} = \frac{\omega - 0}{t} = \frac{\omega}{t} = \frac{14\ s^{-1}}{7\ s} = 2\ s^{-2}$$

Daraus lässt sich J berechnen:

$$J \overset{(9.6)}{=} \frac{M}{\alpha} = \frac{0{,}004\ Nm}{2\ s^{-2}} = \underline{\underline{0{,}002\ Nm\ s^2}} = \underline{\underline{0{,}002\ kg\ m^2}}$$

Beachten Sie dabei (2.3): $1\ N = 1\ kg\ \frac{m}{s^2}$.

9.6 Trägheitsmomente spezieller Körper

Das Trägheitsmoment hängt nicht nur von der geometrischen Form und der Massenverteilung des Körpers ab, sondern auch von der Lage der Drehachse.
Für bestimmte Spezialfälle lässt sich das Trägheitsmoment durch einfache Formeln darstellen:

Vollzylinder
(Drehachse = Zylinderachse) mit der Masse m und dem Radius r

$$J = \frac{1}{2} m \cdot r^2 \tag{9.7}$$

Hohlzylinder
(Drehachse = Zylinderachse) mit der Masse m und dem Radius r

$$J = m \cdot r^2 \tag{9.8}$$

Vollkugel
(Drehachse durch den Kugelmittelpunkt) mit der Masse m und dem Radius r

$$J = \frac{2}{5} m \cdot r^2 \tag{9.9}$$

Hohlkugel
(Drehachse durch den Kugelmittelpunkt) mit der Masse m und dem Radius r

$$J = \frac{2}{3} m \cdot r^2 \tag{9.10}$$

Beispiel

Wenn wir voraussetzen, dass die zylindrische Rolle aus dem Beispiel von Seite 102 ein homogen mit Masse gefüllter Vollzylinder ist, so können wir mithilfe von Formel (9.7) und dem auf Seite 102 berechneten Trägheitsmoment $J = 0{,}002$ Nm s^2 die Masse m des Zylinders bestimmen:

Lösung:

$$J \overset{(9.7)}{=} \frac{1}{2} m \cdot r^2 \;\Rightarrow\; m = \frac{2\,J}{r^2} = \frac{0{,}004 \text{ kg m}^2}{(0{,}04 \text{ m})^2} = \underline{\underline{2{,}5 \text{ kg}}}$$

9.7 Rotationsenergie und Energieerhaltung

Arbeit am rotierenden Körper

Wirkt auf einen Rotationskörper ein Drehmoment M, während er den Drehwinkel φ durchläuft, so wird an dem Körper die Arbeit W verrichtet:

$$W = M \cdot \varphi \tag{9.11}$$

Einheiten: $[W] = J$; $[M] = Nm$; $[\varphi] = 1$

Formel (9.11) ist analog zu (3.1) bei linearen Bewegungen!

Beispiel

Wie groß ist die Arbeit, die im Beispiel von Seite 102 im Zeitintervall [0s ; 7s] an dem Zylinder verrichtet wird?

Lösung:
Zunächst berechnen wir den in diesem Zeitintervall zurückgelegten Winkel φ

$$\varphi = \frac{\alpha}{2} \cdot t^2 + \omega_0 \cdot t \overset{(\omega_0 = 0)}{=} \frac{\alpha}{2} \cdot t^2 = 1\ s^{-2} \cdot (7\ s)^2 = 49$$

(Bogenmaß, entspricht etwa 2 807 °, das sind etwa 7,8 Umdrehungen)

Für die Arbeit W gilt:
$W = M \cdot \varphi = 0{,}004\ Nm \cdot 49 = 0{,}196\ Nm = \underline{\underline{0{,}196\ J}} \approx \underline{\underline{0{,}2\ J}}$

Rotationsenergie

Analog zur kinetischen Energie $E_{kin} = \frac{1}{2} m \cdot v^2$ bei linearen Bewegungen (vgl. S. 25 und S. 26) ergibt sich für Drehbewegungen (durch Einsetzen der Analogien von S. 98 und S. 101) die Rotationsenergie E_r:

$$E_r = \frac{1}{2} J \cdot \omega^2 \tag{9.12}$$

Einheiten: $[E_r] = J = Nm$; $[J] = Nm \cdot s^2$; $[\omega] = s^{-1}$

Beispiel

Wie groß ist die Rotationsenergie des Zylinders im Beispiel von Seite 102 zum Zeitpunkt t = 7 s?

Lösung:
Gegeben: $J = 0{,}002\ \text{Nm s}^2$ und $\omega = 14\ \text{s}^{-1}$
Nach (9.12) gilt:

$$E_r = \frac{1}{2} J \cdot \omega^2 = 0{,}001\ \text{Nm s}^2 \cdot (14\text{s}^{-1})^2 = 0{,}196\ \text{Nm} = \underline{\underline{0{,}196\ \text{J}}} \approx \underline{\underline{0{,}2\ \text{J}}}$$

Es ist natürlich kein Zufall, dass die Rotationsenergie E_r mit der an dem Zylinder verrichteten Arbeit W (vgl. Beispiel auf S. 104) übereinstimmt.

Energieerhaltung

Zusätzlich zu den bereits bekannten Energiearten (vgl. Kapitel 3.3) haben wir auf Seite 104 die Rotationsenergie E_r kennengelernt.
Der auf Seite 28 formulierte Energieerhaltungssatz der Mechanik gilt unter Einbeziehung von E_r weiterhin.

Beispiel

Der Zylinder aus dem Beispiel von Seite 102 ff. rollt aus der Ruheposition A eine schiefe Ebene mit dem Neigungswinkel 30° hinunter (vgl. Abb. 61).

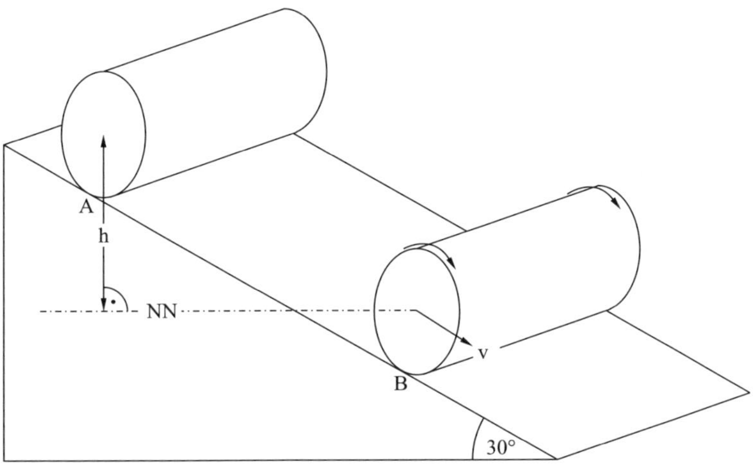

Abb. 61 (nicht maßstabsgetreu!)

Wie groß ist die Winkelgeschwindigkeit ω und die Schwerpunktgeschwindigkeit v der Rolle in Position B (der Energieverlust durch die für das Rollen nötige Reibung soll vernachlässigt werden)?

Lösung:

Gegeben: Masse $m = 2{,}5$ kg (vgl. S. 103)
Trägheitsmoment $J = 0{,}002$ Nm s^2 (vgl. S. 102)
Höhe des Schwerpunktes in A (bezogen auf NN) $h = 50$ cm

In Position A trägt der in Ruhe befindliche Zylinder nur potentielle Energie (der Höhe E_{hA}; vgl. S. 26).
In Position B trägt der Zylinder sowohl Rotationsenergie E_{rB} als auch (lineare) kinetische Energie E_{kinB}, da sich auch sein Schwerpunkt bewegt.

Es gilt der mechanische Energieerhaltungssatz (keine Reibungsverluste!):
Summe der mech. Energien in A = Summe der mech. Energien in B

$$E_{hA} = E_{rB} + E_{kinB}$$

$$* \qquad m \cdot g \cdot h = \frac{1}{2} J \cdot \omega^2 + \frac{1}{2} m \cdot v^2$$

ω und v sind folgendermaßen miteinander verknüpft:

Bei einer Volldrehung des Zylinders in der Umlaufzeit $t = T$ wird der Winkel $\varphi = 2\pi$ zurückgelegt.

$$\Rightarrow \quad \omega = \frac{\varphi}{t} = \frac{2\pi}{T}$$

In der gleichen Zeit T bewegt sich der Schwerpunkt auf einer Strecke, die einem abgerollten Umfang U des Zylinders entspricht, d. h.:

$$s = U = 2\pi \cdot r \;\Rightarrow\; v = \frac{s}{t} = \frac{2\pi \cdot r}{T} = \frac{2\pi}{T} \cdot r$$

Durch Vergleich erkennt man, dass gilt:

Zusammenhang von v und ω beim Rollen eines Zylinders (oder einer Kugel) mit Radius r:

$$\boxed{v = \omega \cdot r} \qquad (9.13)$$

Wir setzen die Beziehung (9.13) in die Energiegleichung * ein:

$$m \cdot g \cdot h = \frac{1}{2} J\,\omega^2 + \frac{1}{2} m \cdot (\omega \cdot r)^2$$

$$m \cdot g \cdot h = \frac{1}{2} J\,\omega^2 + \frac{1}{2} m\, r^2\, \omega^2$$

$$m \cdot g \cdot h = \left(\frac{1}{2} J + \frac{1}{2} m\, r^2\right) \cdot \omega^2$$

$$\omega^2 = \frac{m \cdot g \cdot h}{\frac{1}{2} J + \frac{1}{2} m r^2}$$

$$\omega^2 = \frac{2{,}5\,\text{kg} \cdot 9{,}81\,\frac{\text{N}}{\text{kg}} \cdot 0{,}5\,\text{m}}{0{,}001\,\text{Nm}\,\text{s}^2 + 1{,}25\,\text{kg} \cdot (0{,}04\,\text{m})^2}$$

$$\omega^2 = 4\,087{,}5\,\text{s}^{-2}$$

$$\omega \approx \underline{\underline{63{,}9\,\text{s}^{-1}}}$$

$$v \overset{(9.13)}{=} \omega \cdot r = 63{,}9\,\text{s}^{-1} \cdot 0{,}04\,\text{m} \approx \underline{\underline{2{,}6\,\text{m}\,\text{s}^{-1}}}$$

Aufgaben

56. Eine gleichförmig rotierende, ringförmige Weltraumstation dreht sich in einer halben Stunde 12-mal um ihre Achse.

a) Bestimmen Sie die Frequenz und die Winkelgeschwindigkeit der Rotation!

b) In welcher Zeit dreht sich die Station genau einmal um ihre Achse?

c) Welchen Winkel legt sie in einer Minute zurück?

57. Ein Auto beginnt zur Zeit $t = 0$ mit der konstanten (linearen) Beschleunigung $2\ \text{ms}^{-2}$ zu fahren. Die Räder des Autos haben den Durchmesser 60 cm.

a) Wie groß ist die Geschwindigkeit des Autos zur Zeit $t = 5$ s?

b) Wie groß ist die Winkelgeschwindigkeit eines Rades zur Zeit $t = 5$ s?

c) Wie groß ist die Winkelbeschleunigung der Räder?

d) Welchen Winkel legt ein Rad im Zeitintervall [0 s; 5 s] zurück? Wie vielen Umdrehungen entspricht das?

e) Wie groß ist jeweils die Geschwindigkeit (relativ zur Straße) eines Punktes P auf der Oberseite und eines Punktes Q auf der Unterseite des Rades zur Zeit $t = 5$ s?

58. Durch die Gezeitenkräfte entstehen auf den Ozeanen der Erde zwei Flutberge, einer auf der dem Mond zugewandten Seite und der andere auf der vom Mond abgewandten Seite. Die Erde dreht sich bei ihrer Rotation gewissermaßen unter diesen Bergen hindurch. Dabei kommt es zu einer Reibung (Reibungskraft $F \approx 4 \cdot 10^9$ N), die die Erdrotation langfristig verlangsamt, sodass der Erdtag etwas länger wird.
Die Erde werde als homogen mit Masse gefüllte Vollkugel mit dem Radius 6 370 km und der Masse $6 \cdot 10^{24}$ kg idealisiert.

a) Wie groß ist das Drehmoment, das die Erdrotation bremst?

b) Bestimmen Sie das Trägheitsmoment der Erde!

c) Wie groß ist die (negative) Winkelbeschleunigung bei der Erdrotation aufgrund des in Teilaufgabe a berechneten Drehmomentes?

d) In etwa wie vielen Jahren hat sich aufgrund der Gezeitenreibungskräfte der Erdtag um eine Sekunde verlängert? [Umlaufzeit der Erde bezogen auf den Sternenhimmel T = 23 h 56 min 4 s]

59. Eine Minigolfkugel rollt unmittelbar nach dem Abschlag im Punkt A (vgl. Abb. 62) mit der Geschwindigkeit v_0 nach rechts. Der Energieverlust durch die für das Rollen nötige Reibung soll vernachlässigt werden.

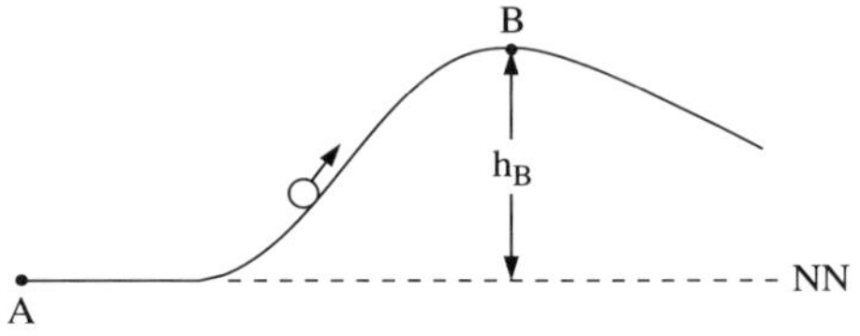

Abb. 62

a) Zeigen Sie durch Rechnung, dass das Verhältnis aus (linearer) kinetischer Energie und Rotationsenergie für die Kugel in jedem Moment den Wert 5 : 2 hat!

b) Weisen Sie nach, dass für die Geschwindigkeit v der Kugel in einem Punkt P mit der Höhe h (bezogen auf A) gilt:

$$v = \sqrt{v_0^{2} - \frac{10}{7} \cdot g \cdot h}$$

c) Mit welcher Geschwindigkeit v_0 müsste die Kugel in A abgeschlagen werden, damit sie gerade noch den Gipfelpunkt B (Höhe h_B = 40 cm) erreicht?

60. Ein Hohlzylinder mit dem Radius r = 9 cm und der Masse m_Z = 800 g ist in der (horizontalen) Achse drehbar gelagert. Um den Zylindermantel ist ein Faden gewickelt, der mit einem Ende fest mit dem Zylindermantel verbunden ist. An dem anderen Ende hängt ein Körper K mit der Masse m_K = 50 g, der sich zunächst an der Stelle A befindet und dort festgehalten wird (vgl. Abb. 63). Die Masse des Fadens und die Reibung werden vernachlässigt.
Zur Zeit t = 0 wird der Körper K in A losgelassen. In diesem Moment beginnt sich der Faden abzuspulen und der Zylinder fängt an, sich beschleunigt zu drehen.

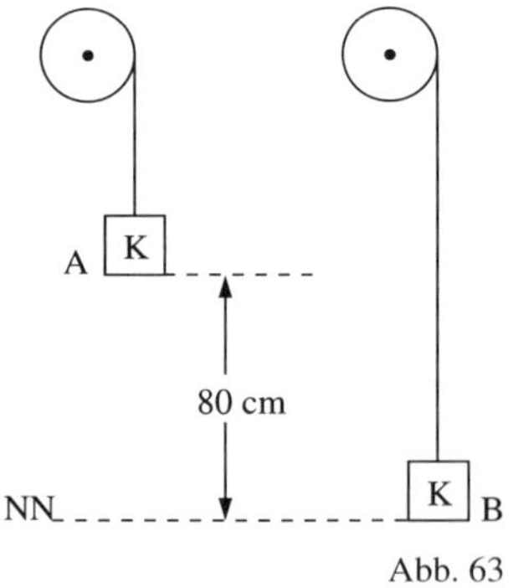

Abb. 63

a) Berechnen Sie mithilfe eines Energieansatzes die Geschwindigkeit v des Körpers K und die Winkelgeschwindigkeit ω des Zylinders, für den Moment, in dem sich K durch Punkt B bewegt!
[Ergebnisse: $v = 0{,}96\,\frac{m}{s}$; $\omega = 10{,}68\ s^{-1}$]

b) Wie groß ist die lineare Beschleunigung a von K und die Winkelbeschleunigung α des Zylinders?

c) Zu welchem Zeitpunkt bewegt sich K durch Punkt B?

d) Wie groß ist das Drehmoment, das die Winkelbeschleunigung des Zylinders verursacht? Weshalb ist dieses Drehmoment kleiner, als das Produkt aus dem Gewicht von K und dem Radius des Zylinders?

10 Strömungslehre

Im Windkanal lässt sich die Umströmung eines Pkw mit Rauchteilchen sichtbar machen. So gewinnt man ein anschauliches Bild des Strömungsfeldes (vgl. S. 112).

10.1 Begriffe

Der Begriff Strömung

Selbst an einem absolut windstillen Tag, ohne direkte Sonneneinstrahlung, sind die Luftmoleküle aufgrund ihrer Wärme in heftiger Bewegung. Diese Bewegung ist aber völlig ungeordnet, d. h. selbst benachbarte Moleküle können sich in einem bestimmten Zeitpunkt in ganz verschiedene Richtungen bewegen!
Im Gegensatz hierzu spricht man von einer Strömungsbewegung, wenn sich benachbarte Teilchen mit der (praktisch) gleichen Geschwindigkeit und gleichen Richtung bewegen (von der Wärmebewegung wird dabei abgesehen!).
Beispiele für natürliche Strömungen sind die Winde (Bewegung von Luftmassen in der Atmosphäre), die Meeresströme (z. B. der Golfstrom), die Bewegung des Wassers in Flüssen oder die Bewegung des Blutes in den Adern (Blutkreislauf).

Das Strömungsfeld

Ein anschauliches Bild einer Strömung erhält man, wenn man bei vielen Teilchen die momentane Geschwindigkeit durch einen Pfeil darstellt (Geschwindigkeitsvektor!). Der Fußpunkt des Pfeiles entspricht dem Ort des Teilchens. Die Pfeilrichtung gibt die Bewegungsrichtung und die Pfeillänge den Geschwindigkeitsbetrag an (vgl. Abb. 64).

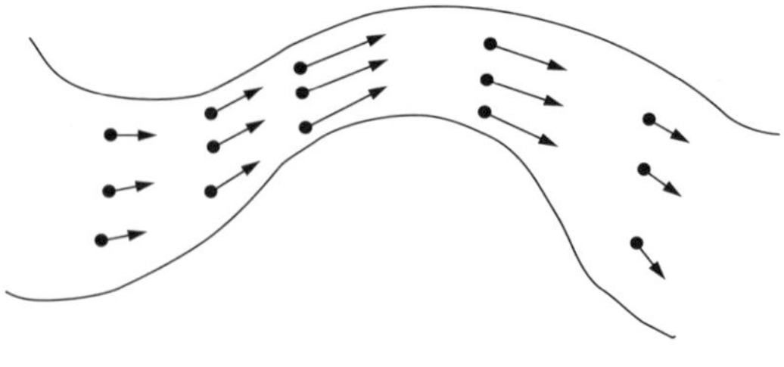

Abb. 64

Im Prinzip lassen sich solche Pfeile nicht nur bei einigen Teilchen, sondern in jedem Punkt des Strömungsgebietes vorstellen. Ein solches „Feld“ von Pfeilen (genauer: von Geschwindigkeitsvektoren) heißt Strömungsfeld.

Strömungsarten

- Strömungen, bei denen das Strömungsfeld zeitlich konstant ist, heißen **stationär**.
- Treten in einer Strömung Wirbel auf, so heißt sie **turbulent**. In Wirbeln bewegen sich die Teilchen auf konzentrischen Kreisen.
- Strömungen, die nicht turbulent sind, heißen **laminar**.
- In **horizontalen** Strömungen, bewegen sich alle Teilchen horizontal.

Fluidarten

- Die Strömungslehre befasst sich mit der Strömung von Füssigkeiten und Gasen. Flüssigkeiten und Gase werden unter dem Begriff **Fluid** zusammengefasst.
- In **reibungsfreien** Fluiden gibt es keine Energieverluste durch Reibung benachbarter Moleküle.
- Fluide, die nicht reibungsfrei sind heißen **zäh**.
- Strömende Fluide, deren Dichte sowohl zeitlich, als auch räumlich konstant ist, heißen **dichtebeständig**. Da die Dichte mit dem Druck zunimmt und in strömenden Fluiden meist Druckschwankungen auftreten, ist diese Bedingung selten perfekt erfüllt. Trotzdem sind Flüssigkeiten so gut wie dichtebeständig, da sie sich nur sehr schwer komprimieren lassen.
  Auch Gase können die Bedingung einigermaßen erfüllen, wenn die Strömungsgeschwindigkeit nicht zu groß wird.
- **Ideale** Fluide sind sowohl reibungsfrei als auch dichtebeständig.
- **Reale** Fluide sind entweder nicht reibungsfrei oder nicht dichtebeständig (oder beides nicht).

10.2 Die Kontinuitätsgleichung

Ein weites Rohr ist mit einem engen Rohr verbunden. Ein **dichtebeständiges** Fluid (vgl. S. 113) strömt durch die verbundenen Rohre (vgl. Abb. 65).

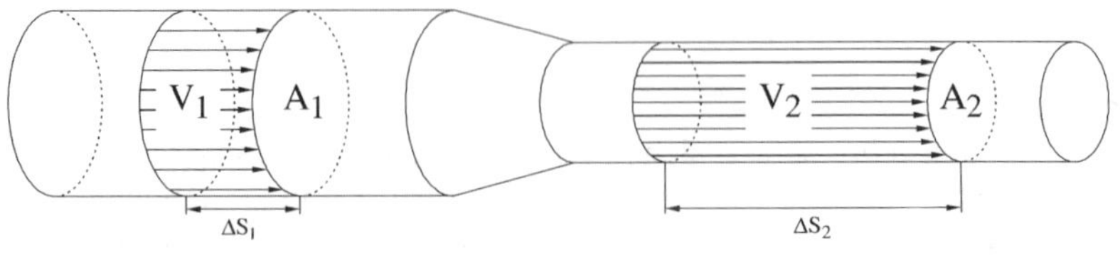

Abb. 65

Wir betrachten die Querschnitte A_1 und A_2. Wegen der Dichtebeständigkeit bewegen sich in jedem Zeitintervall Δt die gleichen Volumen V_1 und V_2 des Fluids durch die beiden Querschnitte.

Somit gilt:

$$V_1 = V_2$$

$$A_1 \cdot \Delta s_1 = A_2 \cdot \Delta s_2$$

Division durch Δt:

$$A_1 \cdot \frac{\Delta s_1}{\Delta t} = A_2 \cdot \frac{\Delta s_2}{\Delta t}$$

Damit erhalten wir die Kontinuitätsgleichung:

$$\boxed{A_1 \cdot v_1 = A_2 \cdot v_2} \qquad (10.1)$$

Einheiten: $[A_1] = m^2$; $[v_1] = m\ s^{-1}$; $[A_2] = m^2$; $[v_2] = m\ s^{-1}$

Beispiel

Angenommen der weite Rohrabschnitt hat den Querschnitt 5 cm^2 und der enge Abschnitt den Querschnitt 2 cm^2.
Mit welcher Geschwindigkeit bewegt sich eine Flüssigkeit in dem engen Rohrabschnitt, wenn sie sich in dem weiten Rohr mit 1,20 ms^{-1} bewegt?

Lösung:
Gegeben: $A_1 = 5\ cm^2$; $A_2 = 2\ cm^2$;
$v_1 = 1{,}20\ ms^{-1}$
Gesucht: v_2

Es gilt (10.1):

$$A_2 \cdot v_2 = A_1 \cdot v_1$$

$$v_2 = \frac{A_1}{A_2} \cdot v_1 = \frac{5\,\text{cm}^2}{2\,\text{cm}^2} \cdot 1{,}20\ \text{m s}^{-1} = \frac{5}{2} \cdot 1{,}20\ \text{m s}^{-1} = 3{,}00\ \text{m s}^{-1}$$

Offensichtlich ist die Geschwindigkeit der Teilchen umso größer, je kleiner der Rohrquerschnitt ist.

Anders ausgedrückt:

Rohrquerschnitt und Geschwindigkeit verhalten sich zueinander umgekehrt proportional.

10.3 Das Bernoulligesetz

Druck als Kraft pro Fläche

In der Mittelstufe wird die Größe Druck als Verhältnis (Quotient) der Größen Kraft und Fläche eingeführt.

$$\text{Druck } p = \frac{\text{Kraft } F}{\text{Fläche } A}$$

$$p = \frac{F}{A} \qquad (10.2)$$

Einheiten: $[p] = \frac{N}{m^2} = \text{Pa}$ (Pascal); $[F] = N$; $[A] = m^2$

Beispiel

Auf einer Glaskochfläche steht ein Topf mit Wasser (Gesamtgewicht: 32,0 N).
Der Topfboden hat die Fläche 2,80 dm^2.
Wie groß ist der Druck, den der Topf auf die Kochfläche ausübt?

Lösung:
Hier gilt: $F = 32{,}0$ N und $A = 2{,}80$ dm^2
Mit (10.2) gilt:

$$\text{Druck } p \overset{(10.2)}{=} \frac{F}{A} = \frac{32\,\text{N}}{2{,}8\,\text{dm}^2} = \frac{32\,\text{N}}{0{,}028\,\text{m}^2} = 1143\,\frac{\text{N}}{\text{m}^2} = \underline{\underline{1143\ \text{Pa}}}$$

Der Schweredruck

In 10 m Wassertiefe erfährt ein Taucher einen Wasserdruck von etwa 100 000 Pa. Den gleichen Druck übt eine Wassersäule von 10 m Höhe auf ihre Unterlage aus, d. h. der Wasserdruck auf den Taucher in 10 m Tiefe wird verursacht vom Gewicht der auf ihm lastenden 10 m hohen Wassersäule.
Da das Gewicht der Wassersäule mit der Höhe der Säule proportional anwächst, nimmt auch der Wasserdruck proportional mit der Wassertiefe zu.
Der vom Eigengewicht einer Flüssigkeit oder eines Gases verursachte Druck heißt Schweredruck.

Der Schweredruck p_{sch} in ruhenden Flüssigkeiten ist proportional zur Tiefe h, zu der Flüssigkeitsdichte ρ_{Fl} und zum Ortfaktor g.

Genauer gilt:

$$\boxed{p_{sch} = \rho_{Fl} \cdot g \cdot h} \qquad (10.3)$$

Einheiten: $[p_{sch}] = \frac{N}{m^2}$; $[\rho_{Fl}] = \frac{kg}{m^3}$; $[g] = \frac{N}{kg}$; $[h] = m$;

Beispiel

Der oben erwähnte Wasserdruck in 10 m Tiefe soll durch Rechnung bestätigt werden.

Lösung:

$$p_{sch} \overset{(10.3)}{=} \rho_{Fl} \cdot g \cdot h = 1\,\frac{kg}{dm^3} \cdot 9{,}81\,\frac{N}{kg} \cdot 10\text{ m} = \frac{1\,000\text{ kg}}{m^3} \cdot 9{,}81\,\frac{N}{kg} \cdot 10\text{ m} =$$
$$= 98\,100\,\frac{N}{m^2} \approx 100\,000\,\frac{N}{m^2} = \underline{\underline{100\,000\text{ Pa}}}$$

Der Stempeldruck

Schließt man (z. B. mit dem Daumen) die Öffnung einer Fahrradpumpe, so lässt sich die Luft in der Pumpe mit dem „Pumphebel“ zusammendrücken. Dabei übt man auf die eingeschlossene Luft mit dem Hebel (Stempel) einen Druck aus, der sich in der eingeschlossenen Luft fortsetzt und dort in jeder Richtung wirkt. Insbesondere wirkt der gleiche Druck auf alle Begrenzungsflächen der eingeschlossenen Luft.
Ein durch einen Stempel von außen verursachter Druck, in einem abgeschlossenen Gas oder in einer abgeschlossenen Flüssigkeit, heißt Stempeldruck p_{st}.

Der statische Druck

Der statische Druck p_s in einem ruhenden Fluid ist gleich der Summe aus Schweredruck und Stempeldruck.
In einem ruhenden Fluid, das nicht abgeschlossen ist (z. B. eine Flüssigkeit in einem oben offenen Gefäß), ist der statische Druck p_s gleich dem Schweredruck p_{sch}.

Der dynamische Druck

Hält man die flache Hand in ein schnell fließendes Gewässer (z. B. Gebirgsbach), so staut sich das Wasser etwas vor der Hand. Außerdem spürt man, dass das strömende Wasser auf die Hand einen Druck ausübt. Diesen Druck nennt man Staudruck oder dynamischen Druck. Am stärksten spürt man den Druck, wenn man die Handfläche senkrecht zur Strömungsrichtung hält. Daraus erkennt man, dass der dynamische Druck im Gegensatz zum statischen Druck eine gerichtete Größe ist.

In strömenden Fluiden gibt es neben dem statischen Druck noch den dynamischen Druck. Der dynamische Druck wirkt in Richtung der Strömung. Sein Betrag ist zur Dichte ρ_{Fl} des strömenden Fluids und zum Quadrat der Strömungsgeschwindigkeit v proportional.

Für den dynamischer Druck p_d gilt:

$$p_d = \frac{1}{2} \rho_{Fl} \cdot v^2 \qquad (10.4)$$

Einheiten: $[p_d] = \frac{N}{m^2}$; $[\rho_{Fl}] = \frac{kg}{m^3}$; $[v] = \frac{m}{s}$

Beispiel

Wie groß ist der dynamische Druck in einem Bach mit der Strömungsgeschwindigkeit $0{,}8 \frac{m}{s}$?

Lösung:

$$p_d \overset{(10.4)}{=} \frac{1}{2} \rho_{Fl} \cdot v^2 = \frac{1}{2} \frac{kg}{dm^3} \cdot \left(0{,}8 \frac{m}{s}\right)^2 = \frac{1}{2} \cdot \frac{1\,000\,kg}{m^3} \cdot \left(0{,}64 \frac{m^2}{s^2}\right) =$$

$$= 320 \frac{kg \cdot m}{m^2\, s^2} \overset{(2.3)}{=} 320 \frac{N}{m^2} = \underline{\underline{320\ Pa}}$$

Gesamtdruck

In strömenden Fluiden ist der Gesamtdruck p_g gleich der Summe aus dem statischen Druck p_s und dem dynamischen Druck p_d.

$$p_g = p_s + p_d \tag{10.5}$$

Druck und Energie

Für die kinetische Energie eines Fluidvolumens V gilt (vgl. S. 25 und S. 26):

$$E_{kin} = \frac{1}{2} m \cdot v^2 = \frac{1}{2} (\rho_{Fl} \cdot V) \cdot v^2$$

Division durch V ergibt :

$$\frac{E_{kin}}{V} = \frac{1}{2} \rho_{Fl} \cdot v^2 = p_d \tag{10.6}$$

Die räumliche kinetische Energiedichte $\frac{E_{kin}}{V}$ ist gleich dem dynamischen Druck p_d.

Auch ein unter statischem Druck stehendes Fluid trägt eine Energie, die wir statische Druckenergie E_{sd} nennen wollen.

Analog zu (10.6) gilt:

$$\frac{E_{sd}}{V} = p_s \tag{10.7}$$

Die räumliche statische Druckenergiedichte $\frac{E_{sd}}{V}$ ist gleich dem statischen Druck p_s.

Für die mechanische Gesamtenergiedichte $\frac{E}{V}$ gilt:

$$\frac{E}{V} = \frac{E_{kin}}{V} + \frac{E_{sd}}{V} = p_d + p_s = p_g \tag{10.8}$$

Die mechanische Gesamtenergiedichte $\frac{E_{kin}}{V}$ ist gleich dem Gesamtdruck p_g.

Energieerhaltung und Bernoulligleichung

Aus dem Energieerhaltungssatz folgt:
Bei einer stationären und horizontalen Strömung eines idealen Fluids (vgl. S. 113) ist die mechanische Gesamtenergiedichte $\frac{E}{V}$ an jeder Stelle der Strömung gleich.
Das ist wegen (10.8) gleichbedeutend mit:
Bei einer stationären und horizontalen Strömung eines idealen Fluids ist der Gesamtdruck p_g an jeder Stelle der Strömung gleich:

$$p_g = p_d + p_s = \text{konstant}$$

oder mit (10.6):

$$\boxed{\frac{1}{2}\rho_{Fl} \cdot v^2 + p_s = \text{konstant}} \quad \text{(Gleichung von Bernoulli)} \qquad (10.9)$$

Beispiel

Ein weites Rohr ist mit einem engen Rohr verbunden (vgl. Abb. 66).
Eine reibungsfreie Flüssigkeit mit der Dichte $0{,}7\frac{kg}{dm^3}$ strömt (stationär und horizontal) durch die verbundenen Rohre. Der weite Rohrabschnitt hat den Querschnitt 5 cm^2 und der enge Abschnitt den Querschnitt 2 cm^2. In dem weiten Rohr beträgt die Strömungsgeschwindigkeit 1,20 m s^{-1}.
Von beiden Rohrabschnitten zweigt senkrecht nach oben jeweils ein offenes Steigrohr ab.

Die Flüssigkeitshöhe in dem linken Steigrohr beträgt 90 cm.

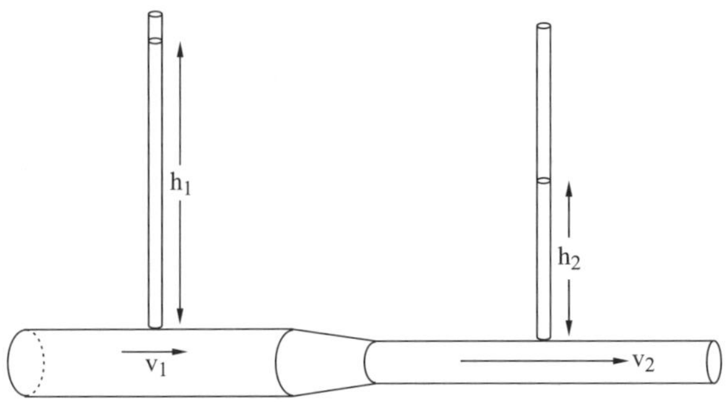

Abb. 66 (nicht maßstabsgetreu!)

Wie groß ist der statische Druck in beiden Rohrabschnitten und wie hoch steht der Flüssigkeitspegel in dem rechten Steigrohr?

Lösung:
Nach dem Beispiel auf Seite 114 beträgt die Strömungsgeschwindigkeit v_2 in dem engen Rohr 3,00 m s^{-1}.
Der statische Druck p_{s1} in dem weiten Rohr ist gleich dem Schweredruck, der von der Flüssigkeitssäule des linken Steigrohres erzeugt wird.

$$p_{s1} = p_{sch} \overset{(10.3)}{=} \rho_{Fl} \cdot g \cdot h_1 = 0{,}7 \frac{kg}{dm^3} \cdot 9{,}81 \frac{N}{kg} \cdot 0{,}90\ m =$$
$$= 700 \frac{kg}{m^3} \cdot 9{,}81 \frac{N}{kg} \cdot 0{,}90\ m =$$
$$= 6\,180 \frac{N}{m^2} = \underline{\underline{6\,180\ Pa}}$$

Damit sind in den beiden Rohrabschnitten folgende Größen bekannt:

Im Abschnitt 1 (weites Rohr)	Im Abschnitt 2 (enges Rohr)
$v_1 = 1{,}20\ m\ s^{-1}$	$v_2 = 3{,}00\ m\ s^{-1}$
$p_{s1} = 6\,180\ Pa$	$p_{s2} = ?$

Nach (10.9) gilt:

$$\frac{1}{2}\rho_{Fl}\, v_2^2 + p_{s2} \overset{(10.9)}{=} \frac{1}{2}\rho_{Fl}\, v_1^2 + p_{s1}$$
$$p_{s2} = \frac{1}{2}\rho_{Fl}\, v_1^2 - \frac{1}{2}\rho_{Fl}\, v_2^2 + p_{s1}$$
$$p_{s2} = \frac{1}{2}\rho_{Fl}\, (v_1^2 - v_2^2) + p_{s1}$$
$$p_{s2} = \frac{1}{2}\, 0{,}7 \frac{kg}{dm^3} [(1{,}20\ m\ s^{-1})^2 - (3{,}00\ m\ s^{-1})^2] + 6\,180\ Pa$$
$$p_{s2} = 0{,}35 \cdot \frac{1\,000\ kg}{m^3} [(1{,}20\ m\ s^{-1})^2 - (3{,}00\ m\ s^{-1})^2] + 6\,180\ Pa$$
$$p_{s2} = -2\,646 \frac{N}{m^2} + 6\,180\ Pa$$
$$p_{s2} = -2\,646\ Pa + 6\,180\ Pa = \underline{\underline{3\,534\ Pa}}$$

Die Höhe h_2 des Flüssigkeitspegels im rechten Steigrohr berechnen wir wieder mit (10.3):

Es gilt:

$$\rho_{Fl} \cdot g \cdot h_2 \overset{(10.3)}{=} p_{s2}$$
$$\Rightarrow h_2 = \frac{p_{s2}}{\rho_{Fl} \cdot g} = \frac{3\,534 \frac{N}{m^2}}{700 \frac{kg}{m^3} \cdot 9{,}81 \frac{N}{kg}} = \underline{\underline{0{,}51\ m}}$$

10.4 Strömungswiderstände

Reibungswiderstände in zähen Fluiden bei laminarer Strömung

Lässt man eine kleine Glaskugel in ein, mit klarem Honig gefülltes, Gefäß fallen, so sinkt die Kugel in dem Honig mit konstanter Geschwindigkeit.
Bei einem, in einer Flüssigkeit sinkenden, Körper ist die Gewichtskraft G des Körpers größer als die statische Auftriebskraft A (Gewicht der von dem Körper verdrängten Flüssigkeit). Würde keine weitere Kraft wirken, so würde der Körper beschleunigt, von der resultierenden Kraft (G – A), absinken. Da die Glaskugel aber mit konstanter Geschwindigkeit sinkt (also nicht beschleunigt!), muss noch eine weitere Kraft der Bewegung entgegen wirken. Diese bremsende Kraft wird durch Reibung verursacht.
Da Honig ein zähes (nicht reibungsfreies) Fluid ist, kommt es bei der Bewegung der Kugel im Honig zu Reibungskräften zwischen der Oberfläche der bewegten Kugel und den Honigmolekülen, die von der Kugel verdrängt oder mitgezogen werden. Die „mitgezogenen" Honigmoleküle wiederum reiben an benachbarten Honigschichten.
Gleichwertig mit der Bewegung der Kugel im Honig wäre eine „Honigströmung" um ein ruhendes kugelförmiges Hindernis.
Nicht nur Honig, sondern jedes reale Fluid ist etwas zäh.

Allgemein gilt:
Bewegt sich ein Körper mit der Geschwindigkeit v in einem realen (nicht reibungsfreien) Fluid so, dass sich in dem Fluid keine Wirbel bilden (laminare Strömung), so ist die Reibungskraft F_R, die den Körper bremst, direkt proportional zu v.
Mit einer Proportionalitätskonstanten c gilt somit:

$$F_R = c \cdot v \qquad (10.10)$$

Speziell für einen kugelförmigen Körper mit dem Radius r gilt nach Stokes:

$$c = 6 \cdot \pi \cdot \eta \cdot r$$

Eingesetzt in (10.10) erhält man die Stokes'sche Gleichung:

$$F_R = 6\,\pi\,\eta\,r\,v \qquad (10.11)$$

Einheiten: $[F_R] = \mathrm{N}$; $[\eta] = \frac{\mathrm{N\,s}}{\mathrm{m}^2}$; $[r] = \mathrm{m}$; $[v] = \frac{\mathrm{m}}{\mathrm{s}}$

η ist eine Konstante, die etwas über die Zähigkeit des Fluids aussagt. Deshalb nennt man η *Zähigkeit* oder *Viskosität* (des Fluids).

Beispiel

Von einer bestimmten klaren Honigsorte soll bei einer bestimmten Temperatur (20 °C) die Zähigkeit η bestimmt werden.
Dazu füllen wir den Honig in einen (nicht zu engen) Glaszylinder und lassen in den Zylinder eine Glaskugel mit dem Radius 5 mm fallen. Nach kurzer Beschleunigung sinkt die Kugel mit konstanter Geschwindigkeit.
Um diese Geschwindigkeit zu bestimmen, messen wir die Fallzeit t für eine Fallstrecke s von 10 cm Länge.

Wie groß ist die Zähigkeit η, wenn gilt: t = 46,3 s?

Hinweis: für die Dichte der Glaskugel gilt: $\rho_K = 2,6 \frac{kg}{dm^3}$

für die Dichte der Flüssigkeit (Honig) gilt: $\rho_F = 1,4 \frac{kg}{dm^3}$

Lösung:
Wir berechnen zunächst der Reihe nach das Volumen V_K, die Masse m_K und das Gewicht G_K der Kugel. Es gilt (Kugelvolumen!):

$$V_K = \frac{4}{3}\pi \cdot r^3 = \frac{4}{3}\pi \cdot (5\text{ mm})^3 = 523,6\text{ mm}^3 = 5,236 \cdot 10^{-4}\text{ dm}^3$$

$$\Rightarrow\ m_K = \rho_K V_K = 2,6 \frac{kg}{dm^3} \cdot 5,236 \cdot 10^{-4}\text{ dm}^3 = 1,36 \cdot 10^{-3}\text{ kg}$$

$$\Rightarrow\ G_K = m_K g = 1,36 \cdot 10^{-3}\text{ kg} \cdot 9,81 \frac{N}{kg} = 1,33 \cdot 10^{-2}\text{ N}$$

Der Auftrieb A ist gleich dem Gewicht G_F der verdrängten Flüssigkeitsmenge. Wir bestimmen der Reihe nach das Volumen V_F, die Masse m_F und das Gewicht G_F der verdrängten Flüssigkeit:

Zunächst gilt natürlich:

$$V_F = V_K = 5,236 \cdot 10^{-4}\text{ dm}^3$$

$$\Rightarrow\ m_F = \rho_F V_F = 1,4 \frac{kg}{dm^3} \cdot 5,236 \cdot 10^{-4}\text{ dm}^3 = 7,33 \cdot 10^{-4}\text{ kg}$$

$$\Rightarrow\ A = G_F = m_F\, g = 7,33 \cdot 10^{-4}\text{ kg} \cdot 9,81 \frac{N}{kg} = 7,19 \cdot 10^{-3}\text{ N}$$

Schließlich berechnen wir noch die Sinkgeschwindigkeit v der Kugel.
Nach (1.2) gilt:

$$v = \frac{s}{t} = \frac{0,1\text{ m}}{46,3\text{ s}} = 0,00216 \frac{m}{s}$$

Da die Kugel nach kurzer Beschleunigung mit konstanter Geschwindigkeit nach unten sinkt, gilt:

Die Gewichtskraft G, die nach unten wirkt, ist genau so groß wie die Summe aus der Reibungskraft F_R und der Auftriebskraft A, die beide nach oben wirken (Kräftegleichgewicht).

Somit gilt:

$F_R + A = G \quad \Rightarrow \quad F_R = G - A$

mit (10.11): $\quad 6\pi\eta r v = G - A$

$$\Rightarrow \eta = \frac{G-A}{6\pi r v} = \frac{1{,}33 \cdot 10^{-2}\,\mathrm{N} - 7{,}19 \cdot 10^{-3}\,\mathrm{N}}{6 \cdot \pi \cdot 0{,}005\,\mathrm{m} \cdot 0{,}00216\,\mathrm{m\,s^{-1}}} = 30\,\frac{\mathrm{N\,s}}{\mathrm{m^2}}$$

Strömungswiderstand durch Wirbelbildung (turbulente Strömung)

Eine Kugel bewege sich mit der Geschwindigkeit v durch ein reales Fluid. Bei kleiner Geschwindigkeit v entstehen keine Wirbel. Die Umströmung der Kugel erfolgt laminar. Für den Strömungswiderstand gilt das Stokes'sche Gesetz (10.11).
Bei größeren Geschwindigkeiten bilden sich hinter der bewegten Kugel Wirbel aus (turbulente Umströmung). Jeder Wirbel trägt Rotationsenergie. Diese Rotationsenergie wird der Bewegungsenergie der Kugel entzogen. Deshalb wird die Kugel durch die Wirbelbildung gebremst. Soll die Kugel nicht langsamer werden, so muß der ständige Energieverlust in Form einer „Reibungsarbeit" von außen ersetzt werden.
Da die Rotationsenergie proportional zum Quadrat der Geschwindigkeit v ist, gilt dies auch für die „Reibungsarbeit" und die „Reibungskraft", die als Strömungswiderstandskraft F_W bezeichnet wird.
Genauere Untersuchungen zeigen, dass F_W auch zur Querschnittsfläche (Stirnfläche) A des bewegten Körpers (die Fläche A steht dabei senkrecht zur Bewegungsrichtung) und zur Dichte ρ_{Fl} des Fluids proportional ist.

Somit gilt mit der dimensionslosen Proportionalitätskonstanten c_W, die als Widerstandsbeiwert bezeichnet wird:

$$F_W = \frac{1}{2} c_W \cdot \rho_{Fl} \cdot A \cdot v^2 \qquad (10.12)$$

Einheiten: $[F_W] = \mathrm{N}$; $[c_W] = 1$; $[\rho_{Fl}] = \frac{\mathrm{kg}}{\mathrm{m^3}}$; $[A] = \mathrm{m^2}$; $[v] = \frac{\mathrm{m}}{\mathrm{s}}$

Der Widerstandsbeiwert hängt im Wesentlichen von der Form des umströmten Körpers ab.

Einige Beispiele für Widerstandsbeiwerte:

Körperform		c_W
Kugel		0,45
dünne Platte (Fläche senkrecht zur Strömungsrichtung)		1,11
Kraftfahrzeuge	Pkw	0,25 … 0,40
	Lkw	0,70 … 0,85

Beispiel

Wie groß ist die Luftwiderstandskraft (Strömungswiderstandskraft) F_W bei einem Pkw (Querschnittsfläche in Fahrtrichtung A = 1,6 m²; $c_W = 0{,}32$), der mit der Geschwindigkeit v = 144 km/h fährt?

Dichte von Luft: $\rho_{Fl} = 1{,}3\,\frac{kg}{m^3}$

Lösung:
Nach (10.12) gilt:

$$F_W \overset{(10.12)}{=} \frac{1}{2} c_W \cdot \rho_{Fl} \cdot A \cdot v^2 = \frac{1}{2} \cdot 0{,}32 \cdot 1{,}3\,\frac{kg}{m^3} \cdot 1{,}6\,m^2 \cdot \left(144\,\frac{km}{h}\right)^2 =$$

$$= \frac{1}{2}\, 0{,}32 \cdot 1{,}3\,\frac{kg}{m^3} \cdot 1{,}6\,m^2 \cdot \left(40\,\frac{m}{s}\right)^2 = 532{,}48\,\frac{kg \cdot m}{s^2} \approx \underline{\underline{532{,}5\,N}}$$

$$\left(\text{Beachten Sie:}\quad 1\,\frac{km}{h} = \frac{1\,000\,m}{3\,600\,s} = \frac{1\,m}{3{,}6\,s}\right).$$

Aufgaben

61. Ein Fluss ist an der Stelle A in einem zunächst weiten Tal 45 m breit und durchschnittlich 1,10 m tief. Die durchschnittliche Strömungsgeschwindigkeit beträgt dort $0{,}7\,\frac{m}{s}$. Zwei Kilometer flussabwärts verengt sich das Tal. Der Fluss ist hier (Stelle B) nur noch 13 m breit, bei einer mittleren Tiefe von 1,80 m. Zwischen A und B gibt es weder einen Zufluss noch einen Abfluss.

a) Wie groß ist die mittlere Strömungsgeschwindigkeit bei B?

b) Wie viele Kubikmeter Wasser fließen pro Minute jeweils an den Stellen A und B vorbei?

62. Im nordatlantischen Wirbel strömt das Wasser im westlichen Teil an der Küste Nordamerikas entlang nach Norden. In dem schmalen Korridor zwischen den Bahamas und Florida erreicht das dort eingeengte Wasser die höchsten Strömungsgeschwindigkeiten. Angenommen man misst in diesem Abschnitt in 20 m Tiefe eine Strömungsgeschwindigkeit von $13\,\frac{km}{h}$.
Wie groß sind an dieser Stelle der statische Wasserdruck, der dynamische Wasserdruck und der gesamte Wasserdruck?
Hinweis: Die Dichte des Meerwassers beträgt etwa $1{,}02\,\frac{kg}{dm^3}$.

63. Eine Flüssigkeit mit der Dichte $0{,}8\,\frac{kg}{dm^3}$ (die als reibungsfrei angenommen wird) strömt zunächst mit der Geschwindigkeit $1{,}5\,\frac{m}{s}$ durch einen Rohrabschnitt A mit der Querschnittsfläche 4 cm^2. In diesem Abschnitt ist der statische Flüssigkeitsdruck zu vernachlässigen. Das anschließende Rohrstück B ist enger. Dort hat die Flüssigkeit die Geschwindigkeit $6\,\frac{m}{s}$ (vgl. Abb. 67).

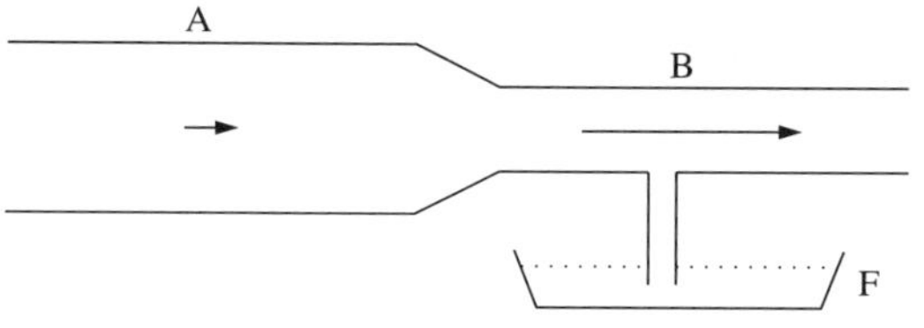

Abb. 67

a) Wie groß ist die Querschnittsfläche von Rohrstück B?

b) Wie groß ist der statische Flüssigkeitsdruck in Rohrstück B? Weshalb wird aus dem Flüssigkeitsbehälter F Flüssigkeit nach oben gesaugt?

64. Zwei Blätter Papier werden so gehalten, dass sich der Raum zwischen ihnen nach unten verengt (aber ohne gegenseitige Berührung). Bläst man nun von oben zwischen die Blätter, so werden sie nicht (wie mancher zunächst vermuten würde) auseinander, sondern zusammengedrückt.
Erklären Sie dieses sog. hydrodynamische Paradoxon!

65. Ein Bleikügelchen ($\rho = 11{,}35\,\frac{kg}{dm^3}$) mit dem Radius 1 mm fällt in eine Flasche, die mit Glycerin ($\rho = 1{,}26\,\frac{kg}{dm^3}$; $\eta = 1{,}5\,\frac{Ns}{m^2}$) gefüllt ist.

a) Wie groß ist das Gewicht G des Kügelchens?

b) Wie groß ist die Auftriebskraft A des Kügelchens im Glycerin?

c) Wie viele Sekunden nach dem Eintauchen in die Flüssigkeit erreicht das Kügelchen den Boden der Flasche (Sinktiefe s = 15 cm), wenn man von der kurzen Beschleunigungsphase am Anfang absieht?
Hinweis: Verwenden Sie die Stokes'sche Gleichung für laminare Strömungen!

66. Ein Lkw mit einem nahezu rechteckigen Querschnitt von 3 m Höhe und 2 m Breite fährt mit der Geschwindigkeit $100 \frac{\text{km}}{\text{h}}$.
Für den Widerstandsbeiwert gilt: $c_w = 0{,}78$.
Für die Dichte der Luft gilt: $\rho_{Fl} = 1{,}3 \frac{\text{kg}}{\text{m}^3}$.

a) Wie groß ist die Luftwiderstandskraft?

b) Um wie viel % verkleinert sich die Luftwiderstandskraft, wenn der Lkw seine Geschwindigkeit auf $50 \frac{\text{km}}{\text{h}}$ vermindert?

11 Akustik

Beim Streichen der Cellosaiten werden diese zu harmonischen Schwingungen angeregt. Diese Schwingungen übertragen sich auf die Luft im Resonanzkörper des Cello. Außer der Grundschwingung entstehen dabei auch viele Oberschwingungen die zusammen mit der Grundschwingung den charakteristischen Klang (vgl. S. 131) eines Cellos ergeben.

11.1 Entstehung und Ausbreitung von Schallwellen

Die Membran eines Lautsprechers wird in Schwingungen versetzt. Beim „Ausbeulen“ der Membran wird die anliegende Luft etwas zusammengedrückt (verdichtet). Umgekehrt wird die Luft beim folgenden „Eindellen“ etwas verdünnt. Diese Verdichtungen und Verdünnungen breiten sich als Longitudinalwelle (vgl. S. 77 und S. 78) in der umgebenden Luft aus und werden als Schallwelle bezeichnet. Erfolgt die Schwingung der Membran mit einer Frequenz zwischen 16 Hz und etwa 20 000 Hz, so sind die damit erzeugten Schallwellen für den (jungen) Menschen hörbar. Die Empfindlichkeit für höhere Frequenzen nimmt mit dem Lebensalter ab. Schallwellen mit Frequenzen über 20 000 Hz werden als Ultraschall und Schallwellen mit Frequenzen unter 16 Hz als Infraschall bezeichnet.

Die Ausbreitung der Schallwellen erfolgt mit einer für das jeweilige Medium (z. B. Luft) charakteristischen Geschwindigkeit, der sog. Schallgeschwindigkeit. Im Vakuum (d. h. ohne Medium) kann sich kein Schall ausbreiten.

Einige Schallgeschwindigkeiten:

Luft bei 0 °C und 1 013 hPa	331 ms^{-1}
Luft bei 20 °C und 1 013 hPa	343 ms^{-1}
Helium bei 20 °C und 1 013 hPa	1 006 ms^{-1}
Wasser bei 20 °C	1 480 ms^{-1}
Eisen bei 20 °C	5 100 ms^{-1}

Beispiel

Ein Blitz ist ein gewaltiger elektrischer Entladungsstrom, der die Luft in extrem kurzer Zeit so stark erhitzt, dass sie sich schlagartig ausdehnt. Die dabei entstehende Druckwelle breitet sich als Donnerknall mit Schallgeschwindigkeit aus.
Ein Wanderer beobachtet einen Blitz. Acht Sekunden später hört er den zugehörigen Donner.
Wie weit war der Blitz von dem Wanderer entfernt?

Lösung:
Da Temperatur und Luftdruck nicht gegeben sind, nehmen wir für die Schallgeschwindigkeit v den groben Wert $340\frac{m}{s}$.
Es gilt:

$$v = \frac{s}{t} \Rightarrow s = v \cdot t = 340\frac{m}{s} \cdot 8\,s = 2\,720\,m \approx \underline{\underline{2{,}7\,km}}$$

Der Blitzschlag erfolgte in 2,7 km Entfernung von dem Wanderer.

11.2 Schallformen

Breitet sich eine Schallwelle in der Luft aus, so werden alle von der Welle erfassten Luftmoleküle zu Schwingungen angeregt. Diese Schwingungen lassen sich mithilfe eines Mikrofons in elektrische Schwingungen umwandeln und auf dem Bildschirm eines Oszillographen darstellen. Schwingen die Luftmoleküle harmonisch (vgl. Kapitel 6), so ist auf dem Bildschirm eine Sinuskurve zu sehen. Der Schall wird in diesem Fall als **Ton** bezeichnet. Je größer die Frequenz eines Tones ist, um so höher erscheint uns der Ton.

Oszillographendiagramme von Tönen:

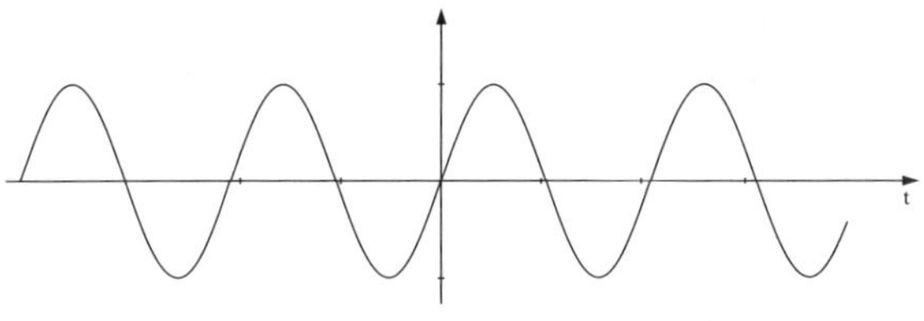

Abb. 68 tiefer, leiser Ton

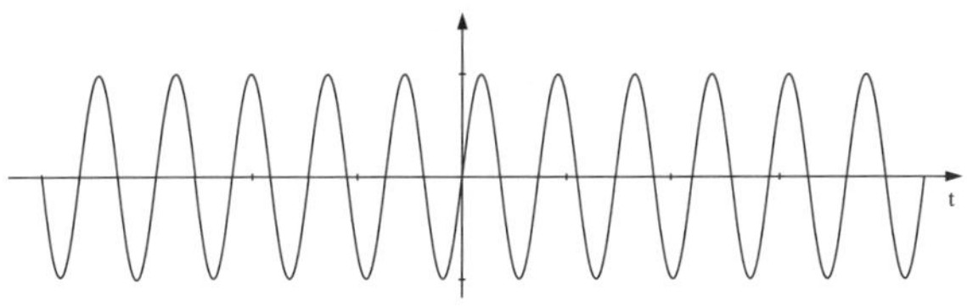

Abb. 69 hoher, leiser Ton

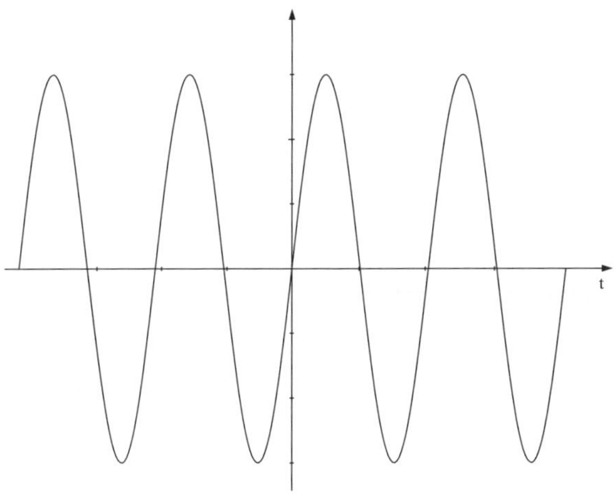

Abb. 70 tiefer, lauter Ton

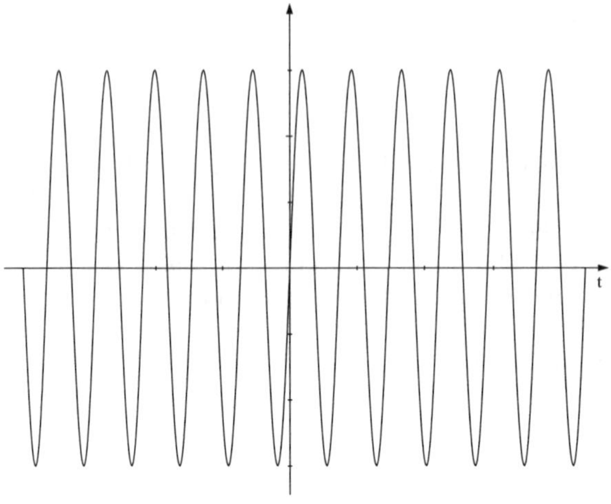

Abb. 71 hoher, lauter Ton

Überlagert man einen bestimmten Ton mit der Frequenz f_0 (der als Grundschwingung bezeichnet wird) mit anderen Tönen (Oberschwingungen), deren Frequenzen ganzzahlige Vielfache von f_0 sind, so entsteht eine periodische Schwingung (jedoch keine Sinusschwingung!). Der zugehörige Schall wird als **Klang** bezeichnet. Die „Tonhöhe" eines Klanges wird von der Frequenz der Grundschwingung bestimmt.

Beispiel

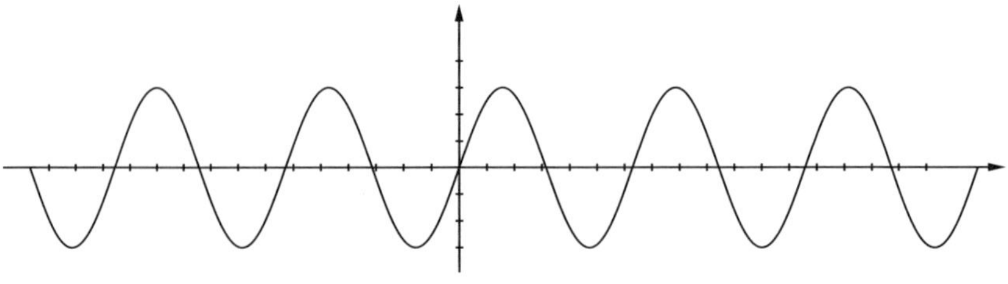

Abb. 72 Grundschwingung ($f = f_0$)

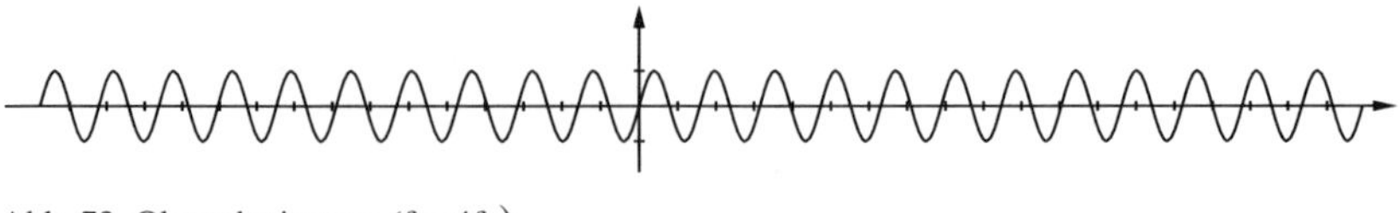

Abb. 73 Oberschwingung ($f = 4f_0$)

Überlagert man die zwei Sinusschwingungen, so entsteht ein Klang.
Das Diagramm dieses Klanges erhält man durch Superposition der Diagramme der zwei Sinusschwingungen.
Klang:

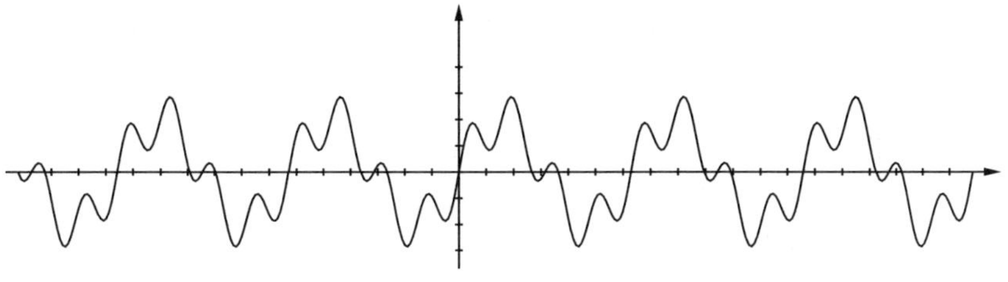

Abb. 74

Beim Spielen von Musikinstrumenten werden nicht nur Grundschwingungen, sondern immer auch viele Oberschwingungen mit erzeugt. Deshalb erhält jedes Musikinstrument einen ganz charakteristischen Klang.
Untersucht man mit Mikrofon und Oszillograph das Rauschen von Blättern, so erkennt man eine nicht-periodische Schwingung. Der zugehörige Schall heißt **Geräusch**.

Oszillographendiagramme von Geräuschen:

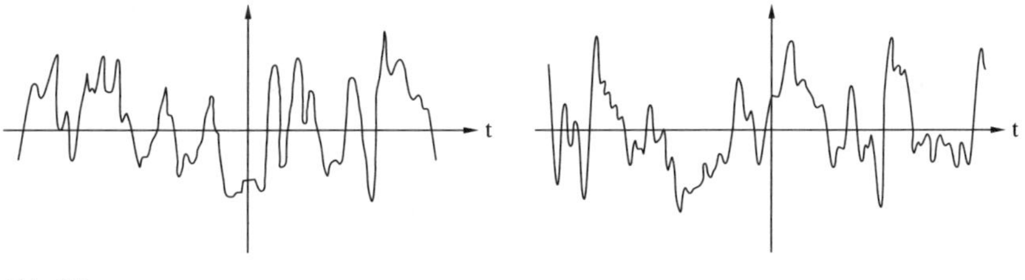

Abb. 75

11.3 Schallfeldgrößen

Leistung der Schallquelle

Mit der, von einer Schallquelle erzeugten Schallwelle, wird Energie abgestrahlt. Der Quotient aus der abgestrahlten Energie E und der Zeit t heißt Leistung P der Schallquelle.

$$P = \frac{E}{t} \qquad (11.1)$$

Einheiten: $[P] = W = \frac{J}{s}$; $[E] = J$; $[t] = s$

Leistungen einiger Schallquellen:

Menschliche Stimme (im normalen Gespräch)	10^{-5} W
Trompete (fortissimo)	0,3 W
Sirene	1 000 W

Schallstärke

Mit wachsender Entfernung von einer Schallquelle wird der von der Quelle abgestrahlte Schall schwächer wahrgenommen.

Ein objektives Maß für die „Stärke" des Schalls an einem bestimmten Ort ist die Schallleistung, die dort auf eine Flächeneinheit (z. B. Quadratmeter), senkrecht zur Ausbreitungsrichtung des Schalls, trifft.

Die Größe Schallstärke I (oder Schallintensität I) wird deshalb folgendermaßen definiert:

$$\text{Schallstärke } I = \frac{\text{Schallleistung } P}{\text{Fläche } A} = \frac{\text{Schallenergie } E}{\text{Zeit } t \cdot \text{Fläche } A}$$

$$I = \frac{E}{t \cdot A} \qquad (11.2)$$

Einheiten: $[I] = \frac{W}{m^2}$; $[E] = J$; $[t] = s$; $[A] = m^2$

Beispiel

Eine Schallwelle trifft mit gleichbleibender Intensität senkrecht auf eine $10\ m^2$ große schallschluckende Wand (d. h. die Schallenergie wird an der Wand nicht reflektiert, sondern vollkommen absorbiert). In einer Minute nimmt die Wand dabei die Energie 30 J auf.

Mit welcher Intensität I trifft der Schall auf die Wand?

Lösung:
Es gilt:

$$I \overset{(11.2)}{=} \frac{E}{t \cdot A} = \frac{30\,J}{1\,min \cdot 10\,m^2} = \frac{30\,J}{60\,s \cdot 10\,m^2} = \frac{0{,}5\,W}{10\,m^2} = \underline{\underline{0{,}05\,\frac{W}{m^2}}}$$

Lautstärke

Der Intensitätsbereich, den das menschliche Ohr schmerzfrei wahrnimmt, ist nach oben durch die Schmerzgrenze und nach unten durch die Hörschwelle begrenzt.
Am umfangreichsten ist dieser „Hörbereich“ bei Schallfrequenzen zwischen 1 000 Hz und 4 000 Hz. In diesem Frequenzintervall kann ein junger, normal hörender Mensch Schall ab einer Schallintensität von etwa $10^{-12}\frac{W}{m^2}$ (Hörschwelle) wahrnehmen. Schall mit einer Stärke von mehr als etwa $1\frac{W}{m^2}$ erzeugt Schmerzen (Schmerzgrenze).
Das subjektive Lautstärkeempfinden eines Menschen ist dabei nicht proportional zur objektiv messbaren Größe Schallintensität. Sonst würde man den Schall, den zwei Flötenspieler erzeugen, im Vergleich zum Schall eines einzelnen Flötenspielers, genauso viel lauter wahrnehmen, wie den Schall von 20 Flötenspielern im Vergleich zu 19 Flötenspielern. Das wäre biologisch nicht sinnvoll!
Tatsächlich wird der Schall, den zwei Flötenspieler erzeugen im Vergleich zum Schall eines einzelnen Flötenspielers, genauso viel lauter wahrgenommen, wie der Schall von 20 Flötenspielern im Vergleich zu 10 Flötenspielern.

Genauer gilt:

Für den Unterschied (die Differenz) zweier Lautstärken ist nicht die Differenz der zugehörigen Schallintensitäten, sondern das Verhältnis (der Quotient) dieser Schallstärken entscheidend!

Dieser Zusammenhang zwischen der subjektiven Lautstärkeempfindung und der objektiven Schallstärke wird der folgenden Definition der Größe Lautstärke L zugrundegelegt
Ist I die Schallstärke und I_0 die dazu passende Hörschwelle, so erhält man die zugehörige Lautstärke L, indem man den dekadischen Logarithmus des Quotienten $\frac{I}{I_0}$ mit 10 multipliziert.

$$L = 10 \cdot \lg\left(\frac{I}{I_0}\right) \text{ Phon} \qquad (11.3)$$

Einheiten: $[I] = [I_0] = \frac{W}{m^2}$; $[L] = 1 = \text{Phon}$

Die Größe L ist eigentlich dimensionslos, erhält aber trotzdem die „Einheit“ „Phon“.

Beispiel

Eine Autohupe mit einer Frequenz von 2 kHz erzeugt in 20 m Entfernung eine Schallstärke von $10^{-3}\,\frac{W}{m^2}$.

Wie groß ist an dieser Stelle die Lautstärke?

Lösung:
Da die Frequenz zwischen 1 kHz und 4 kHz liegt, gilt für die Hörschwelle $I_0 = 10^{-12}\,\frac{W}{m^2}$.

$$L \overset{(11.3)}{=} 10 \cdot \lg\left(\frac{I}{I_0}\right) \text{Phon} = 10 \cdot \lg\left(\frac{10^{-3}\,\frac{W}{m^2}}{10^{-12}\,\frac{W}{m^2}}\right) \text{Phon} =$$

$$= 10 \cdot \lg\,(10^9)\ \text{Phon} = 10 \cdot 9\ \text{Phon} = \underline{\underline{90\ \text{Phon}}}$$

In dem Beispiel war die Schallstärke $10^{\mathbf{9}}$-mal so groß wie die Hörschwelle. Für die Lautstärke ergaben sich **9**0 Phon.

Wäre die Schallstärke nur $10^{\mathbf{4}}$-mal so groß wie die Hörschwelle, so wäre die Lautstärke **4**0 Phon usw.

11.4 Dopplereffekt

Wenn ein schnell fahrendes Rettungsfahrzeug mit Sirenengeheul an uns vorbeifährt, so hören wir den Sirenenton relativ hoch, solange sich das Fahrzeug auf uns zubewegt. Nach dem Vorbeifahren, wenn sich das Fahrzeug von uns wegbewegt, erscheint uns der Sirenenton deutlich tiefer.

Um diesen sog. „Dopplereffekt“ zu erklären, vergleichen wir die Wellenfelder einer ruhenden und einer bewegten Schallquelle Q.

Wellenfeld einer ruhenden Schallquelle Q (Abb. 76):
Die Kreislinien entsprechen den Orten maximaler Verdichtung.
Die Wellenlänge λ ist der „Abstand“ zweier benachbarter Kreislinien.
Bezeichnet man mit c die Ausbreitungsgeschwindigkeit der Schallwelle, so gilt für die Frequenz f der Schallquelle nach (7.2): $f = \frac{c}{\lambda}$.

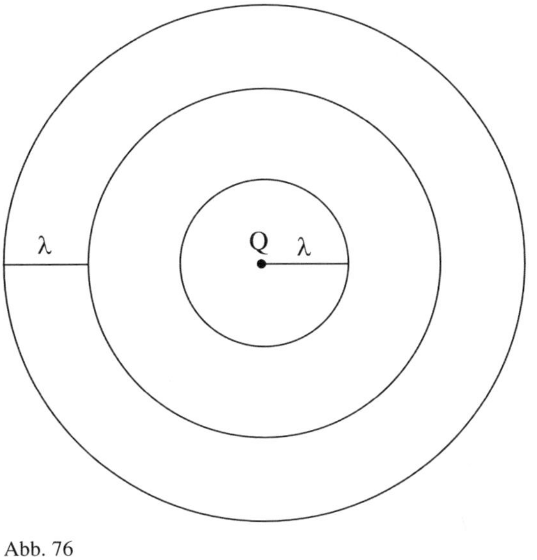

Abb. 76

Wellenfeld einer bewegten Schallquelle Q (Abb. 77) zum Zeitpunkt, zu dem sich Q bei Q_4 befindet (Q bewegt sich von Q_1 über Q_2 und Q_3 nach Q_4):

Die Schallquelle bewegt sich nach rechts mit der Geschwindigkeit v auf den Empfänger E_1 zu und von dem Empfänger E_2 weg.

E_1 befindet sich in einem Teil des Wellenfeldes, in dem die registrierte Wellenlänge λ_1 im Vergleich zu λ verkürzt ist, d. h.: $\lambda_1 < \lambda$.

⇒ E_1 „hört“ den von Q erzeugten Ton mit der Frequenz:

$$f_1 = \frac{c}{\lambda_1} > \frac{c}{\lambda} = f$$

$$\mathbf{f_1 > f}$$

E_2 befindet sich in einem Teil des Wellenfeldes, in dem die registrierte Wellenlänge λ_2 im Vergleich zu λ verlängert ist, d. h.: $\lambda_2 > \lambda$.

⇒ E_2 „hört“ den von Q erzeugten Ton mit der Frequenz:

$$f_2 = \frac{c}{\lambda_2} < \frac{c}{\lambda} = f$$

$$\mathbf{f_2 < f}$$

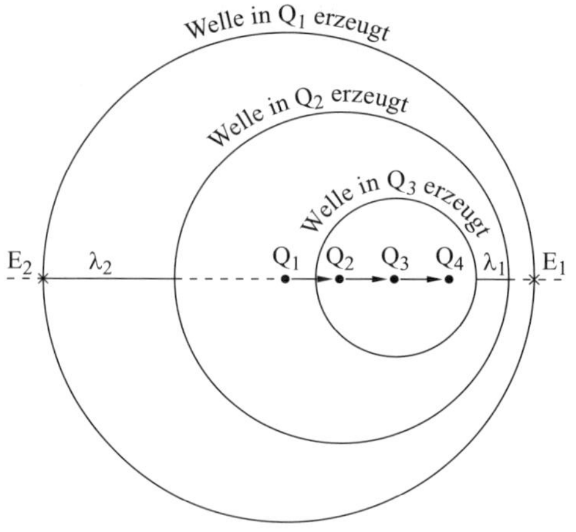

Abb. 77

Während einer Schwingungsdauer T legt die Schallquelle den Weg $v \cdot T$ zurück (die Schallquelle bewegt sich dabei z. B. von Q_3 nach Q_4).

Um diese Strecke ist die Wellenlänge λ_1 (im Vergleich zu λ) verkürzt, bzw. die Wellenlänge λ_2 vergrößert (vgl. Abb. 78).

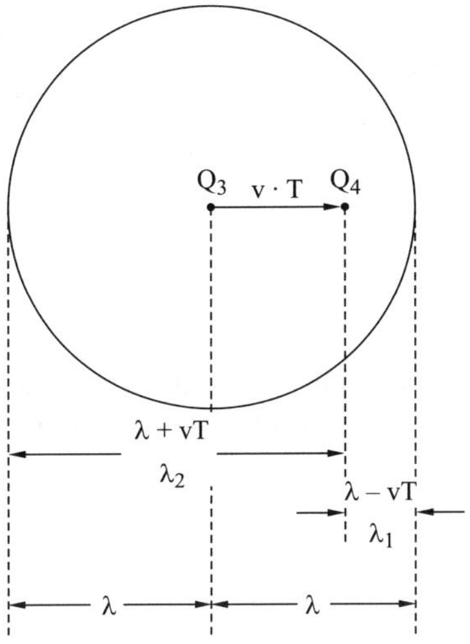

Abb. 78

Deshalb gilt:

$$\lambda_1 = \lambda - v \cdot T \overset{(7.1)}{=} \lambda - v \cdot \frac{\lambda}{c} = \lambda \left(1 - \frac{v}{c}\right)$$

$\left(\text{Beachten Sie, nach (7.1) gilt: } c = \frac{\lambda}{T} \Rightarrow T = \frac{\lambda}{c}\right)$

$$\lambda_2 = \lambda + v \cdot T = \lambda + v \cdot \frac{\lambda}{c} = \lambda \left(1 + \frac{v}{c}\right)$$

somit gilt:

$$f_1 = \frac{c}{\lambda_1} = \frac{c}{\lambda\left(1 - \frac{v}{c}\right)} = \frac{\frac{c}{\lambda}}{1 - \frac{v}{c}} = \frac{f}{1 - \frac{v}{c}}$$

entsprechend:

$$f_2 = \frac{c}{\lambda_2} = \frac{c}{\lambda\left(1 + \frac{v}{c}\right)} = \frac{\frac{c}{\lambda}}{1 + \frac{v}{c}} = \frac{f}{1 + \frac{v}{c}}$$

Der Dopplereffekt lässt sich wie folgt zusammenfassen: c sei die Ausbreitungsgeschwindigkeit des Schalls (Schallgeschwindigkeit). Bewegt sich eine Schallquelle, die einen Ton mit der Frequenz f erzeugt mit der Geschwindigkeit v auf einen Empfänger E_1 zu, so „hört" E_1 den Ton mit folgender erhöhten Frequenz f_1:

$$f_1 = \frac{f}{1 - \frac{v}{c}} \tag{11.4}$$

Bewegt sich eine Schallquelle, die einen Ton mit der Frequenz f erzeugt mit der Geschwindigkeit v von einem Empfänger E_2 weg, so „hört" E_2 den Ton mit folgender verkleinerten Frequenz f_2:

$$f_2 = \frac{f}{1 + \frac{v}{c}} \tag{11.5}$$

Einheiten: $[f] = [f_1] = [f_2] = \text{Hz} = \text{s}^{-1}; [v] = [c] = \frac{\text{m}}{\text{s}}$

Beispiel

Ein etwas infantiler Autofahrer, freut sich so sehr über seine neue Hupe, die einen 429 Hz-Ton erzeugt, dass er sie ständig ausprobieren muss.
Mit welchen Frequenzen f_1 bzw. f_2 nehmen wir die Hupe jeweils wahr, wenn sich uns das Auto zunächst mit der Geschwindigkeit 102 km/h nähert bzw. anschließend mit gleicher Geschwindigkeit entfernt?
Für die Schallgeschwindigkeit gelte: $c = 340\,\frac{\text{m}}{\text{s}}$.

Lösung:
Es gilt:

$$f_1 \overset{(11.4)}{=} \frac{f}{1 - \frac{v}{c}} = \frac{429\ \text{Hz}}{1 - \frac{102\ \text{km/h}}{340\ \frac{\text{m}}{\text{s}}}} = \frac{429\ \text{Hz}}{1 - \frac{102\ \text{km/h}}{340 \cdot 3{,}6\ \text{km/h}}} = \underline{\underline{468\ \text{Hz}}}$$

$$f_2 \overset{(11.5)}{=} \frac{f}{1 + \frac{v}{c}} = \frac{429\ \text{Hz}}{1 + \frac{102\ \text{km/h}}{340\ \frac{\text{m}}{\text{s}}}} = \frac{429\ \text{Hz}}{1 + \frac{102\ \text{km/h}}{340 \cdot 3{,}6\ \text{km/h}}} = \underline{\underline{396\ \text{Hz}}}$$

Aufgaben

67. Ein Indianer verständigt sich mit einem seiner Stammesbrüder mittels Klopfzeichen an einer Eisenbahnschiene. Um wie viel Sekunden überträgt die schnurgerade Schiene den Schall schneller als die Luft, wenn die beiden Rothäute 2 km voneinander entfernt sind?
Sowohl die Luft als auch die Eisenschiene haben jeweils die Temperatur 20 °C.

68. Die Abbildung zeigt das Oszillographendiagramm eines leisen Tones:

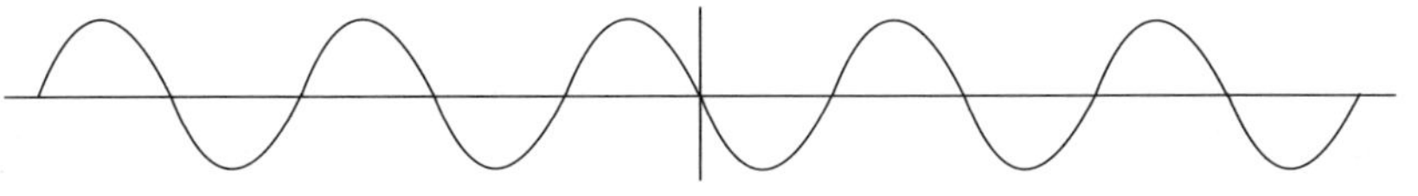

Abb. 79

a) Skizzieren Sie das entsprechende Diagramm eines lauteren Tones, der eine Oktave höher ist!
Hinweis: ein Ton ist eine Oktave höher, wenn seine Frequenz doppelt so groß ist.

b) Skizzieren Sie das Oszillographendiagramm eines Klanges, der die gleiche Frequenz hat wie der gegebene Ton!

c) Ein Ton mit der Frequenz f_1 ist drei Oktaven höher als ein Ton mit der Frequenz f_2.
Wie groß ist das Frequenzverhältnis $\frac{f_1}{f_2}$? Beachten Sie dazu den Hinweis zu Teilaufgabe a!

69. Auf die Muschel eines menschlichen Ohres mit der Fläche 18 cm^2 trifft in einer Disco in einer Stunde die Schallenergie 0,06 J.

a) Wie groß ist dort die durchschnittliche Schallstärke?

b) Wie groß ist die durchschnittliche Lautstärke in der Disco, wenn man für die Hörschwelle den Wert $I_0 = 10^{-12} \frac{W}{m^2}$ annimmt?

70. Angenommen, eine Sirene mit Frequenzen zwischen 2 000 Hz und 3 000 Hz strahlt die Schallleistung 1 200 W (gleichmäßig auf alle Raumrichtungen verteilt) ab.

a) Wie groß ist die Schallenergie, die die Sirene in einer Minute abstrahlt?

b) In 100 m Entfernung von der Sirene trifft der abgestrahlte Schall senkrecht auf eine Wand mit der Fläche 20 m^2.
Zeigen Sie, dass auf die Wand pro Minute die Schallenergie 11,46 J auftrifft!

c) Wie groß ist die Schallstärke und die Lautstärke in 100 m Entfernung von der Sirene?

d) Wie groß ist die Schallstärke und die Lautstärke in 200 m Entfernung von der Sirene?

71. Eine Eisenbahnlokomotive erzeugt einen Warnpfiff mit der Frequenz 3 000 Hz. Um wie viel Hertz verringert sich die von uns wahrgenommene Frequenz dieses Pfeifftones, wenn der Zug (pfeiffend) mit der Geschwindigkeit $150 \frac{km}{h}$ sehr nahe an uns vorbeifährt?
(Schallgeschwindigkeit $c = 340 \frac{m}{s}$)

72. Wie schnell müsste sich eine Schallquelle auf uns zubewegen, damit die von uns wahrgenommene Frequenz um 10 % höher ist, als bei der gleichen ruhenden Schallquelle?
(Schallgeschwindigkeit $c = 340 \frac{m}{s}$)

12 Lösungen

Das Lösen von Aufgaben gleicht der Suche nach dem richtigen Weg durch ein Labyrinth. Es kommt darauf an, Wege von Irrwegen zu unterscheiden und auch dann nicht aufzugeben, wenn das scheinbar nahe Ziel unversehens in die Ferne rückt.

1. a) E startet um 8^{00} in Metropol, bewegt sich dann mit konstanter Geschwindigkeit bis er um 8^{10} Nullstadt erreicht. Da die positive Richtung der s-Achse von Nullstadt nach Metropol zeigt, bewegt sich E gewissermaßen rückwärts.
B bewegt sich im Zeitintervall $[8^{00}; 8^{10}]$ mit konstanter Geschwindigkeit vorwärts von Nullstadt nach Kleinburgen, hat dort einen Aufenthalt von 5 Minuten und fährt anschließend wieder mit konstanter Geschwindigkeit zurück nach Nullstadt, wo er um 8^{27} eintrifft.

b) Da sich beide Züge im Zeitintervall $[8^{00}; 8^{10}]$ mit konstanter Geschwindigkeit bewegen, ist die Momentangeschwindigkeit für alle Zeitpunkte in diesem Zeitintervall gleich der mittleren Geschwindigkeit in diesem Zeitintervall.
nach (1.7)

$$\Rightarrow \quad v_B(8^{05}) = \frac{s_2 - s_1}{t_2 - t_1} = \frac{15\,\text{km} - 0\,\text{km}}{10\,\text{min} - 0\,\text{min}} = 1{,}5\,\frac{\text{km}}{\text{min}} = 1{,}5\,\frac{\text{km}}{\frac{1}{60}\,\text{h}} = \underline{\underline{90\,\frac{\text{km}}{\text{h}}}}$$

$$v_E(8^{05}) = \frac{s_2 - s_1}{t_2 - t_1} = \frac{0\,\text{km} - 25\,\text{km}}{10\,\text{min} - 0\,\text{min}} = -2{,}5\,\frac{\text{km}}{\text{min}} = -2{,}5\,\frac{\text{km}}{\frac{1}{60}\,\text{h}} = \underline{\underline{-150\,\frac{\text{km}}{\text{h}}}}$$

c) Da sich B im Zeitintervall $[8^{10}; 8^{15}]$ nicht bewegt, gilt: $v_B(8^{12}) = \underline{\underline{0\,\frac{\text{km}}{\text{h}}}}$

Die Momentangeschwindigkeit um 8^{20} ist gleich der mittleren Geschwindigkeit im Zeitintervall $[8^{15}; 8^{27}]$.
nach (1.7)

$$\Rightarrow \quad v_B(8^{20}) = \frac{s_2 - s_1}{t_2 - t_1} = \frac{0\,\text{km} - 15\,\text{km}}{27\,\text{min} - 15\,\text{min}} = -1{,}25\,\frac{\text{km}}{\text{min}} = -1{,}25\,\frac{\text{km}}{\frac{1}{60}\,\text{h}} = \underline{\underline{-75\,\frac{\text{km}}{\text{h}}}}$$

d) Für B gilt nach (1.2) im Zeitintervall $[8^{00}; 8^{10}]$:

$$s_B = v_B \cdot t = 1{,}5\,\frac{\text{km}}{\text{min}} \cdot t$$

Für E gilt nach (1.1) im Zeitintervall $[8^{00}; 8^{10}]$:

$$s_E = v_E \cdot t + s_0 = \left(-2{,}5\,\frac{\text{km}}{\text{min}}\right) \cdot t + 25\,\text{km}$$

In dem Zeitpunkt t, in dem sich die beiden Züge begegnen, gilt: $s_B = s_E$

$$\Rightarrow \quad 1{,}5\,\frac{\text{km}}{\text{min}} \cdot t = \left(-2{,}5\,\frac{\text{km}}{\text{min}}\right) \cdot t + 25\,\text{km}$$

$$\Rightarrow \quad 1{,}5\,\frac{\text{km}}{\text{min}} \cdot t + 2{,}5\,\frac{\text{km}}{\text{min}} \cdot t = 25\,\text{km}$$

$$\Rightarrow \quad 4\,\frac{\text{km}}{\text{min}} \cdot t = 25\,\text{km}$$

$$\Rightarrow \quad t = \underline{\underline{6{,}25\,\text{min}}} = \underline{\underline{6\,\text{min}\;15\,\text{s}}}$$

Wir setzen $t = 6{,}25$ min in s_B (oder in s_E) ein:

$s_B = 1{,}5\,\frac{\text{km}}{\text{min}} \cdot 6{,}25\text{ min} = \underline{\underline{9{,}375\text{ km}}}$

Die Züge begegnen sich 6 min 15 s nach 8 Uhr.
Der Begegnungsort befindet sich 9,375 km von Nullstadt entfernt (in Richtung Kleinburgen).

e) Zeitintervall [8^{05} Uhr; 8^{15} Uhr]:

nach (1.7) gilt: $\bar{v} = \frac{s_2 - s_1}{t_2 - t_1} = \frac{15\text{ km} - 7{,}5\text{ km}}{15\text{ min} - 5\text{ min}} = 0{,}75\,\frac{\text{km}}{\text{min}} = 0{,}75\,\frac{\text{km}}{\frac{1}{60}\text{ h}} = \underline{\underline{45\,\frac{\text{km}}{\text{h}}}}$

Zeitintervall [8^{12} Uhr; 8^{27} Uhr]:

nach (1.7) gilt: $\bar{v} = \frac{s_2 - s_1}{t_2 - t_1} = \frac{0\text{ km} - 15\text{ km}}{27\text{ min} - 12\text{ min}} = -1\,\frac{\text{km}}{\text{min}} = -1\,\frac{\text{km}}{\frac{1}{60}\text{ h}} = \underline{\underline{-60\,\frac{\text{km}}{\text{h}}}}$

2. a)

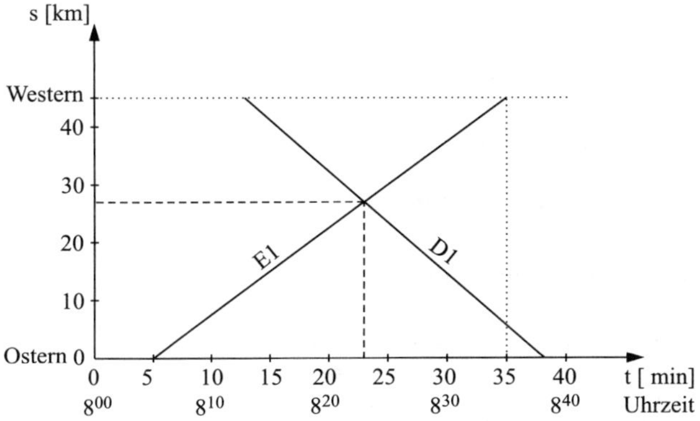

Abb. 80

b) Geschwindigkeit v_E des E1:

$v_E \overset{(1.2)}{=} \frac{s}{t} = \frac{45\text{ km}}{30\text{ min}} = \frac{45\text{ km}}{\frac{30}{60}\text{ h}} = \underline{\underline{90\,\frac{\text{km}}{\text{h}}}}$

Geschwindigkeit v_D des D1:

$v_D \overset{(1.2)}{=} \frac{s}{t} = \frac{-45\text{ km}}{25\text{ min}} = \frac{-45\text{ km}}{\frac{25}{60}\text{ h}} = \underline{\underline{-108\,\frac{\text{km}}{\text{h}}}}$

c) Strecke s, die der E1 bis 8^{13} zurücklegt:

$s \overset{(1.2)}{=} v_E \cdot t = 90\,\frac{\text{km}}{\text{h}} \cdot 8\text{ min} = 90\,\frac{\text{km}}{60\text{ min}} \cdot 8\text{ min} = \underline{\underline{12\text{ km}}}$

$45\text{ km} - 12\text{ km} = \underline{\underline{33\text{ km}}}$

Um 8^{13} sind die Züge noch 33 km voneinander entfernt!

d) Ab 8^{13} bewegen sich die beiden Züge mit der Relativgeschwindigkeit $v_R = \left(90\frac{km}{h} + 108\frac{km}{h}\right)$ aufeinander zu.

Zeit t bis zur Begegnung von 8^{13} ab gerechnet:

$$s \overset{(1.2)}{=} v_R \cdot t \Rightarrow t = \frac{s}{v_R} = \frac{33\,km}{90\frac{km}{h} + 108\frac{km}{h}} = 0{,}1\overline{6}\,h = \underline{\underline{10\,min}}$$

$\Rightarrow$ Die Züge treffen sich um 8^{23} Uhr (vgl. t-s-Diagramm).

e) Die Entfernung des Treffpunkts von Ostern entspricht der Strecke, die der E1 (startet in Ostern) von 8^{05} bis 8^{23} zurücklegt.

$$s \overset{(1.2)}{=} v_E \cdot t = 90\frac{km}{h} \cdot 18\,min = 90\frac{km}{60\,min} \cdot 18\,min = \underline{\underline{27\,km}}$$

Der Treffpunkt ist von Ostern 27 km entfernt (vgl. t-s-Diagramm).

3. a) Es gilt : Anfangsgeschwindigkeit $v_0 = 0\frac{m}{s}$

$$\Rightarrow \text{Strecke } s \overset{(1.4)}{=} \frac{a}{2} \cdot t^2 + v_0 \cdot t = \frac{1}{2} a \cdot t^2 = \frac{1}{2} \cdot 4{,}7\frac{m}{s^2} \cdot (2{,}4\,s)^2$$
$$= 13{,}536\,m \approx \underline{\underline{13{,}5\,m}}$$

b) Für die Endgeschwindigkeit v gilt:

$$v \overset{(1.3)}{=} a \cdot t + v_0 = a \cdot t = 4{,}7\frac{m}{s^2} \cdot 2{,}4\,s = \underline{\underline{11{,}28\frac{m}{s}}}$$

c) Jetzt sei s der Weg, der nach der Beschleunigungsphase noch bis zum Ziel zurückzulegen ist.

$\Rightarrow$ s = 100 m – 13,536 m = 86,464 m

Dieser Weg wird mit der konstanten Geschwindigkeit $v = 11{,}28\ \frac{m}{s}$ zurückgelegt.

Für die Zeitspanne t nach der Beschleunigungsphase bis zum Ziel gilt dann:

$$v \cdot t \overset{(1.2)}{=} s \Rightarrow t = \frac{s}{v} = \frac{86{,}464\,m}{11{,}28\frac{m}{s}} = 7{,}665\,s$$

$\Rightarrow$ für die Gesamtzeit t_g vom Start bis zum Ziel:
$t_g = 2{,}4\,s + 7{,}665\,s = 10{,}065\,s \approx \underline{\underline{10{,}1\,s}}$

4. a) $a \overset{(1.3)}{=} \frac{v - v_0}{t} = \frac{144\frac{km}{h} - 0\frac{km}{h}}{20\,s} \overset{(1.6)}{=} \frac{144\left(\frac{1}{3,6}\frac{m}{s}\right)}{20\,s} = \underline{\underline{2\frac{m}{s^2}}}$

b) $a \overset{(1.3)}{=} \frac{v - v_0}{t} \Rightarrow t = \frac{v - v_0}{a} = \frac{12\frac{m}{s} - 0\frac{m}{s}}{2\frac{m}{s^2}} = \underline{\underline{6\,s}}$

c) Weg s_1 in den ersten 20 s (bei a = const.):

$$s_2 \overset{(1.4)}{=} \frac{a}{2}t^2 + \underbrace{v_0 \cdot t}_{=0} = 1\frac{m}{s^2} \cdot (20\,s)^2 = 400\,m$$

Weg s_2 in den nächsten 10 s (bei v = const.):

$$s_2 \overset{(1.2)}{=} v \cdot t = 144\frac{km}{h} \cdot 10\,s \overset{(1.6)}{=} 144 \cdot \left(\frac{1}{3,6}\frac{m}{s}\right) \cdot 10\,s = 400\,m$$

Weg s in den ersten 30 s:
$s = s_1 + s_2 = 400\,m + 400\,m = \underline{\underline{800\,m}}$

5. Weg s_1 in den ersten 15 s (bei a = const.):

$$s_1 \overset{(1.4)}{=} \frac{a}{2}(t_1)^2 + \underbrace{v_0 \cdot t_1}_{=0} = \frac{a}{2}(t_1)^2 = \underline{\underline{\frac{a}{2}(15\,s)^2}}$$

Weg s_2 in den folgenden 25 s (bei v = const.):

$$s_2 \overset{(1.2)}{=} v \cdot t_2 = \underline{\underline{v \cdot 25\,s}}$$

Es gilt:

$$s_1 \quad + \quad s_2 \quad = 812,5\,m$$

$$\frac{a}{2}(15\,s)^2 + v \cdot 25\,s = 812,5\,m \quad (*)$$

Die Gleichung ist so nicht lösbar, da sie zwei unbekannte Größen (a und v) enthält. a und v hängen aber voneinander ab:
In den ersten 15 s beschleunigt (Beschleunigung a) das Fahrzeug von $v_0 = 0\,\frac{m}{s}$ auf die Geschwindigkeit v.

$$\Rightarrow a \overset{(1.3)}{=} \frac{v - v_0}{t_1} = \frac{v - 0\frac{m}{s}}{15\,s} = \frac{v}{15\,s}$$

eingesetzt in (*):

$$\frac{\left(\frac{v}{15\,s}\right)}{2}\cdot(15\,s)^2+v\cdot 25\,s=812{,}5\,m$$

$$\frac{v}{2}\cdot 15\,s+v\cdot 25\,s=812{,}5\,m$$

$$v\cdot\left[\frac{15\,s}{2}+25\,s\right]=812{,}5\,m$$

$$v\cdot 32{,}5\,s=812{,}5\,m$$

$$v=\frac{812{,}5\,m}{32{,}5\,s}=\underline{\underline{25\frac{m}{s}}}$$

$$\Rightarrow\quad a=\frac{v}{15\,s}=\frac{25\frac{m}{s}}{15\,s}=\frac{25}{15}\frac{m}{s^2}=\frac{5}{3}\frac{m}{s^2}\quad=\underline{\underline{1{,}\bar{6}\frac{m}{s^2}}}$$

6. Anfangsgeschwindigkeit $v_0=100\frac{km}{h}$; Endgeschwindigkeit $v=0\frac{km}{h}$; Weg s = 49 m.

Es gilt:

$$2\,as\overset{(1.5)}{=}v^2-v_0^{\,2}\;\Rightarrow\;a=\frac{v^2-v_0^{\,2}}{2s}=\frac{\left[0\frac{km}{h}\right]^2-\left[100\frac{km}{h}\right]^2}{2\cdot 49\,m}=$$

$$\overset{(1.6)}{=}\frac{-\left[100\left(\frac{1}{3{,}6}\frac{m}{s}\right)\right]^2}{2\cdot 49\,m}=\underline{\underline{-7{,}87\frac{m}{s^2}}}$$

Bemerkung: Das Vorzeichen von a ist positiv, wenn die Geschwindigkeit zunimmt, und negativ, wenn die Geschwindigkeit abnimmt.

7. a) Bis zum Beginn der Bremsung vergehen 0,4 s (Reaktionszeit). In dieser Zeitspanne t = 0,4 s bewegt sich das Auto mit der konstanten Geschwindigkeit $v_0 = 108\frac{km}{h}$ weiter.

Zunächst gilt: $v_0=108\frac{km}{h}\overset{(1.6)}{=}108\cdot\frac{1}{3{,}6}\frac{m}{s}=30\frac{m}{s}$

Für den in der Zeitspanne t zurückgelegten Weg s gilt:

$$s\overset{(1.2)}{=}v_0\cdot t=30\frac{m}{s}\cdot 0{,}4\,s=12\,m$$

Da das Hindernis in 50 m Entfernung aus dem Nebel aufgetaucht ist und sich das Auto bis zum Bremsbeginn 12 m weiterbewegt hat, ist es beim Bremsbeginn noch 38 m von dem Hindernis entfernt.

b) Ab Bremsbeginn bewegt sich das Auto mit der Anfangsgeschwindigkeit $v_0 = 30\frac{m}{s}$ und der konstanten Beschleunigung $a = -7\,\frac{m}{s^2}$ auf das Hindernis zu. Bis zum Aufprall legt es den Weg s = 38 m (vgl. Teilaufgabe a) zurück. Mit der Aufprall- bzw. Endgeschwindigkeit v gilt:

$$v^2 - v_0^2 \overset{(1.5)}{=} 2as$$

$$\Rightarrow v^2 = 2as + v_0^2 = 2 \cdot \left(-7\frac{m}{s^2}\right) \cdot 38\text{ m} + \left(30\frac{m}{s}\right)^2 = -532\frac{m^2}{s^2} + 900\frac{m^2}{s^2} = 368\frac{m^2}{s^2}$$

$$\Rightarrow \quad v = \sqrt{368\frac{m^2}{s^2}} \approx \underline{\underline{19{,}18\frac{m}{s}}} \overset{(1.6)}{=} 19{,}18 \cdot 3{,}6\frac{km}{h} \approx \underline{\underline{69\frac{km}{h}}}$$

c) Wir bezeichnen die gesuchte Zeit mit t; dann gilt $a \overset{(1.3)}{=} \frac{v - v_0}{t}$

$$\Rightarrow a \cdot t = v - v_0 \Rightarrow t = \frac{v - v_0}{a} = \frac{19{,}18\frac{m}{s} - 30\frac{m}{s}}{-7\frac{m}{s^2}} = \frac{-10{,}82\frac{m}{s}}{-7\frac{m}{s^2}} = 1{,}545\text{ s} \approx \underline{\underline{1{,}5\text{ s}}}$$

8. a) Zur Erklärung der angegebenen Fälle vgl. Kapitel 1.3!
Von t = 0 s bis t = 10 s bewegt sich der Körper mit der konstanten Geschwindigkeit 2 m/s vorwärts (vgl. Fall 2).
Von t = 10 s bis t = 20 s wächst die Geschwindigkeit des Körpers von 2 m/s auf 6 m/s (vgl. Fall 1).
Von t = 20 s bis t = 35 s bewegt sich der Körper mit der konstanten Geschwindigkeit 6 m/s (vgl. Fall 2).
Ab t = 35 s bremst der Körper ab, sodass er bei t = 57,5 s zum Stehen kommt (vgl. Fall 3).
Ab t = 57,5 s steht (ruht) der Körper (vgl. Fall 7).

b) Der Körper beschleunigt von $v_0 = 2\frac{m}{s}$ auf $v = 6\frac{m}{s}$ in 10 s.

$$\Rightarrow \quad a \overset{(1.3)}{=} \frac{v - v_0}{t} = \frac{6\frac{m}{s} - 2\frac{m}{s}}{10\text{ s}} = \frac{4\frac{m}{s}}{10\text{ s}} = \underline{\underline{0{,}4\frac{m}{s^2}}}$$

c) **Zeitintervall [20 s; 35 s]**

Berechnung des Weges s:

$$v = 6\frac{m}{s} = \text{konstant}$$

$$\Rightarrow \quad s \overset{(1.2)}{=} v \cdot t = 6\frac{m}{s} \cdot 15\text{ s} = \underline{\underline{90\text{ m}}}$$

oder als „Fläche“ im t-v-Diagramm (vgl. Kapitel 1.4):

s = „Rechtecksfläche“ = „Breite“ · „Höhe“ = $15\text{ s} \cdot 6\frac{m}{s} = \underline{\underline{90\text{ m}}}$

Berechnung der mittleren Geschwindigkeit $\overline{v}$:

$$\overline{v} \overset{(1.7)}{=} \frac{s_2 - s_1}{t_2 - t_1} = \frac{90\text{ m}}{35\text{ s} - 20\text{ s}} = \frac{90\text{ m}}{15\text{ s}} = \underline{\underline{6\frac{m}{s}}}$$

beachten Sie dabei:
Im Zeitintervall [20 s; 35 s] legt der Körper den Weg $s = s_2 - s_1 = 90$ m zurück!

Zeitintervall [35 s; 57,5 s]

Berechnung des Weges s:

Konstante (negative) Beschleunigung von $v_0 = 6\frac{m}{s}$ auf $v = 0\frac{m}{s}$ in 22,5 s

$$\Rightarrow \quad a \overset{(1.3)}{=} \frac{v - v_0}{t} = \frac{0\frac{m}{s} - 6\frac{m}{s}}{22{,}5\,s} = \underline{\underline{-0{,}2\overline{6}\,\frac{m}{s^2}}}$$

$$\Rightarrow \quad s \overset{(1.4)}{=} \frac{a}{2}t^2 + v_0 \cdot t = -0{,}1\overline{3}\,\frac{m}{s^2} \cdot (22{,}5\,s)^2 + 6\,\frac{m}{s} \cdot 22{,}5\,s =$$

$$= -67{,}5\,m + 135\,m = \underline{\underline{67{,}5\,m}}$$

oder als „Fläche“ im t-v-Diagramm (vgl. Kapitel 1.4):

s = „Dreiecksfläche" =

$= \frac{1}{2}$ „Grundlinie" · „Höhe" =

$= \frac{1}{2} \cdot 22{,}5\,s \cdot 6\frac{m}{s} = \underline{\underline{67{,}5\,m}}$

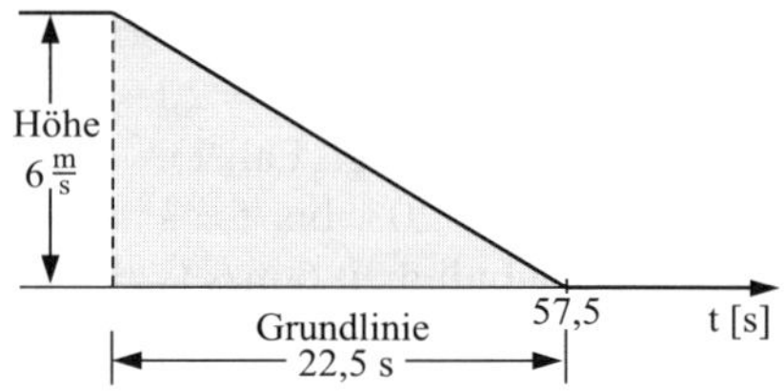

Abb. 81

Berechnung der mittleren Geschwindigkeit $\overline{v}$:

$$\overline{v} \overset{(1.7)}{=} \frac{s_2 - s_1}{t_2 - t_1} = \frac{67{,}5\,m}{57{,}5\,s - 35\,s} = \frac{67{,}5\,m}{22{,}5\,s} = \underline{\underline{3\,\frac{m}{s}}}$$

Zeitintervall [10 s; 20 s]

Berechnung des Weges s:

Konstante Beschleunigung von $v_0 = 2\frac{m}{s}$ auf $v = 6\frac{m}{s}$ in 10 s

$a = 0{,}4\,\frac{m}{s^2}$ (vgl. Aufgabenteil b)

$$\Rightarrow \quad s \overset{(1.4)}{=} \frac{a}{2}t^2 + v_0 \cdot t = 0{,}2\frac{m}{s^2}(10\,s)^2 + 2\frac{m}{s} \cdot 10\,s =$$

$$= 20\,m + 20\,m = \underline{\underline{40\,m}}$$

oder als „Fläche" im t-v-Diagramm (vgl. Kapitel 1.4) z. B. Summe aus Rechteck und Dreieck:

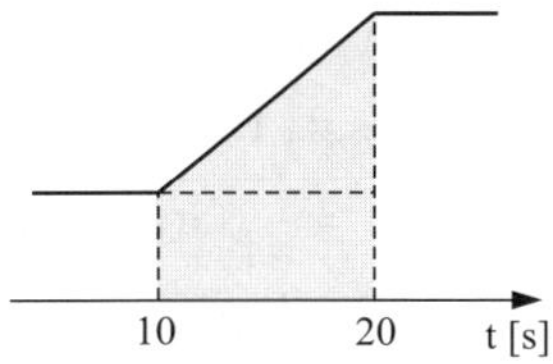

Abb. 82

Berechnung der mittleren Geschwindigkeit $\overline{v}$:

$$\overline{v} \overset{(1.7)}{=} \frac{s_2 - s_1}{t_2 - t_1} = \frac{40\,\text{m}}{20\,\text{s} - 10\,\text{s}} = \frac{40\,\text{m}}{10\,\text{s}} = \underline{\underline{4\,\frac{\text{m}}{\text{s}}}}$$

d) Die gesuchte Entfernung entspricht dem insgesamt zurückgelegten Weg. Die Wegstücke in den Zeitintervallen [10 s; 20 s], [20 s; 35 s] und [35 s; 57,5 s] wurden schon in Aufgabenteil c berechnet.

Es fehlt noch der Weg im Zeitintervall [0 s; 10 s]:

$$s \overset{(1.2)}{=} v \cdot t = 2\,\frac{\text{m}}{\text{s}} \cdot 10\,\text{s} = 20\,\text{m}$$

$$\Rightarrow \quad \text{Gesamtweg } s_g = 20\,\text{m} + 40\,\text{m} + 90\,\text{m} + 67{,}5\,\text{m} = \underline{\underline{217{,}5\,\text{m}}}$$

Zur Zeit t = 70 s ist der Körper 217,5 m vom Ausgangspunkt entfernt.

9. a) Zur Erklärung der angegebenen Fälle vgl. Kapitel 1.3!
Von t = 0 s bis t = 8 s bewegt sich der Körper mit von $0\,\frac{\text{m}}{\text{s}}$ auf $3\,\frac{\text{m}}{\text{s}}$ wachsender Geschwindigkeit vorwärts (vgl. Fall 1).
Von t = 8 s bis t = 14 s verlangsamt sich die Vorwärtsbewegung des Körpers (vgl. Fall 3), bis er im Zeitpunkt t = 14 s die Bewegungsrichtung ändert (d. h. er kehrt um) und sich von t = 14 s bis t = 18 s schneller werdend rückwärts bewegt (vgl. Fall 6). Ab t = 18 s bewegt sich der Körper mit konstanter Geschwindigkeit ($v = -2\,\frac{\text{m}}{\text{s}}$) rückwärts (vgl. Fall 5).

b) Die maximale Entfernung zum Ausgangspunkt ist erreicht, wenn der Körper umkehrt, also nach 14 s.
Weg im Zeitintervall [0 s; 14 s] als „Fläche" im t-v-Diagramm (vgl. Kapitel 1.4):

$$s = \text{„Dreiecksfläche"} =$$

$$= \frac{1}{2}\,\text{„Grundlinie"} \cdot \text{„Höhe"} =$$

$$= \frac{1}{2} \cdot 14\,\text{s} \cdot 3\,\frac{\text{m}}{\text{s}} = \underline{\underline{21\,\text{m}}}$$

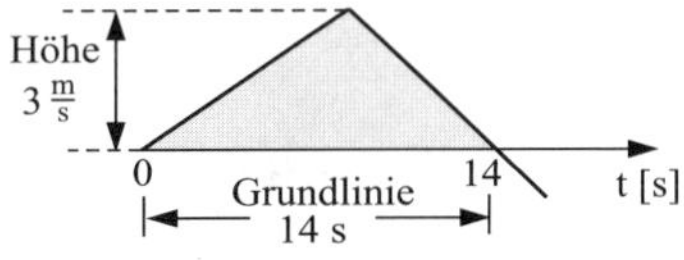

Abb. 83

In positiver Richtung entfernt sich der Körper maximal 21 m vom Ausgangspunkt.

c) Weg in „Rückwärtsrichtung“ des Körpers im Zeitintervall [14 s; 18 s]:

$s =$ „Dreiecksfläche“ $=$

$= \frac{1}{2}$ „Grundlinie“ $\cdot$ „Höhe“ $=$

$= \frac{1}{2} \cdot 4\,s \cdot 2\,\frac{m}{s} = \underline{\underline{4\,m}}$

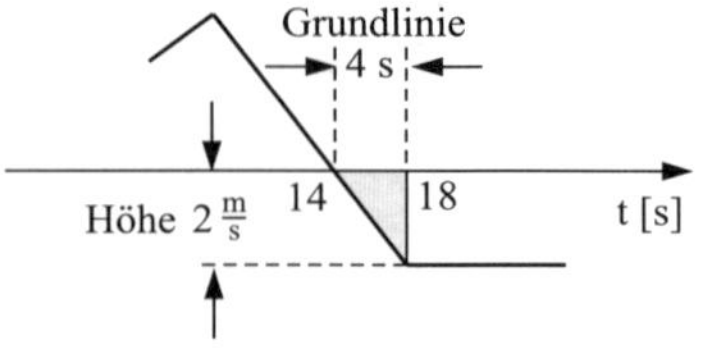

Abb. 84

Zur Zeit t = 14 s ist der Körper 21 m vom Ausgangspunkt entfernt (vgl. Aufgabenteil b). Von t = 14 s bis t = 18 s bewegt er sich 4 m zurück.
⇒ Zur Zeit t = 18 s ist der Körper noch 17 m vom Ausgangspunkt entfernt.

d) Vom Zeitpunkt $t_0 = 18$ s ab bewegt sich der Körper mit der konstanten Geschwindigkeit $v = 2\frac{m}{s}$ rückwärts auf den noch 17 m entfernten Ausgangspunkt zu.
Bis zum Eintreffen im Ausgangspunkt (von $t_0 = 18$ s ab gerechnet) vergehe noch die Zeit t. Es gilt:

$$s \overset{(1.2)}{=} v \cdot t \Rightarrow t = \frac{s}{v} = \frac{17\,m}{2\frac{m}{s}} = \underline{\underline{8{,}5\,s}}$$

$$18\,s + 8{,}5\,s = \underline{\underline{26{,}5\,s}}$$

Der Körper bewegt sich zur Zeit t = 26,5 s wieder durch den Ausgangspunkt.

10. a)

Zeitintervall	Art der Bewegung	Fall (vgl. Kapitel 1.3)
[0 s; 10 s]	vorwärts mit konst. Geschwindigkeit	2
[10 s; 20 s]	vorwärts, langsamer werdend	3
[20 s; 30 s]	keine Bewegung, Ruhezustand	7
[30 s; 35 s]	rückwärts, schneller werdend	6
[35 s; 45 s]	rückwärts mit konst. Geschwindigkeit	5
[45 s; 50 s]	rückwärts, langsamer werdend	4
[50 s; 55 s]	vorwärts, schneller werdend	1

b) **Zeitintervall [0 s; 50 s]**

$$\overline{v} \overset{(1.7)}{=} \frac{s_2 - s_1}{t_2 - t_1} = \frac{30\,m - 0\,m}{50\,s - 0\,s} = \frac{30\,m}{50\,s} = 0{,}6\,\frac{m}{s};$$

beachten Sie dabei: s_2 ist der Ort s zur Zeit t = 50 s ⇒ $s_2 = s(50\,s) = 30$ m
und entsprechend: s_1 ist der Ort s zur Zeit t = 0 s ⇒ $s_1 = s(0\,s) = 0$ m

Zeitintervall [10 s; 50 s]

$$\bar{v} \overset{(1.7)}{=} \frac{s_2 - s_1}{t_2 - t_1} = \frac{30\,\text{m} - 40\,\text{m}}{50\,\text{s} - 0\,\text{s}} = \frac{-10\,\text{m}}{50\,\text{s}} = -0{,}2\,\frac{\text{m}}{\text{s}};$$

Beachten Sie dabei: s_2 ist wieder der Ort s zur Zeit t = 50 s $\Rightarrow$
$s_2 = s(50\text{ s}) = 30\text{ m}$,
aber s_1 ist in diesem Zeitintervall der Ort s zur Zeit t = 10 s $\Rightarrow$
$s_1 = s(10\text{ s}) = 40\text{ m}$

11. Offensichtlich bewegt sich der Fallschirmspringer mit seinem geöffneten Fallschirm geradlinig mit konstanter Geschwindigkeit, d. h. **nicht** beschleunigt. Aus dem Trägheitssatz (vgl. S. 17) folgt, dass sich alle an dem Fallschirmspringer angreifenden Kräfte gegenseitig aufheben.

$\Rightarrow$ Die senkrecht nach unten (d. h. in Bewegungsrichtung) wirkende Gewichtskraft G wird durch eine senkrecht nach oben wirkende betragsgleiche Kraft F (das ist die entgegen der Bewegungsrichtung wirkende Luftreibungskraft) aufgehoben.

$$\Rightarrow \quad F = G \overset{(2.4)}{=} m \cdot g \overset{(2.5)}{=} 90\,\text{kg} \cdot 9{,}81\,\frac{\text{N}}{\text{kg}} = \underline{\underline{882{,}9\,\text{N}}}$$

Es wirkt eine Luftreibungskraft von 882,9 N.

12. a) Es gilt allgemein: $s \overset{(1.4)}{=} \frac{a}{2} t^2 + v_0 t$

speziell mit: $a = g_M;\ v_0 = 0:\ s = \frac{g_M}{2} t^2$

$$\Rightarrow \quad g_M = \frac{2s}{t^2} = \frac{2 \cdot 121{,}6\,\text{m}}{(8\,\text{s})^2} = \underline{\underline{3{,}8\,\frac{\text{m}}{\text{s}^2}}}$$

b) Die beschleunigende Kraft F ist gleich der Gewichtskraft von m_x:

$\Rightarrow \quad F = G_x = \underline{\underline{m_x \cdot g}}$

Die beschleunigte Gesamtmasse m ist gleich der Summe der Massen m_L und m_x:

$\Rightarrow \quad m = \underline{\underline{m_L + m_x}}$

Die Beschleunigung a soll gleich der Fallbeschleunigung g_M auf dem Mars sein:

$\Rightarrow \quad a = \underline{\underline{g_M}}$

Allgemein gilt: $F \overset{(2.2)}{=} m \cdot a$

eingesetzt (vgl. oben): $m_x \cdot g = (m_L + m_x) \cdot g_M$

auflösen nach m_x: $m_x \cdot g = m_L \cdot g_M + m_x \cdot g_M$

$$m_x \cdot g - m_x \cdot g_M = m_L \cdot g_M$$

$$m_x \cdot (g - g_M) = m_L \cdot g_M$$

$$m_x = \frac{m_L \cdot g_M}{g - g_M}$$

$$m_x = \frac{0{,}1\,\text{kg} \cdot 3{,}8\frac{\text{m}}{\text{s}^2}}{9{,}81\frac{\text{m}}{\text{s}^2} - 3{,}8\frac{\text{m}}{\text{s}^2}} = \frac{0{,}38\,\text{kg}\frac{\text{m}}{\text{s}^2}}{6{,}01\frac{\text{m}}{\text{s}^2}} \approx \underline{\underline{0{,}0632\,\text{kg}}}$$

Der Gewichtskörper muss die Masse 63,2 g haben.

13. a) Auf m_1 wirkt die Gewichtskraft $G_1 \overset{(2.4)}{=} m_1 \cdot g$.

Auf m_2 wirkt die Gewichtskraft $G_2 \overset{(2.4)}{=} m_2 \cdot g$.

Obwohl die Kräfte G_1 und G_2 beide nach unten wirken, wirken sie (bezogen auf die durch eine Schnur verbundenen Massen m_1 und m_2) gegeneinander.

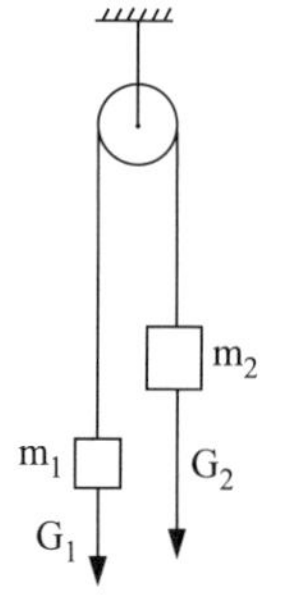

Abb. 85

Eine gleichwertige Situation wäre folgende:

Abb. 86

Der Betrag F der beschleunigenden Kraft ergibt sich als Differenz der Beträge G_2 und G_1

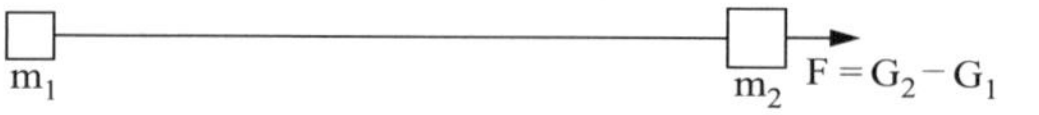

Abb. 87

$$F = G_2 - G_1 = m_2 \cdot g - m_1 \cdot g = \underline{\underline{(m_2 - m_1) \cdot g}}$$

Der beschleunigte Körper besteht (von der Schnur abgesehen) aus den Massen m_1 und m_2. Für die beschleunigte Masse m gilt demnach:

$m = \underline{\underline{m_1 + m_2}}$

Beschleunigung a:
Es gilt:

$$F \overset{(2.2)}{=} m \cdot a \Rightarrow a = \frac{F}{m} = \frac{(m_2 - m_1) \cdot g}{m_1 + m_2} = \frac{(120\,g - 100\,g) \cdot 9{,}81 \frac{m}{s^2}}{100\,g + 120\,g} =$$

$$= \frac{20\,g}{220\,g} \cdot 9{,}81 \frac{m}{s^2} \approx \underline{\underline{0{,}89 \frac{m}{s^2}}}$$

b) Ansatz: $a = \frac{1}{2} g$

nach Aufgabenteil a: $\frac{(m_2 - m_1) \cdot g}{m_1 + m_2} = \frac{1}{2} g$

dividiert durch g: $\frac{m_2 - m_1}{m_1 + m_2} = \frac{1}{2}$

mit $m_1 = 100$ g: $\frac{m_2 - 100\,g}{100\,g + m_2} = \frac{1}{2}$

$$\Rightarrow \quad m_2 - 100\,g = \frac{1}{2}(100\,g + m_2)$$
$$m_2 - 100\,g = 50\,g + \frac{1}{2} m_2$$
$$\frac{1}{2} m_2 = 150\,g$$
$$m_2 = \underline{\underline{300\,g}}$$

14. Zunächst gilt: $100 \frac{km}{h} \overset{(1.6)}{=} 100 \cdot \frac{1}{3{,}6} \frac{m}{s} \approx 27{,}78 \frac{m}{s}$

Für die Beschleunigung a gilt dann: $a \overset{(1.3)}{=} \frac{v - v_0}{t} = \frac{27{,}78 \frac{m}{s} - 0 \frac{m}{s}}{10{,}5\,s} = 2{,}646 \frac{m}{s^2}$

$\Rightarrow$ für die beschleunigende Kraft

$$F \overset{(2.2)}{=} m \cdot a = 1100\,kg \cdot 2{,}646 \frac{m}{s^2} \approx 2911\,kg \cdot \frac{m}{s^2} \overset{(2.3)}{\approx} \underline{\underline{2910\,N}}$$

15. Zunächst gilt $200 \frac{km}{h} \overset{(1.6)}{=} 200 \cdot \frac{1}{3{,}6} \frac{m}{s} \approx 55{,}56 \frac{m}{s}$

Für die (mittlere) Beschleunigung a gilt dann:

$$a \overset{(1.3)}{=} \frac{v - v_0}{t} = \frac{55{,}56 \frac{m}{s} - 0 \frac{m}{s}}{6 \cdot 10^{-2}\,s} = 926 \frac{m}{s^2}$$

daraus folgt für die (mittlere) beschleunigende Kraft F:

$$F \overset{(2.2)}{=} m \cdot a = 0{,}058\,kg \cdot 926 \frac{m}{s^2} \approx 53{,}7\,kg \cdot \frac{m}{s^2} \overset{(2.3)}{\approx} \underline{\underline{54\,N}}$$

16. a) Da die „Knautschzone 90 cm zusammengedrückt wird, gilt für den „Bremsweg“ s des Fahrers: s = 90 cm = 0,9 m

Weiter gilt: Anfangsgeschwindigkeit $v_0 = 60\frac{\text{km}}{\text{h}} \overset{(1.6)}{=} 60 \cdot \frac{1}{3{,}6}\frac{\text{m}}{\text{s}} \approx 16{,}67\frac{\text{m}}{\text{s}}$

und Endgeschwindigkeit $v = 0\frac{\text{m}}{\text{s}}$

Damit gilt für die mittlere Bremsverzögerung a:

$$2as \overset{(1.5)}{=} v^2 - {v_0}^2 \Rightarrow a = \frac{v^2 - {v_0}^2}{2s} = \frac{\left(0\frac{\text{m}}{\text{s}}\right)^2 - \left(16{,}67\frac{\text{m}}{\text{s}}\right)^2}{2 \cdot 0{,}9\,\text{m}} = \underline{\underline{-154\frac{\text{m}}{\text{s}^2}}}$$

b) Der Mann mit der Masse m = 68 kg wird während des Aufpralls durch die Druckkraft F, die der Gurt auf den Oberkörper ausübt, durchschnittlich mit $a = -154\frac{\text{m}}{\text{s}^2}$ abgebremst.

Für die durchschnittliche Beschleunigungskraft („Gurtkraft“) F gilt somit:

$$F \overset{(2.2)}{=} m \cdot a = 68\,\text{kg} \cdot \left(-154\frac{\text{m}}{\text{s}^2}\right) \approx -10500\,\text{kg} \cdot \frac{\text{m}}{\text{s}^2} \overset{(2.3)}{=} \underline{\underline{-10500\,\text{N}}}$$

Bemerkung:
Das Minuszeichen bedeutet, dass die beschleunigende Kraft F entgegengesetzt zur Bewegungsrichtung, also bremsend, wirkt.

c) Hier gilt: Bremsweg s = 4 cm = 0,04 m und $v_0 = 60\,\frac{\text{km}}{\text{h}} \approx 16{,}67\,\frac{\text{m}}{\text{s}}$ (vgl. Teilaufgabe a)

$\Rightarrow$ (vgl. Teilaufgabe a)

$$a = \frac{v^2 - {v_0}^2}{2s} = \frac{\left(0\frac{\text{m}}{\text{s}}\right)^2 - \left(16{,}67\frac{\text{m}}{\text{s}}\right)^2}{2 \cdot 0{,}04\,\text{m}} = -3473\frac{\text{m}}{\text{s}^2}$$

$\Rightarrow$ (vgl. Teilaufgabe b)

$$F \overset{(2.2)}{=} m \cdot a = 68\,\text{kg} \cdot \left(-3473\frac{\text{m}}{\text{s}^2}\right) \approx -236000\,\text{kg} \cdot \frac{\text{m}}{\text{s}^2} \overset{(2.3)}{=} \underline{\underline{-236000\,\text{N}}}$$

Bemerkung:
Sowohl die Beschleunigung a, als auch die beschleunigende Kraft F liegen in einer Größenordnung, die einen tödlichen Ausgang des Unfalls als absolut sicher erscheinen lässt!

17. Auf die Rakete wirkt die Gesamtschubkraft $\vec{S}$ (Summe der Schubkräfte der 5 Triebwerke) nach oben und die Gewichtskraft $\vec{G}$ nach unten. Der Betrag der beschleunigenden Kraft $\vec{F}$ ergibt sich als Differenz der Beträge von $\vec{S}$ und $\vec{G}$.

Es gilt: $\left.\begin{aligned} F &= S-G \\ F &\overset{(2.2)}{=} m\cdot a \end{aligned}\right\} \Rightarrow S-G = m\cdot a$

$$\begin{aligned} \Rightarrow S &= m\cdot a + G \overset{(2.4)}{=} m\cdot a + m\cdot g = m(a+g) = \\ &\overset{(2.5)}{=} 2\,900\,t\left(1{,}7\frac{m}{s^2} + 9{,}81\frac{m}{s^2}\right) \\ &= 2{,}9\cdot 10^6\,kg\cdot 11{,}51\frac{m}{s^2} = \\ &= 33{,}379\cdot 10^6\,kg\frac{m}{s^2} \approx 3{,}34\cdot 10^7\,N \end{aligned}$$

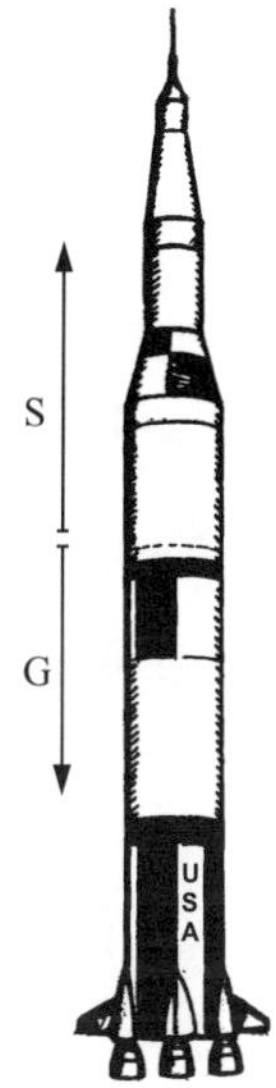

Abb. 88

Schubkraft eines einzigen von 5 Triebwerken:

$3{,}34\cdot 10^7\ N : 5 = \underline{\underline{6{,}68\cdot 10^6\ N}}$

Ein Triebwerk erzeugt eine Schubkraft von $6{,}68\cdot 10^6$ N.

18. a) Beschleunigung des Steines nach oben (pos. Vorzeichen):

$$a \overset{(1.3)}{=} \frac{v - v_0}{t} = \frac{15\frac{m}{s} - 0\frac{m}{s}}{0{,}2\,s} = 75\frac{m}{s^2}$$

Beschleunigungskraft:

$$F \overset{(2.2)}{=} m\cdot a = 200\,g\cdot 75\frac{m}{s^2} = 0{,}2\,kg\cdot 75\frac{m}{s^2} = 15\,kg\frac{m}{s^2} \overset{(2.3)}{=} \underline{\underline{15\,N}}$$

b) Vom Moment des Loslassens ab wird der Stein durch die nach unten (negatives Vorzeichen!) wirkende Fallbeschleunigung g abgebremst.

Es gilt: $v \overset{(1.3)}{=} a \cdot t + v_0 \quad \Rightarrow \quad v = (-g) \cdot t + v_0$

mit $g = 9{,}81 \frac{m}{s^2}$ und $v_0 = 15 \frac{m}{s} \quad \Rightarrow \quad v = \left(-9{,}81 \frac{m}{s^2}\right) \cdot t + 15 \frac{m}{s}$

Im höchsten Flugpunkt gilt momentan: $v = 0 \frac{m}{s}$

eingesetzt: $0 \frac{m}{s} = \left(-9{,}81 \frac{m}{s^2}\right) \cdot t + 15 \frac{m}{s}$

nach t auflösen: $9{,}81 \frac{m}{s^2} \cdot t = 15 \frac{m}{s}$

$$t = \frac{15 \frac{m}{s}}{9{,}81 \frac{m}{s^2}} \approx \underline{\underline{1{,}53\,s}}$$

1,53 s nach dem Loslassen des Steines erreicht dieser seinen höchsten Flugpunkt.

c)

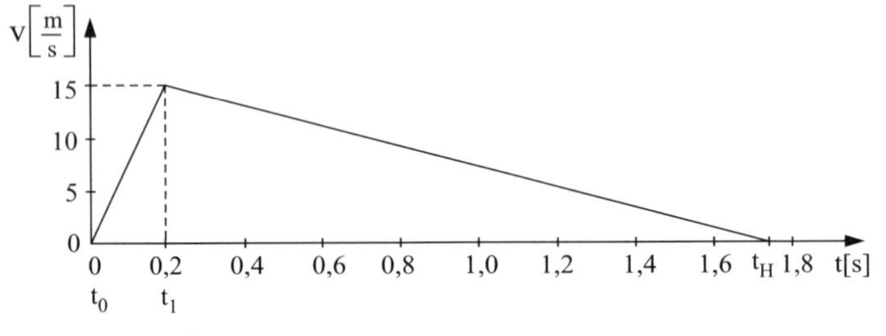

Abb. 89

d) Weg s des Steines vom Zeitpunkt $t_0 = 0$ s (Beginn der Beschleunigung) bis zum Zeitpunkt $t_H = 1{,}73$ s (Erreichen der größten Höhe).
Der Weg s entspricht der „Dreiecksfläche" unter dem t-v-Diagramm (vgl. Kapitel 1.4):

s = „Dreiecksfläche" $= \frac{1}{2}$ „Grundlinie · „Höhe" =

$= \frac{1}{2} \cdot 1{,}73\,s \cdot 15 \frac{m}{s} = \underline{\underline{13{,}0\,m}}$

Da der Stein im Moment $t_0 = 0$ s bereits 0,5 m über dem Erdboden ist, ergibt sich als Steighöhe h:
$h = 13{,}0\,m + 0{,}5\,m = \underline{\underline{13{,}5\,m}}$

Der Stein erreicht eine Höhe von 13,5 m über dem Erdboden.

19. a) Sieht man von der bremsenden Luftreibung ab, so erfolgt der Fall des Steines mit der konstanten Fallbeschleunigung $a = g \overset{(2.5)}{=} 9{,}81\frac{\text{m}}{\text{s}^2}$.

Weiter gilt: t = 3,5 s und Anfangsgeschwindigkeit $v_0 = 0\frac{\text{m}}{\text{s}}$

$$\Rightarrow \text{ Brunnentiefe } s \overset{(1.4)}{=} \frac{a}{2}\cdot t^2 + v_0 \cdot t = \frac{1}{2}\cdot g\cdot t^2 = \frac{1}{2}\cdot 9{,}81\frac{\text{m}}{\text{s}^2}\cdot(3{,}5\text{ s})^2 \approx \underline{\underline{60\text{ m}}}$$

b) Einfluss durch die Luftreibung:
Durch den unvermeidlichen Luftwiderstand (vgl. S. 123 und S. 124), der mit der Fallgeschwindigkeit quadratisch steigt, fällt der Stein im Durchschnitt langsamer. Deshalb ist bei gleicher Fallzeit t der Fallweg s kleiner als ohne Luftwiderstand.

Einfluss durch die Schallausbreitung:
Nachdem der Stein auf dem Brunnenboden aufgeschlagen ist, dauert es noch etwas, bis der Mann dieses Aufschlagen hört, da sich der Schall etwa mit der Geschwindigkeit 340 m/s in Luft ausbreitet (vgl. S. 128). In Wirklichkeit ist die Fallzeit deshalb kleiner als 3,5 s und somit auch der Fallweg s.
Aus beiden Einflüssen folgt, dass die Brunnentiefe in Wirklichkeit kleiner ist als in Teilaufgabe a berechnet.

20. a) Da man von der bremsenden Luftreibung absieht, erfolgt der Fall der Eiszapfen mit der konstanten Fallbeschleunigung $a = g \overset{(2.5)}{=} 9{,}81\frac{\text{m}}{\text{s}^2}$

Gegeben: Fallhöhe s = 40 m und Anfangsgeschwindigkeit $v_0 = 0\frac{\text{m}}{\text{s}}$

$$\text{Es gilt } s \overset{(1.4)}{=} \frac{a}{2}\cdot t^2 + v_0\cdot t \Rightarrow s = \frac{g}{2}\cdot t^2 \Rightarrow t^2 = \frac{2\,s}{g} = \frac{2\cdot 40\text{ m}}{9{,}81\frac{\text{m}}{\text{s}^2}} = 8{,}155\text{ s}^2$$

$$\Rightarrow t = \sqrt{8{,}155\text{ s}^2} = 2{,}8557\text{ s} \approx \underline{\underline{2{,}9\text{ s}}}$$

b) Der erste Eiszapfen schlägt nach 2,8557 s auf dem Boden auf. Der zwei Sekunden später abfallende Eiszapfen hat in diesem Moment die Fallzeit t = 0,8557 s hinter sich. Wir berechnen den nach dieser Zeit zurückgelegten Fallweg s des zweiten Eiszapfens.

$$\text{Es gilt: } s \overset{(1.4)}{=} \frac{a}{2}\cdot t^2 + v_0\cdot t = \frac{1}{2}\cdot g\cdot t^2 = \frac{1}{2}\cdot 9{,}81\frac{\text{m}}{\text{s}^2}\cdot(0{,}8557\text{ s})^2 \approx 3{,}59\text{ m}$$

Für die Höhe h über dem Boden gilt dann
$h = 40\text{ m} - 3{,}59\text{ m} = 36{,}41\text{ m} \approx \underline{\underline{36{,}4\text{ m}}}$

21. E: Elfmeterpunkt; Q: Treffpunkt auf der Querlatte

$\Rightarrow$ Energieansatz: mech. Energie in E = mech. Energie in Q

$$E_{kin\,E} = E_{kin\,Q} + E_{h\,Q}$$

$$\tfrac{1}{2} m\, v_E{}^2 = \tfrac{1}{2} m\, v_Q{}^2 + m\, g\, h_Q \quad \Big|\cdot \tfrac{2}{m}$$

$$v_E{}^2 = v_Q{}^2 + 2\, g\, h_Q$$

$$v_E{}^2 = \left(11\tfrac{m}{s}\right)^2 + 2 \cdot 9{,}81 \tfrac{m}{s^2} \cdot 2{,}44\ m$$

$$v_E{}^2 = 168{,}87 \tfrac{m^2}{s^2}$$

$$v_E \approx \underline{\underline{13 \tfrac{m}{s}}}$$

Der Ball muss etwa mit der Geschwindigkeit $13\frac{m}{s}$ geschossen werden.

22. a) Federkonstante $D \overset{(3.5)}{=} \frac{F}{s} = \frac{80\ N}{5\ cm} = \frac{80\ N}{0{,}05\ m} = \underline{\underline{1\,600 \frac{N}{m}}}$

Federenergie $E_{Sp} \overset{(3.4)}{=} \frac{1}{2} D\, s^2 = 800 \frac{N}{m} \cdot (0{,}05\ m)^2 = 2\ Nm = \underline{\underline{2\ J}}$

b) Beim Abschuss wandeln sich 50 % der Federenergie (das ist 1 J) in kinetische Energie um:

$$\Rightarrow E_{kin} = 1\ J \quad \Leftrightarrow \quad \tfrac{1}{2} m\, v^2 = 1\ J \quad \Leftrightarrow \quad v^2 = \frac{2\ J}{m} \quad \Leftrightarrow$$

$$v^2 = \frac{2\ J}{5\ g} = \frac{2\ Nm}{0{,}005\ kg} \overset{(2.3)}{=} \frac{2\ kg \frac{m}{s^2} \cdot m}{0{,}005\ kg} = 400 \frac{m^2}{s^2}$$

$$\Rightarrow \quad v = \underline{\underline{20 \tfrac{m}{s}}}$$

Beim Steigen der Kugel wird die kinetische Energie (1 J) in potentielle Energie der Höhe umgewandelt.

$\Rightarrow$ im höchsten Punkt gilt: $E_h = 1\ J \quad \Leftrightarrow \quad m \cdot g \cdot h = 1\ J$

$$\Rightarrow h = \frac{1\ J}{m \cdot g} = \frac{1\ Nm}{0{,}005\ kg \cdot 9{,}81 \frac{m}{s^2}} = \frac{1\ kg \frac{m}{s^2} \cdot m}{0{,}005\ kg \cdot 9{,}81 \frac{m}{s^2}} = \underline{\underline{20{,}39\ m}}$$

23. a) Keine Energieverluste durch Reibung

$\Rightarrow$ Energieansatz: mech. Energie in C = mech. Energie in A

$$E_{h,C} + E_{kin,C} = E_{h,A} + E_{kin,A}$$

$$m\,g\,h_C + \frac{1}{2}\,m\,v_C^2 = m\,g\,h_A + \frac{1}{2}\,m\,v_A^2 \qquad \Big|\cdot\frac{2}{m}$$

$$2\,g\,h_C + v_C^2 = 2\,g\,h_A + v_A^2$$

$$v_C^2 = 2\,g\,h_A + v_A^2 - 2\,g\,h_C$$

$$v_C^2 = 2\,g\,(h_A - h_C) + v_A^2$$

$$v_C^2 = 2\cdot 9{,}81\,\frac{m}{s^2}\,(15\,m - 6\,m) + \left(3\,\frac{m}{s}\right)^2$$

$$v_C^2 = 185{,}58\,\frac{m^2}{s^2}$$

$$\underline{\underline{v_C = 13{,}62\,\frac{m}{s}}}$$

b) Ein Teil der mech. Energie in A wird für die Reibungsarbeit verbraucht

$\Rightarrow$ Energieansatz:

mech. Energie in C = mech. Energie in A – Reibungsarbeit

$$E_{h,C} + E_{kin,C} = E_{h,A} + E_{kin,A} - W_R$$

$$m\,g\,h_C + \frac{1}{2}\,m\,v_C^2 = m\,g\,h_A + \frac{1}{2}\,m\,v_A^2 - F_R \cdot s \qquad \Big|\cdot\frac{2}{m}$$

$$2\,g\,h_C + v_C^2 = 2\,g\,h_A + v_A^2 - \frac{2\cdot F_R \cdot s}{m}$$

$$v_C^2 = 2\,g\,h_A + v_A^2 - \frac{2\cdot F_R \cdot s}{m} - 2\,g\,h_C$$

$$v_C^2 = 2\,g\,(h_A - h_C) + v_A^2 - \frac{2\cdot F_R \cdot s}{m}$$

$$v_C^2 = 2\cdot 9{,}81\,\frac{m}{s^2}\,(15\,m - 6\,m) + \left(3\,\frac{m}{s}\right)^2 - \frac{2\cdot 120\,N\cdot(30\,m + 20\,m)}{700\,kg}$$

$$v_C^2 = 168{,}44\,\frac{m^2}{s^2}$$

$$\underline{\underline{v_C = 12{,}98\,\frac{m}{s}}}$$

c) Ein Teil der mechanischen Energie in A wird für die Reibungsarbeit (Bremsarbeit) zwischen B und C verbraucht. Da der Wagen in C zum Stehen kommt, gilt: $E_{kin,\,C} = 0$.
$\Rightarrow$ Energieansatz:
mech. Energie in C = mech. Energie in A – Reibungsarbeit (von B nach C)

$$E_{h,\,C} = E_{h,\,A} + E_{kin,\,A} - W_R$$

$$m\,g\,h_C = m\,g\,h_A + \tfrac{1}{2}\,m\,v_A^{\,2} - F_R \cdot s$$

$$F_R \cdot s = m\,g\,h_A + \tfrac{1}{2}m\,v_A^{\,2} - m\,g\,h_C$$

$$F_R \cdot s = m\,g\,(h_A - h_C) + \tfrac{1}{2}m\,v_A^{\,2}$$

$$F_R = \frac{2\,m\,g\,(h_A - h_C) + m\,v_A^{\,2}}{2\,s}$$

$$F_R = \frac{2 \cdot 700\text{ kg} \cdot 9{,}81\,\frac{\text{N}}{\text{kg}} \cdot (15\text{ m} - 6\text{ m}) + 700\text{ kg} \cdot \left(3\,\frac{\text{m}}{\text{s}}\right)^2}{2 \cdot 20\text{ m}} = \underline{\underline{3\,247{,}65\text{ N}}}$$

Die Bremskraft müsste etwa 3 250 N betragen.

24. a) Geschwindigkeit v_B des Skifahrers in B:
Zunächst gilt:

$$\frac{20\text{ m}}{s} = \frac{\text{Gegenkathete}}{\text{Hypotenuse}} = \sin 30° = \frac{1}{2}$$

$$\Downarrow$$

$$s = 2 \cdot 20\text{ m} = \underline{\underline{40\text{ m}}}$$

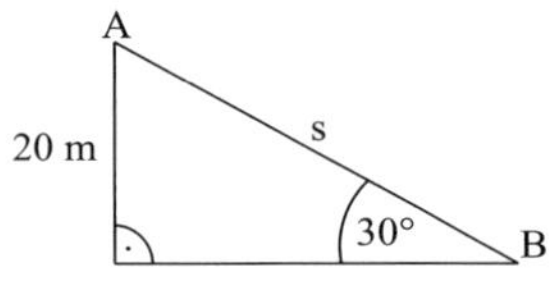

Abb. 90

außerdem gilt:
Reibungskraft F_R = 3 % des Skifahrergewichts $= 0{,}03 \cdot G \overset{(2.4)}{=} \underline{\underline{0{,}03 \cdot m \cdot g}}$

$\Rightarrow$ Energieansatz:
mech. Energie in B = mech. Energie in A – Reibungsarbeit

$$E_{kin\,B} = E_{h\,A} - W_r$$

$$\tfrac{1}{2}m\,v_B^{\,2} = m\,g\,h_A - F_R \cdot s$$

$$\tfrac{1}{2}m\,v_B^{\,2} = m\,g\,h_A - 0{,}03 \cdot m \cdot g \cdot s \qquad \Big| \cdot \frac{2}{m}$$

$$v_B^{\,2} = 2\,g\,h_A - 0{,}06 \cdot g \cdot s$$

$$v_B^{\,2} = g \cdot (2\,h_A - 0{,}06 \cdot s)$$

$$v_B^{\,2} = 9{,}81\,\frac{\text{m}}{\text{s}^2}(2 \cdot 20\text{ m} - 0{,}06 \cdot 40\text{ m})$$

$$v_B^{\,2} = 368{,}856\,\frac{\text{m}}{\text{s}^2}$$

$$v_B \approx \underline{\underline{19{,}2\,\frac{\text{m}}{\text{s}}}}$$

Beschleunigung a auf der Strecke [AB].

Es gilt: $2\,a\,s \overset{(1.5)}{=} v^2 - v_0^{\,2} \;\Rightarrow\; a = \frac{v^2 - v_0^{\,2}}{2\,s}$

in unserem Beispiel: $v_0 = 0$; $v = v_B = 19{,}2\,\frac{m}{s}$

$$\Rightarrow\quad a = \frac{\left(19{,}2\,\frac{m}{s}\right)^2 - 0^2}{2 \cdot 40\,m} \approx \underline{\underline{4{,}6\,\frac{m}{s^2}}}$$

b) Zunächst gilt:

$$\frac{x}{s_1} = \sin 30° = \frac{1}{2} \quad\Rightarrow\quad s_1 = \underline{\underline{2 \cdot x}}$$

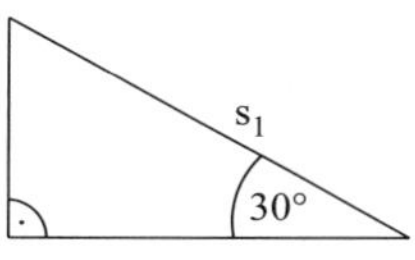

Abb. 91

$$\frac{25\,m}{s_2} = \sin 30° = \frac{1}{2} \quad\Rightarrow\quad s_2 = 2 \cdot 25\,m = \underline{\underline{50\,m}}$$

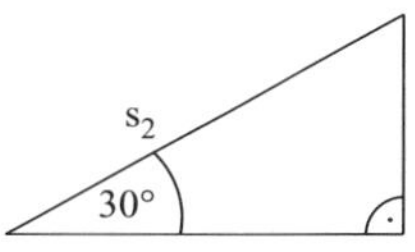

Abb. 92

L wird gerade noch erreicht, wenn in L die kinetische Energie gerade verbraucht ist.
$\Rightarrow$ Der Skifahrer hat in L nur potentielle Energie.
$\Rightarrow$ Energieansatz:
mech. Energie in L = mech. Energie in X − Reibungsarbeit

$$\begin{aligned}
E_{h\,L} &= E_{h\,X} - W_R \\
m\,g\,h_L &= m\,g\,x - F_R \cdot s \\
m\,g\,h_L &= m\,g\,x - 0{,}03\,m \cdot g \cdot (s_1 + 20\,m + s_2) \quad \big|: mg \\
h_L &= x - 0{,}03 \cdot (s_1 + 20\,m + s_2) \\
25\,m &= x - 0{,}03 \cdot (2 \cdot x + 20\,m + 50\,m) \\
25\,m &= x - 0{,}03 \cdot (2x + 70\,m) \\
25\,m &= x - 0{,}06x - 2{,}1\,m \\
25\,m + 2{,}1\,m &= x - 0{,}06x \\
27{,}1\,m &= 0{,}94x \quad \big|: 0{,}94 \\
\underline{\underline{28{,}83\,m}} &\approx x
\end{aligned}$$

Der Skifahrer muss aus der Höhe 28,83 m (über NN) starten, um die Liftstation gerade noch zu erreichen.
Die Masse m des Skifahrers und Ortsfaktor g spielen für die erforderliche Höhe x keine Rolle, da sie bei der Berechnung herausfallen.
Division der Gleichung durch m · g!

25. a) Wird A um die Strecke s angehoben, dann wird auch die lose Rolle um die Strecke s angehoben.
⇒ Die Seilstücke 1 und 2 verkürzen sich jeweils um die Strecke s.
⇒ Da die Gesamtlänge des Seiles gleichbleibt: Seilstück 3 verlängert sich um 2 s.
⇒ Körper B senkt sich um die Strecke 2 s.
⇒ B bewegt sich in der gleichen Zeit doppelt so weit nach unten wie A nach oben.
⇒ Die Geschwindigkeit von B ist doppelt so groß wie die von A.
$v_B = 2 \cdot v_A$

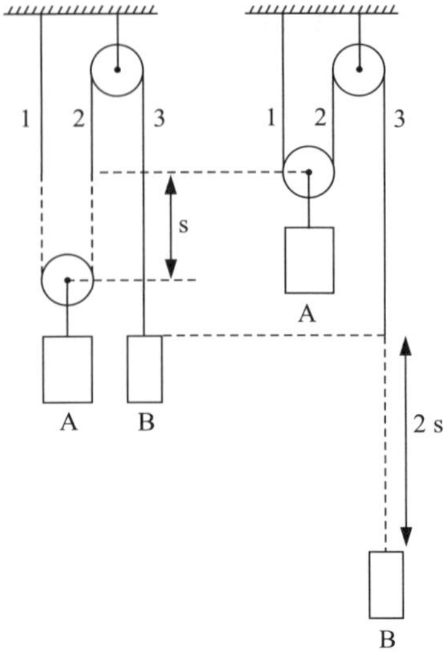

Abb. 93

b) Im Zustand 1 tragen A und B weder potentielle Energie noch kinetische Energie. Es gilt der Energieerhaltungssatz.
⇒ Energieansatz: mech. Energie im Zust. 2 = mech. Energie im Zust. 1
mech. Energie im Zust. 2 = 0

mech. Energie von A im Zust. 2 + mech. Energie von B im Zust. 2 = 0

$$E_{h\,A} + E_{kin\,A} + E_{h\,B} + E_{kin\,B} = 0$$

$$m_A \cdot g \cdot h_A + \tfrac{1}{2} m_A \cdot v_A^2 + m_B \cdot g \cdot h_B + \tfrac{1}{2} m_B v_B^2 = 0$$

$$m_A \cdot g \cdot h_A + \tfrac{1}{2} m_A v_A^2 + m_B \cdot g \cdot h_B + \tfrac{1}{2} m_B (2\,v_A)^2 = 0$$

$$\tfrac{1}{2} m_A\, v_A^2 + 2\, m_B v_A^2 = -m_A\, g\, h_A - m_B\, g\, h_B$$

$$v_A^2 \left(\tfrac{1}{2} m_A + 2 m_B\right) = -g(m_A\, h_A + m_B\, h_B)$$

$$v_A^2 = \frac{-g(m_A\, h_A + m_B\, h_B)}{\tfrac{1}{2} m_A + 2\, m_B}$$

mit $h_A = 0{,}5$ m; $h_B = -1$ m:

$$v_A^2 = \frac{-9{,}81 \frac{m}{s^2} \cdot [0{,}3\,kg \cdot 0{,}5\,m + 0{,}2\,kg \cdot (-1\,m)]}{\tfrac{1}{2} \cdot 0{,}3\,kg + 2 \cdot 0{,}2\,kg}$$

$$v_A^2 = \frac{-9{,}81 \frac{m}{s^2} [-0{,}05\,kg\,m]}{0{,}55\,kg}$$

$$v_A^2 \approx 0{,}892 \frac{m^2}{s^2}$$

$$\Rightarrow\ v_A \approx \underline{\underline{0{,}944 \tfrac{m}{s}}} \quad \Rightarrow\ v_B = 2 \cdot v_A \approx \underline{\underline{1{,}889 \tfrac{m}{s}}}$$

26. Wir bezeichnen den Mann mit M und das leere Boot mit B.
Impulsansatz: Gesamtimpuls nachher = Gesamtimpuls vorher

Da vor dem Absprung das Boot und der Mann in Ruhe sind, gilt:

$$\text{Gesamtimpuls vorher} = 0$$

$$\Rightarrow \quad \text{Gesamtimpuls nachher} = 0$$

$$\Rightarrow \quad m_M v_M + m_B v_B = 0$$

$$\Rightarrow \quad m_B v_B = -m_M v_M$$

$$\Rightarrow \quad v_B = -\frac{m_M}{m_B} \cdot v_M = -\frac{75\text{ kg}}{100\text{ kg}} \cdot 5\,\frac{\text{m}}{\text{s}} = \underline{\underline{-3{,}75\,\frac{\text{m}}{\text{s}}}}$$

Bemerkung: Durch das Minuszeichen wird ausgedrückt, dass die Bewegungsrichtung des Bootes entgegengesetzt ist zur Bewegungsrichtung des Mannes.

27. a) Wir bezeichnen die Rakete **ohne** Treibstoff mit R und den Treibstoff mit T.

Damit gilt: $m_R = 200$ g, $v_R = 55\frac{\text{m}}{\text{s}}$ und $v_T = -80\frac{\text{m}}{\text{s}}$

Impulsansatz: Gesamtimpuls nachher = Gesamtimpuls vorher

Da die Rakete mit dem Treibstoff anfangs in Ruhe ist, gilt:

$$\text{Gesamtimpuls vorher} = 0$$

$$\Rightarrow \quad \text{Gesamtimpuls nachher} = 0$$

$$\Rightarrow \quad m_T\, v_T + m_R\, v_R = 0$$

$$\Rightarrow \quad m_T\, v_T = -\,m_R\, v_R$$

$$\Rightarrow \quad m_T = -m_R \cdot \frac{v_R}{v_T} = -200\text{ g} \cdot \frac{55\frac{\text{m}}{\text{s}}}{-80\frac{\text{m}}{\text{s}}}$$

$$= \underline{\underline{137{,}5\text{ g}}}$$

b) Die Rakete startet mit der Anfangsgeschwindigkeit $v_0 = 55\frac{\text{m}}{\text{s}}$. Nach der Zeit t beträgt im höchsten Punkt der Flugbahn die Endgeschwindigkeit $v = 0\frac{\text{m}}{\text{s}}$.

Für die konstante Beschleunigung a während des Fluges gilt:

$a = -g \overset{(2.5)}{=} -9{,}81\frac{\text{m}}{\text{s}^2}$ (die Beschleunigung ist negativ, da die Rakete während des Aufstiegs gebremst wird !)

Berechnung der Flugzeit t bis zum höchsten Punkt:

Es gilt $a \overset{(1.3)}{=} \frac{v - v_0}{t} \Rightarrow a \cdot t = v - v_0 \Rightarrow t = \frac{v - v_0}{a} = \frac{0\frac{\text{m}}{\text{s}} - 55\frac{\text{m}}{\text{s}}}{-9{,}81\frac{\text{m}}{\text{s}^2}} \approx \underline{\underline{5{,}6\text{ s}}}$

Berechnung der Höhe s des höchsten Flugpunktes:
1. Möglichkeit mithilfe von (1.5):

$$2as \overset{(1.5)}{=} v^2 - v_0^2 \Rightarrow s = \frac{v^2 - v_0^2}{2a} = \frac{\left(0\frac{m}{s}\right)^2 - \left(55\frac{m}{s}\right)^2}{2 \cdot \left(-9{,}81\frac{m}{s^2}\right)} \approx 154\ m$$

2. Möglichkeit mithilfe von (1.4):

$$s \overset{(1.4)}{=} \frac{a}{2} \cdot t^2 + v_0 \cdot t = \frac{1}{2} \cdot (-g) \cdot t^2 + v_0 \cdot t$$

$$= \frac{1}{2} \cdot \left(-9{,}81\frac{m}{s^2}\right) \cdot (5{,}6\ s)^2 + 55\frac{m}{s} \cdot 5{,}6\ s \approx \underline{\underline{154\ m}}$$

3. Möglichkeit mit einem Energieansatz:
Hier sei aus Gewohnheitsgründen die Flughöhe mit h bezeichnet, also gilt $h = s$.

Es gilt: mech. Energie im höchsten Punkt = mech. Energie beim Start

$$E_h = E_{kin}$$

mit (3.2) und (3.3) $\Rightarrow$

$$m \cdot g \cdot h = \frac{1}{2} m \cdot v_0^2 \quad | : m$$

$$g \cdot h = \frac{1}{2} \cdot v_0^2 \quad | : g$$

$$h = \frac{v_0^2}{2g} = \frac{\left(55\frac{m}{s}\right)^2}{2 \cdot 9{,}81\frac{m}{s^2}} \approx \underline{\underline{154\ m}}$$

Die Rakete erreicht 5,6 s nach dem Start in 154 m Höhe den höchsten Flugpunkt.

28. Wir bezeichnen den Läufer mit A und seine Partnerin mit B
Impulsansatz: Gesamtimpuls nachher = Gesamtimpuls vorher

$$p_{A2} + p_{B2} = p_{A1} + p_{B1}$$

$$m_A v_{A2} + m_B v_{B2} = m_A v_{A1} + m_B v_{B1}$$

nach v_{A2} auflösen:

$$m_A\ v_{A2} = m_A v_{A1} + m_B \cdot v_{B1} - m_B\ v_{B2}$$

$$v_{A2} = \frac{m_A v_{A1} + m_B v_{B1} - m_B v_{B2}}{m_A}$$

$$v_{A2} = \frac{80\ kg \cdot 5\frac{m}{s} + 40\ kg \cdot 5\frac{m}{s} - 40\ kg \cdot 10\frac{m}{s}}{80\ kg}$$

$$v_{A2} = \underline{\underline{2{,}5\frac{m}{s}}}$$

Nach dem Stoß bewegt sich der Läufer mit der kleineren Geschwindigkeit $2{,}5\frac{m}{s}$ in der gleichen Richtung wie zuvor.

29. a) Beschleunigung a des Steines nach vorn (positives Vorzeichen):

$$F \overset{(2.2)}{=} m \cdot a \Rightarrow a = \frac{F}{m} = \frac{80\,\text{N}}{5\,\text{kg}} \overset{(2.3)}{=} \frac{80\,\frac{\text{kg m}}{\text{s}^2}}{5\,\text{kg}} = \underline{\underline{16\,\frac{\text{m}}{\text{s}^2}}}$$

Geschwindigkeit v_{St} des Steines nach dem Stoß:

Der Stein wird in 0,25 s von $v_0 = 0\,\frac{\text{m}}{\text{s}}$ auf v_{St} beschleunigt.

$$v_{St} \overset{(1.3)}{=} a \cdot t + v_0 = 16\,\frac{\text{m}}{\text{s}^2} \cdot 0{,}25\,\text{s} + 0\,\frac{\text{m}}{\text{s}} = \underline{\underline{4\,\frac{\text{m}}{\text{s}}}}$$

Geschwindigkeit des Wagens nach dem Stoß:
Wir bezeichnen den gestoßenen Stein mit St und den Wagen zusammen mit dem Mann und dem 2. Stein mit W.
Impulsansatz: Gesamtimpuls nachher = Gesamtimpuls vorher

$$\Rightarrow \quad p_{W2} + p_{St2} = 0$$

$$m_W \cdot v_{W2} + m_{St} \cdot v_{St2} = 0$$

nach v_{W2} auflösen:

$$m_W \; v_{W2} = -m_{St} \cdot v_{St2}$$

$$v_{W2} = -\frac{m_{St}}{m_W} \cdot v_{St2}$$

$$v_{W2} = -\frac{5\,\text{kg}}{130\,\text{kg} + 65\,\text{kg} + 5\,\text{kg}} \cdot 4\,\frac{\text{m}}{\text{s}}$$

$$= -\frac{5}{200} \cdot 4\,\frac{\text{m}}{\text{s}} = \underline{\underline{-0{,}1\,\frac{\text{m}}{\text{s}}}}$$

b) Beschleunigung des 2. Steines nach vorn: $a = 16\,\frac{\text{m}}{\text{s}^2}$ (vgl. Teilaufgabe a)

Geschwindigkeit v_{St} des 2. Steines nach dem 2. Stoß:

Der 2. Stein wird in 0,25 s von $v_0 = -0{,}1\,\frac{\text{m}}{\text{s}}$ auf v_{St} beschleunigt.

$$v_{St} \overset{(1.3)}{=} a \cdot t + v_0 = 16\,\frac{\text{m}}{\text{s}^2} \cdot 0{,}25\,\text{s} + \left(-0{,}1\,\frac{\text{m}}{\text{s}}\right) = \underline{\underline{3{,}9\,\frac{\text{m}}{\text{s}}}}$$

Geschwindigkeit des Wagens nach dem 2. Stoß:
Wir bezeichnen jetzt den 2. Stein mit St und den Wagen zusammen mit dem Mann ohne den 2. Stein mit W.
Impulsansatz: Gesamtimpuls nachher = Gesamtimpuls vorher

$$p_{W2} + p_{St2} = p_{W1} + p_{St1}$$

$$m_W \cdot v_{W2} + m_{St} \cdot v_{St2} = m_W \cdot v_{W1} + m_{St} \cdot v_{St1}$$

nach v_{W2} auflösen: $m_W \cdot v_{W2} = m_W \cdot v_{W1} + m_{St} \cdot v_{St1} - m_{St} \cdot v_{St2}$

$$v_{W2} = \frac{m_W \; v_{W1} + m_{St} \; v_{St1} - m_{St} \; v_{St2}}{m_W}$$

$$v_{W2} = \frac{(130\,\text{kg} + 65\,\text{kg})\left(-0{,}1\frac{\text{m}}{\text{s}}\right) + 5\,\text{kg} \cdot \left(-0{,}1\frac{\text{m}}{\text{s}}\right) - 5\,\text{kg} \cdot 3{,}9\frac{\text{m}}{\text{s}}}{130\,\text{kg} + 65\,\text{kg}}$$

$$= \frac{-39{,}5\,\text{kg}\,\frac{\text{m}}{\text{s}}}{195\,\text{kg}} \approx \underline{\underline{-0{,}2026\,\frac{\text{m}}{\text{s}}}}$$

30. a) „Vorher" bedeutet vor dem Abschuss;
„nachher" bedeutet unmittelbar nach dem Abschuss des Pfeiles, aber noch bevor der Pfeil die Zielscheibe trifft!
Impulsansatz: Gesamtimpuls nachher = Gesamtimpuls vorher

$$p_{A2} + p_{P2} + p_{R2} = p_{A1} + p_{P1} + p_{R1}$$
$$0 + p_{P2} + 0 = p_{A1} + p_{P1} + 0$$
$$m_p \cdot v_{P2} = m_A \cdot v_{A1} + m_P \cdot v_{P1}$$
$$v_{P2} = \frac{m_A \cdot v_{A1} + m_P \cdot v_{P1}}{m_P}$$

$$v_{P2} = \frac{70\,\text{kg} \cdot 0{,}5\,\frac{\text{m}}{\text{s}} + 0{,}2\,\text{kg} \cdot 0{,}5\,\frac{\text{m}}{\text{s}}}{0{,}2\,\text{kg}} = \underline{\underline{175{,}5\,\frac{\text{m}}{\text{s}}}}$$

b) Der auf der (mit der Außenwand des Raumschiffes verbundenen) Zielscheibe auftreffende Pfeil versetzt das Raumschiff in eine langsame Linksbewegung, sodass sich der ruhende Raumfahrer im Raumschiff scheinbar nach rechts bewegt.
⇒ Die Geschwindigkeit des ruhenden Raumfahrers relativ zu dem bewegten Raumschiff ist gleich der Geschwindigkeit des Raumschiffs nach Auftreffen des Pfeiles.

„Vorher" bedeutet unmittelbar vor dem Auftreffen des Pfeiles,
„nachher" bedeutet nach Auftreffen des Pfeiles.
Impulsansatz: Gesamtimpuls nachher = Gesamtimpuls vorher

$$p_{A2} + p_{P2} + p_{R2} = p_{A1} + p_{P1} + p_{R1}$$
$$0 + m_P \cdot v_{P2} + m_R \cdot v_{R2} = 0 + m_P \cdot v_{P1} + 0$$

Da der Pfeil „nachher" fest mit der Zielscheibe (und damit dem Raumschiff verbunden ist, gilt $v_{P2} = v_{R2}$.

$$\Rightarrow \quad m_P \cdot v_{R2} + m_R \cdot v_{R2} = m_P v_{P1}$$
$$v_{R2}(m_P + m_R) = m_P \cdot v_{P1}$$
$$v_{R2} = \frac{m_P \cdot v_{P1}}{m_P + m_R}$$

$$v_{R2} = \frac{0{,}2\,\text{kg} \cdot 175{,}5\,\frac{\text{m}}{\text{s}}}{0{,}2\,\text{kg} + 5\,000\,\text{kg}} = \underline{\underline{7{,}0197 \cdot 10^{-3}\,\frac{\text{m}}{\text{s}}}}$$

Der Astronaut bewegt sich nach dem Auftreffen des Pfeiles mit etwa $7 \cdot 10^{-3}\,\frac{\text{m}}{\text{s}}$ relativ zum Raumschiff.

31. a) Beim Hinaufschwingen des Holzklotzes treten keine nennenswerten Energieverluste durch Reibung auf. $\Rightarrow$ Es gilt der mechanische Energieerhaltungssatz (vgl. S. 28).

$\Rightarrow$ Summe der mech. Energien in A = Summe der mech. Energien in B

$\Rightarrow$ $E_{kin\,A} + E_{h\,A} = E_{kin\,B} + E_{h\,B}$

Der untere Schwingungspunkt A liege im Nullniveau

$\Rightarrow$ $E_{h\,A} = 0$.

Im oberen Schwingungspunkt B hat der Klotz die Momentangeschwindigkeit 0.

$\Rightarrow$ $E_{kin\,B} = 0$

Somit gilt: $E_{kin\,A} = E_{h\,B}$

Mit (3.2) und (3.3): $\frac{1}{2} m v^2 = m g h \quad \Big| \cdot \frac{2}{m}$

$$v^2 = 2 g h$$

$$v^2 = 2 \cdot 9{,}81 \frac{m}{s^2} \cdot 3m = 58{,}86 \frac{m^2}{s^2}$$

$$\Rightarrow \quad \underline{\underline{v = 7{,}67 \frac{m}{s}}}$$

b) Da das Geschoss im Holzklotz stecken bleibt, handelt es sich um einen vollkommen unelastischen Stoß (vgl. S. 42). Mit den auf Seite 42 eingeführten Bezeichnungen gilt:

$m_1 = 6$ g; $m_2 = 150$ g; v_1 (gesucht); $v_2 = 0 \frac{m}{s}$; $u = 7{,}67 \frac{m}{s}$

nach (4.6) gilt: $m_1 \cdot v_1 + m_2 \cdot v_2 = (m_1 + m_2) \cdot u$

$$\Rightarrow \quad m_1 \cdot v_1 = (m_1 + m_2) \cdot u - m_2 \cdot v_2$$

$$\Rightarrow \quad v_1 = \frac{(m_1 + m_2) \cdot u - m_2 \cdot v_2}{m_1}$$

$$\Rightarrow \quad v_1 = \frac{156\,g \cdot 7{,}67 \frac{m}{s} - 150\,g \cdot 0 \frac{m}{s}}{6\,g} \approx \underline{\underline{200 \frac{m}{s}}}$$

Unmittelbar vor dem Eindringen in den Holzklotz hatte das Geschoss die Geschwindigkeit 200 $\frac{m}{s}$.

32. a) Mit $v_1 = w$ und $v_2 = (-2w)$ eingesetzt in (4.5) gilt:

$$u_1 = \frac{m_1 w + m_2 [2(-2w) - w]}{m_1 + m_2} = \frac{m_1 w + m_2 [-5w]}{m_1 + m_2} = \underline{\underline{w \cdot \frac{m_1 - 5m_2}{m_1 + m_2}}}$$

Mit $v_1 = w$ und $v_2 = (-2w)$ eingesetzt in 4.5 gilt:

$$u_2 = \frac{m_2 (-2w) + m_1 [2w - (-2w)]}{m_1 + m_2} = \frac{m_2 (-2w) + m_1 [4w]}{m_1 + m_2} = \underline{\underline{w \cdot \frac{4m_1 - 2m_2}{m_1 + m_2}}}$$

b) $\frac{u_1}{u_2} = \frac{w \cdot \frac{m_1 - 5m_2}{m_1 + m_2}}{w \cdot \frac{4m_1 - 2m_2}{m_1 + m_2}} = \frac{m_1 - 5m_2}{4m_1 - 2m_2} = \underline{\underline{\frac{\frac{m_1}{m_2} - 5}{4\frac{m_1}{m_2} - 2}}}$

c) Bedingung: $u_1 = 3 \cdot u_2 \Rightarrow \frac{u_1}{u_2} = 3$ eingesetzt in das Ergebnis von Teilaufgabe b:

$$\frac{\frac{m_1}{m_2} - 5}{4\frac{m_1}{m_2} - 2} = 3 \Rightarrow \frac{m_1}{m_2} - 5 = 3 \cdot \left(4\frac{m_1}{m_2} - 2\right) \Rightarrow \frac{m_1}{m_2} - 5 = 12\frac{m_1}{m_2} - 6$$

$$\Rightarrow 1 = 11\frac{m_1}{m_2} \Rightarrow \frac{m_1}{m_2} = \underline{\underline{\frac{1}{11}}}$$

d) $m_2 >> m_1 \Rightarrow \frac{m_1}{m_2} \approx 0$

eingesetzt in das Ergebnis von Teilaufgabe b: $\frac{u_1}{u_2} \approx \frac{0 - 5}{4 \cdot 0 - 2} = \underline{\underline{\frac{5}{2}}}$

33. Der Ursprung des Koordinatensystems sei der Absprungort der Füße des Springers bzw. die Absprungkante des Sprungturmes.

a) Dann gilt für die Wasseroberfläche: $y = -5$ m

Eingesetzt in die Gleichung für die Vertikalbewegung (5.4): $-5\text{ m} = -\frac{1}{2} g t^2$

Wir lösen nach der gesuchten Zeit t auf:

$$\frac{1}{2} g t^2 = 5\text{ m} \Rightarrow t^2 = \frac{10\text{ m}}{g} \Rightarrow t^2 = \frac{10\text{ m}}{9{,}81\,\frac{\text{m}}{\text{s}^2}} \Rightarrow t^2 = 1{,}019\text{ s}^2 \Rightarrow t = \underline{\underline{1{,}01\text{ s}}}$$

Der Sprung dauert etwa eine Sekunde.

b) Es gilt (5.2): $x = v_0 \cdot t = 14\,\frac{\text{km}}{\text{h}} \cdot 1{,}01\text{s} = 14 \cdot \frac{1\,000\text{ m}}{3\,600\text{ s}} \cdot 1{,}01\text{ s} = \underline{\underline{3{,}93\text{ m}}}$

Die waagrechte Wegkomponente beträgt 3,93 m.

c) Nach (5.1) gilt: $v_x = v_0 = 14\,\frac{\text{km}}{\text{h}} = 14 \cdot \frac{1\,000\text{ m}}{3\,600\text{ s}} = 3{,}89\,\frac{\text{m}}{\text{s}}$

Nach (5.3) gilt : $v_y = -g\,t = -9{,}81\,\frac{\text{m}}{\text{s}^2} \cdot 1{,}01\text{ s} = -9{,}91\,\frac{\text{m}}{\text{s}}$

$\Rightarrow$ für den Betrag der Bahngeschwindigkeit v nach (5.6):

$$v = \sqrt{{v_x}^2 + {v_y}^2} = \sqrt{\left(3{,}89\,\frac{\text{m}}{\text{s}}\right)^2 + \left(-9{,}91\,\frac{\text{m}}{\text{s}}\right)^2} = \underline{\underline{10{,}6\,\frac{\text{m}}{\text{s}}}}$$

Der Springer taucht mit einer Geschwindigkeit von etwa $10{,}6\frac{\text{m}}{\text{s}}$ ins Wasser ein.

Diese Teilaufgabe könnte man auch mit einem Energieansatz (vgl. Kapitel 3.4) lösen:

Punkt A sei der Absprungort (Absprungkante des Sprungturmes).

Punkt B sei der Auftreffpunkt der Füße auf der Wasseroberfläche.

Dann gilt:

mech. Energie in B = mech. Energie in A

$$E_{kin,B} = E_{kin,A} + E_{h,A}$$

$$\frac{1}{2} m\, v_B^2 = \frac{1}{2} m\, v_A^2 + m\, g\, h_A \qquad \left| \cdot \frac{2}{m} \right.$$

$$v_B^2 = v_A^2 + 2\, g\, h_A$$

$$v_B^2 = \left(14 \frac{km}{h}\right)^2 + 2 \cdot 9{,}81 \frac{m}{s^2} \cdot 5\, m$$

$$v_B^2 = \left(14 \cdot \frac{1\,000\, m}{3\,600\, s}\right)^2 + 2 \cdot 9{,}81 \frac{m}{s^2} \cdot 5\, m$$

$$v_B^2 = 113{,}2 \frac{m^2}{s^2}$$

$$v_B = \underline{\underline{10{,}6 \frac{m}{s}}}$$

34. Der Ursprung des Koordinatensystems sei die Absprungkante des Steges.
Dann gilt für die „Landefläche“: $y = -(4m - 50\, cm) = -3{,}5\, m$
Zunächst berechnen wir die Flugzeit t, indem wir $y = -3{,}5$ m in die Gleichung für die Vertikalbewegung (5.4) einsetzen:

$$-3{,}5\, m = -\frac{1}{2} g\, t^2 \Rightarrow \frac{1}{2} g\, t^2 = 3{,}5\, m \Rightarrow t^2 = \frac{7\, m}{g} \Rightarrow t^2 = \frac{7\, m}{9{,}81 \frac{m}{s^2}}$$

$$\Rightarrow t^2 = 0{,}714\, s^2 \Rightarrow t = 0{,}845\, s$$

Als nächstes bestimmen wir den Weg s_B, den das Boot während dieser Zeit $t = 0{,}845$ s zurücklegt:

$$s_B = v_B \cdot t = 30 \frac{km}{h} \cdot 0{,}845\, s = 30 \cdot \frac{1\,000\, m}{3\,600\, s} \cdot 0{,}845\, s = 7{,}04\, m$$

Somit gilt für den minimalen horizontalen Flugweg:
$s_{min} = 10\, m + 7{,}04\, m = 17{,}04\, m$
In diesem Fall trifft der Mittelpunkt des Motorrades gerade noch am Heck des Bootes auf.

Für den maximalen horizontalen Flugweg gilt:
$s_{max} = 10\, m + 7{,}04\, m + 5\, m = 22{,}04\, m$
In diesem Fall landet „007“ auf der vorderen Spitze des Bootes.

Für die konstante horizontale Geschwindigkeit gilt:

$$v_{min} = \frac{s_{min}}{t} = \frac{17{,}04\text{ m}}{0{,}845\text{ s}} = 20{,}2\,\frac{\text{m}}{\text{s}} \approx \underline{\underline{73\,\frac{\text{km}}{\text{h}}}}$$

$$v_{max} = \frac{s_{max}}{t} = \frac{22{,}04\text{ m}}{0{,}845\text{ s}} = 26{,}1\,\frac{\text{m}}{\text{s}} \approx \underline{\underline{94\,\frac{\text{km}}{\text{h}}}}$$

Die Geschwindigkeit von James muss zwischen 73 $\frac{\text{km}}{\text{h}}$ und 94 $\frac{\text{km}}{\text{h}}$ liegen.

35. a) $f \overset{(5.9)}{=} \frac{k}{t} = \frac{420}{\text{min}} = \frac{420}{60\text{ s}} = \underline{\underline{\frac{7}{\text{s}}}} = \underline{\underline{7\text{ s}^{-1}}}$ (7 Umdrehungen pro Sekunde)

$$T \overset{(5.11)}{=} \frac{1}{f} = \frac{1}{7\text{ s}^{-1}} = \frac{\text{s}}{7} = \underline{\underline{\frac{1}{7}}}\text{ s}$$

$$\omega \overset{(5.13)}{=} 2\pi \cdot f = 2\pi \cdot 7\text{ s}^{-1} = \underline{\underline{14\pi\text{ s}^{-1}}}$$

b) Kreisbahnradius von Punkt A: $r = \frac{1}{2} \cdot 10\text{ m} = 5\text{ m}$

Geschwindigkeit $v \overset{(5.14)}{=} \omega \cdot r = 14\pi\text{ s}^{-1} \cdot 5\text{ m} = 70\pi\,\frac{\text{m}}{\text{s}} \approx 220\,\frac{\text{m}}{\text{s}}$

Zentralbeschleunigung $a_Z \overset{(5.15)}{=} \omega^2 \cdot r = (14\pi\text{ s}^{-1})^2 \cdot 5\text{ m} = 980\pi^2\,\frac{\text{m}}{\text{s}^2} \approx$

$$\approx \underline{\underline{9\,672\,\frac{\text{m}}{\text{s}^2}}}$$

36. a) $f \overset{(5.11)}{=} \frac{1}{T} = \frac{1}{86\,164\text{ s}} \approx \underline{\underline{1{,}16 \cdot 10^{-5}\text{ s}^{-1}}}$

$$\omega \overset{(5.13)}{=} 2\pi \cdot f = 2\pi \cdot 1{,}16 \cdot 10^{-5}\text{ s}^{-1} \approx \underline{\underline{7{,}29 \cdot 10^{-5}\text{ s}^{-1}}}$$

b) Äq: Ort am Äquator
Reg: Regensburg
N: Nordpol
M: Erdmittelpunkt
S: Südpol
Bahnradius für Äq: $R = \underline{\underline{6\,370\ \text{km}}}$

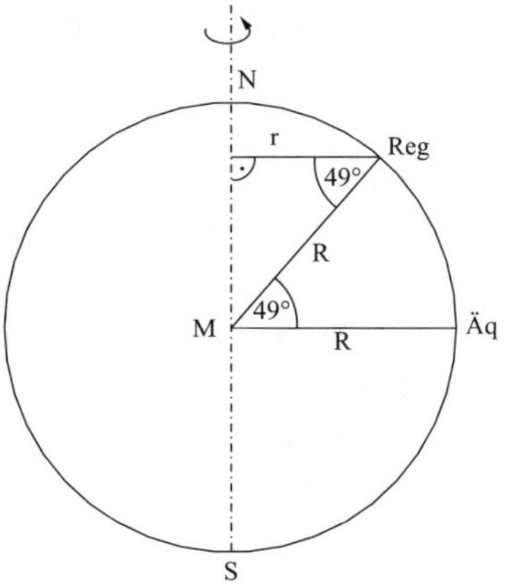

Abb. 94

Bahnradius r für Reg:
Es gilt:

$$\frac{r}{R} = \cos 49°$$

$$\Rightarrow r = R \cdot \cos 49° =$$
$$= 6\,370\ \text{km} \cdot \cos 49° \approx$$
$$\approx \underline{\underline{4\,179\ \text{km}}}$$

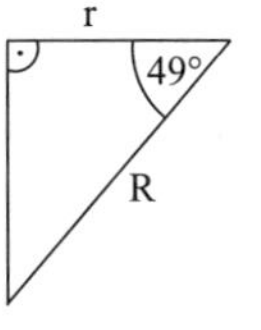

Abb. 95

Geschwindigkeit v und Zentralbeschleunigung a_Z in Äq:

$$v \overset{(5.14)}{=} \omega \cdot R = 7{,}29 \cdot 10^{-5}\ \text{s}^{-1} \cdot 6\,370\ \text{km} =$$
$$= 7{,}29 \cdot 10^{-5}\ \text{s}^{-1} \cdot 6{,}37 \cdot 10^{6}\ \text{m} \approx \underline{\underline{465\,\frac{\text{m}}{\text{s}}}}$$

$$a_Z \overset{(5.15)}{=} \omega^2 \cdot R = [7{,}29 \cdot 10^{-5}\ \text{s}^{-1}]^2 \cdot 6\,370\ \text{km} \approx \underline{\underline{3{,}39 \cdot 10^{-2}\,\frac{\text{m}}{\text{s}^2}}}$$

Geschwindigkeit v und Zentralbeschleunigung a_Z in Reg.:

$$v \overset{(5.14)}{=} \omega \cdot r = 7{,}29 \cdot 10^{-5}\ \text{s}^{-1} \cdot 4\,179\ \text{km} \approx 305\,\frac{\text{m}}{\text{s}}$$

$$a_Z \overset{(5.15)}{=} \omega^2 \cdot r = [7{,}29 \cdot 10^{-5}\ \text{s}^{-1}]^2 \cdot 4\,179\ \text{km} \approx \underline{\underline{2{,}22 \cdot 10^{-2}\,\frac{\text{m}}{\text{s}^2}}}$$

c) Unabhängig von der Rotation der Erde wird der Mensch von der Erde mit der Kraft $\vec{G}$ (Erdanziehungskraft, Gravitationskraft, vgl. Kapitel 8) angezogen.

Fall 1:

Die Erde drehe sich **nicht** um ihre Achse. Die gesamte Erdanziehungskraft $\vec{G}$ wird als „Druckkraft“ $\vec{D}_1$ auf den Untergrund spürbar.

$\Rightarrow\ D_1 = G$

Fall 2:

Die Erde dreht sich um ihre Achse. Mit der Erde dreht sich der Mensch auf einer Kreisbahn. Die Kraft, die ihn auf diese Kreisbahn zwingt (Zentralkraft $\vec{F}_Z$) ist ein Teil der Erdanziehungskraft $\vec{G}$. Der Rest der Erdanziehungskraft $\vec{G}$ wird wieder als „Druckkraft“ $\vec{D}_2$ auf den Untergrund spürbar.

$\Rightarrow\ D_2 = G - F_Z$

$\Rightarrow\ D_1 > D_2$ d. h.:

Ohne Erdrotation drückt der Mensch mit größerer Kraft auf seinen Untergrund („er ist schwerer“) als mit Erdrotation.

Der Unterschied von $\vec{D}_1$ und $\vec{D}_2$ ist der Anteil für die Zentralkraft $\vec{F}_Z$.

$\Rightarrow\ D_1 - D_2 = F_Z$

Zentralkraft F_Z am Äquator auf einen Mann mit m = 65 kg:

$$F_Z \overset{(2.2)}{=} m \cdot a_Z = 65\,\text{kg} \cdot 3{,}39 \cdot 10^{-2}\,\frac{\text{m}}{\text{s}^2} \approx 2{,}20\,\text{kg}\,\frac{\text{m}}{\text{s}^2} = \underline{\underline{2{,}20\,\text{N}}}$$

Ohne Erdrotation wäre ein Mann von 65 kg am Äquator um 2,20 N schwerer als mit Erdrotation.

d) Ein Körper ist am Äquator scheinbar schwerelos, wenn er keine „Druckkraft“ $\vec{D}$ mehr auf seinen Untergrund ausübt.

$$\Rightarrow\ D = G - F_Z = 0 \ \Rightarrow\ \boxed{G = F_Z} \qquad (*)$$

D. h. die gesamte Erdanziehungskraft ist notwendig, um den Körper auf die (viel schneller durchlaufene) Kreisbahn zu zwingen.

Mit $G = m \cdot g$ und $F_Z \overset{(5.16)}{=} m\,\omega^2 \cdot R$

folgt aus (*):

$$\begin{aligned} mg &= m\,\omega^2 \cdot R \quad \Big|\, : m \\ g &= \omega^2 \cdot R \end{aligned}$$

mit $\omega \overset{(5.13)}{=} \frac{2\pi}{T}$ folgt $g = \left(\frac{2\pi}{T}\right)^2 \cdot R$

nach T auflösen: $g = \frac{4\pi^2}{T^2} \cdot R \quad \Big| \cdot \frac{T^2}{g}$

$$T^2 = \frac{4\pi^2}{g} \cdot R$$

$$T = 2\pi\sqrt{\frac{R}{g}}$$

$$T = 2\pi\sqrt{\frac{6{,}37 \cdot 10^6\ \text{m}}{9{,}81\ \frac{\text{m}}{\text{s}^2}}} = 2\pi \cdot 8{,}0581 \cdot 10^2\ \text{s} = \underline{\underline{5\,063\ \text{s}}}$$

$$5\,063\ \text{s} = 1\ \text{h}\ \ 24\ \text{min}\ \ 23\ \text{s}$$

Ein Sterntag müsste 1 h 24 min und 23 s dauern.

37. a) R: Erdradius; r: Bahnradius

Es gilt: $2\,R\pi = U \Rightarrow R = \frac{U}{2\pi} = \frac{40\,076{,}6\ \text{km}}{2\pi} \approx 6\,378\ \text{km}$

$$r = R + 200\ \text{km} = 6\,378\ \text{km} + 200\ \text{km} = \underline{\underline{6\,578\ \text{km}}}$$

b) Es gilt: Zentralkraft = Erdanziehungskraft

$$F_Z = G$$

$\Rightarrow$ mit (5.16) und (2.4): $m\,\omega^2 r = m \cdot g \quad |:m$

$$\omega^2 r = g$$

$$\omega^2 = \frac{g}{r}$$

$$\omega = \sqrt{\frac{g}{r}}$$

$$\omega = \sqrt{\frac{9{,}22\ \frac{\text{N}}{\text{kg}}}{6\,578\ \text{km}}} \overset{(2.3)}{=} \sqrt{\frac{9{,}22\ \frac{\text{m}}{\text{s}^2}}{6{,}578 \cdot 10^6\ \text{m}}} = \underline{\underline{1{,}1839 \cdot 10^{-3}\ \text{s}^{-1}}}$$

$$\omega \overset{(5.13)}{=} \frac{2\pi}{T} \Big| \cdot \frac{T}{\omega} \quad \Rightarrow \quad T = \frac{2\pi}{\omega} = \frac{2\pi}{1{,}1839 \cdot 10^{-3}\ \text{s}^{-1}} \approx \underline{\underline{5\,307\ \text{s}}}$$

c) Die Erde dreht sich von West nach Ost mit der Winkelgeschwindigkeit $\omega_E = 7{,}29 \cdot 10^{-5}\ \text{s}^{-1}$ (vgl. Aufgabe 36 a).
Der Satellit dreht sich von Ost nach West mit der Winkelgeschwindigkeit $\omega_s = 1{,}1839 \cdot 10^{-3}\ \text{s}^{-1}$.
Da sich Erde und Satellit gegeneinander drehen, ergibt sich als relative Winkelgeschwindigkeit von Erde und Satellit die Summe von ω_E und ω_s:

$$\omega = \omega_E + \omega_s = \underline{\underline{1{,}2568 \cdot 10^{-3}\ \text{s}^{-1}}}$$

$\Rightarrow$ siehe oben: $T = \frac{2\pi}{\omega} = \frac{2\pi}{1{,}2568 \cdot 10^{-3}}\ \text{s} \approx \underline{\underline{5\,000\ \text{s}}}$

Natürlich ist die Umlaufzeit mit Berücksichtigung der Erddrehung kleiner, da die Erde dem Satelliten „entgegen kommt“.

38. a) Der tiefste Punkt der Schwingung liegt 4 cm unter der Gleichgewichtslage. Die Gleichgewichtslage wird zum Schwingungsmittelpunkt.
$\Rightarrow$ Schwingungsamplitude $s_0 = 4$ cm

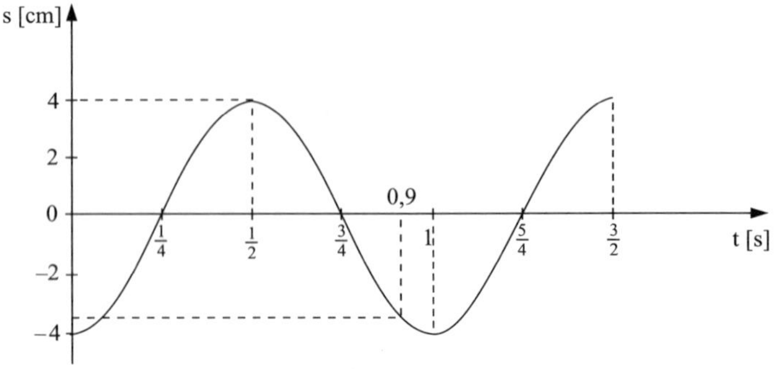

Abb. 96

b) $s_0 = 4$ cm; t = 0,9 s

$\omega \overset{(6.2)}{=} \frac{2\pi}{T} = \frac{2\pi}{1\,s} = 2\pi\,s^{-1}$

$\varphi_0 = \frac{3\pi}{2}$, da die Kugel zum Zeitpunkt t = 0 im tiefsten Schwingungspunkt ist (vgl. S. 61 und S. 63).

Es gilt: $s \overset{(6.1)}{=} s_0 \cdot \sin(\omega t + \varphi_0) = 4\,cm \cdot \sin\left(2\pi\,s^{-1} \cdot 0{,}9\,s + \frac{3\pi}{2}\right) =$

$= 4\,cm \cdot \sin(3{,}3\pi) \approx \underline{\underline{-3{,}236\,cm}}$ (vgl. t-s-Diagramm)

Die Kugel befindet sich zum Zeitpunkt t = 0,9 s ca. 3,2 cm unter (Minuszeichen!) dem Schwingungsmittelpunkt.

Es gilt: $v \overset{(6.3)}{=} \omega\, s_0 \cos(\omega t + \varphi_0) =$

$= 2\pi\,s^{-1} \cdot 4\,cm \cdot \cos\left(2\pi\,s^{-1} \cdot 0{,}9\,s + \frac{3\pi}{2}\right) =$

$= 8\pi \frac{cm}{s} \cdot \cos(3{,}3\pi) \approx \underline{\underline{-14{,}77 \frac{cm}{s}}}$

Die Kugel bewegt sich zum Zeitpunkt t = 0,9 s mit der Geschwindigkeit 14,77 $\frac{cm}{s}$ nach unten (Minuszeichen!).

Es gilt: $a \overset{(6.4)}{=} -\omega^2 s_0 \sin(\omega t + \varphi_0) =$

$$= -(2\pi\, s^{-1})^2 \cdot 4\,\text{cm} \cdot \sin\left(2\pi\, s^{-1} \cdot 0,9\,s + \frac{3\pi}{2}\right) =$$

$$= 16\pi^2 \frac{\text{cm}}{s^2} \cdot \sin(3,3\pi) \approx \underline{\underline{127,8 \frac{\text{cm}}{s^2}}} = \underline{\underline{1,278 \frac{\text{m}}{s^2}}}$$

Die Kugel beschleunigt zum Zeitpunkt t = 0,9 s mit 1,278 $\frac{m}{s^2}$ nach oben (positives Vorzeichen!), d. h. die Bewegung nach unten wird gebremst!

c) $v_0 \overset{(6.3)}{=} \omega s_0 = 2\pi\, s^{-1} \cdot 4\,\text{cm} = \underline{\underline{8\pi \frac{\text{cm}}{s}}} \approx \underline{\underline{25,1 \frac{\text{cm}}{s}}}$

Der Geschwindigkeitsbetrag ist jeweils im Schwingungsmittelpunkt maximal, d. h. bei der Elongation $\underline{\underline{s = 0}}$.

Zeitpunkte: $t_1 = \frac{1}{4}s$; $t_2 = \frac{3}{4}s$; $t_3 = \frac{5}{4}s$; $t_4 = \frac{7}{4}s$ usw. (vgl. t-s-Diagramm)

d) $a_0 \overset{(6.4)}{=} \omega^2 s_0 = (2\pi\, s^{-1})^2 \cdot 4\,\text{cm} = \underline{\underline{16\pi^2 \frac{\text{cm}}{s^2}}} \approx \underline{\underline{157,9 \frac{\text{cm}}{s^2}}} \approx \underline{\underline{1,58 \frac{\text{m}}{s^2}}}$

$F_0 \overset{(2.2)}{=} m \cdot a_0 = 0,1\,\text{kg} \cdot 16\pi^2 \frac{\text{cm}}{s^2} = 0,1\,\text{kg} \cdot 0,16\pi^2 \frac{\text{m}}{s^2} =$

$$= 0,0167\pi^2\, \text{kg} \frac{\text{m}}{s^2} \overset{(2.3)}{\approx} \underline{\underline{0,158\,\text{N}}}$$

Die Beträge von Beschleunigung a und Beschleunigungskraft F sind jeweils in den Umkehrpunkten der Schwingung maximal, d. h. bei den Elongationen $s = \pm s_0 = \pm 4\,\text{cm}$.

Zeitpunkte: $t_1 = 0\,s$; $t_2 = \frac{1}{2}s$; $t_3 = 1\,s$; $t_4 = \frac{3}{2}s$ usw. (vgl. t-s-Diagramm)

e) Es gilt: $F \overset{(6.6)}{=} -D \cdot s \quad \Rightarrow \quad s = -\frac{F}{D}$

mit $D \overset{(6.6)}{=} m\,\omega^2 = 0,1\,\text{kg} \cdot (2\pi\, s^{-1})^2 = 0,4\pi^2 \cdot \frac{\text{kg}}{s^2}$

und F = –0,1 N (nach unten, deshalb mit Minuszeichen!)

$$\Rightarrow \quad s = -\frac{-0,1\,\text{N}}{0,4\pi^2 \frac{\text{kg}}{s^2}} \overset{(2.3)}{=} \frac{0,1 \frac{\text{kg} \cdot \text{m}}{s^2} \cdot s^2}{0,4\pi^2\, \text{kg}} = \frac{1}{4\pi^2}\text{m} \approx \underline{\underline{0,0253\,\text{m}}}$$

Etwa 2,53 cm über (da Vorzeichen positiv) dem Schwingungsmittelpunkt wird die Kugel mit der Kraft 0,1 N nach unten beschleunigt.

f)

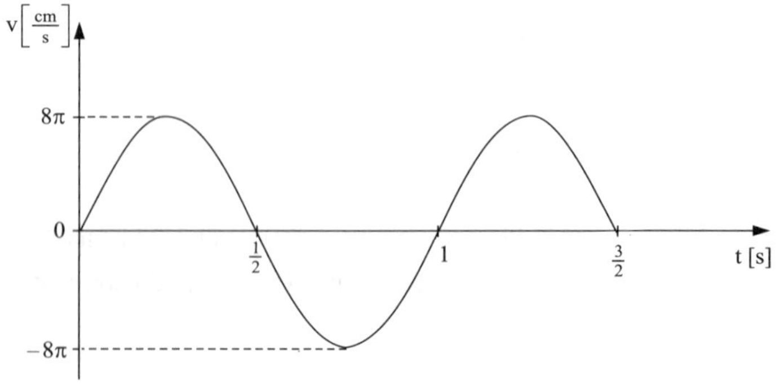

Abb. 97

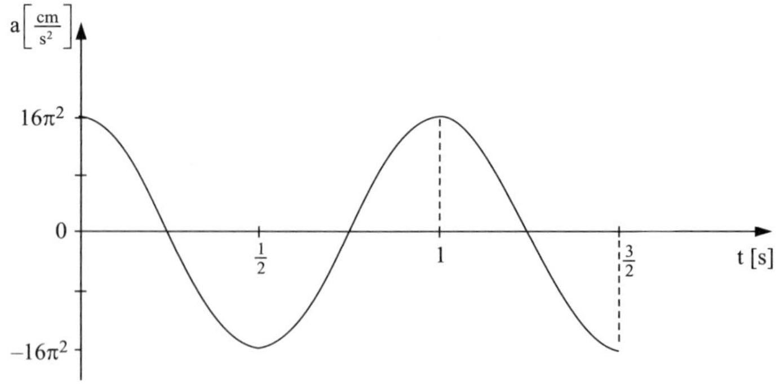

Abb. 98

g) Es gilt: $F \overset{(6.6)}{=} -D\,s$
und: $F \overset{(2.2)}{=} m \cdot a$
$\Rightarrow \quad m \cdot a = -D\,s \quad \Rightarrow \quad a = -\frac{D\,s}{m}$

$$a = -\frac{D\,s}{m} \overset{(6.6)}{=} -\frac{m\,\omega^2 \cdot s}{m} = -\omega^2 \cdot s = -(2\pi\,s^{-1})^2 \cdot 1\,cm =$$
$$= -4\pi^2\,\frac{cm}{s^2} \approx \underline{\underline{-39{,}5\,\frac{cm}{s^2}}}$$

1 cm über dem Schwingungsmittelpunkt wird die Kugel mit 39,5 $\frac{cm}{s^2}$ nach unten beschleunigt.

39. a) Die Dehnungskraft F ist das Gewicht der Kugel: $F = G \overset{(2.4)}{=} m \cdot g$
Für die Dehnungsstrecke s gilt: s = 94,8 cm – 70 cm = 24,8 cm

$$\Rightarrow D \overset{(3.5)}{=} \frac{F}{s} = \frac{m \cdot g}{24{,}8\,cm} = \frac{0{,}2\,kg \cdot 9{,}81\frac{N}{kg}}{0{,}248\,m} \approx \underline{\underline{7{,}9\frac{N}{m}}}$$

b) $T \overset{(6.7)}{=} 2\pi\sqrt{\frac{m}{D}} = 2\pi\sqrt{\frac{0{,}2\text{ kg}}{7{,}9\frac{N}{m}}} = 2\pi\sqrt{\frac{0{,}2\text{ kg m}}{7{,}9\text{ N}}} =$

$\overset{(2.3)}{=} 2\pi\sqrt{\frac{0{,}2\text{ kg m}}{7{,}9\frac{\text{kg m}}{s^2}}} = 2\pi\sqrt{\frac{0{,}2}{7{,}9}}\text{ s} \approx \underline{\underline{1\text{ s}}}$

c)

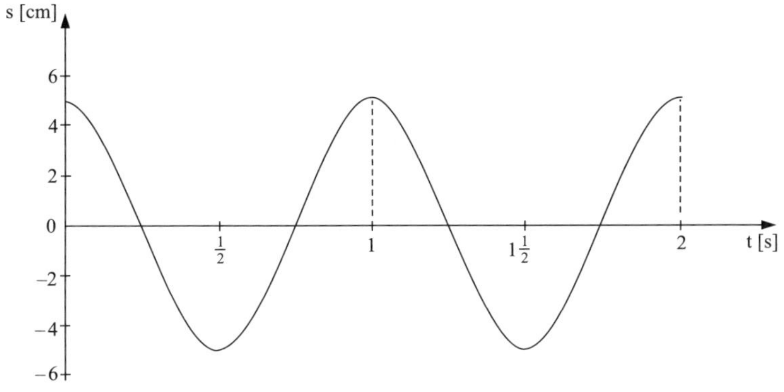

Abb. 99

d) Es gilt: $s \overset{(6.1)}{=} s_0 \cdot \sin(\omega t + \varphi_0)$

mit $s_0 = 5\text{ cm}$; $\omega = \frac{2\pi}{T} = \frac{2\pi}{1\text{ s}} = 2\pi\text{ s}^{-1}$

und $\varphi_0 = \frac{\pi}{2}$, da die Kugel zum Zeitpunkt $t = 0$ im höchsten Schwingungspunkt ist (vgl. S. 61 und S. 63).

$\Rightarrow \quad \underline{\underline{s = 5\text{ cm} \cdot \sin\left(2\pi\text{ s}^{-1} \cdot t + \frac{\pi}{2}\right)}}$

mit t = 0,9 s: $\quad s = 5\text{ cm} \sin\left(2\pi\text{ s}^{-1} \cdot 0{,}9\text{ s} + \frac{\pi}{2}\right) =$

$= 5\text{ cm} \sin(2{,}3\pi) \approx \underline{\underline{4\text{ cm}}}$

$F \overset{(6.6)}{=} -D \cdot s = -7{,}9\frac{N}{m} \cdot 4\text{ cm} = -7{,}9\frac{N}{m} \cdot 0{,}04\text{ m} \approx \underline{\underline{-0{,}32\text{ N}}}$

Der Pendelkörper befindet sich zum Zeitpunkt t = 0,9 s etwa 4 cm über der Gleichgewichtslage und wird mit 0,32 N nach unten beschleunigt.

e) Die kinentische Energie ist maximal, wenn der Pendelkörper durch die Gleichgewichtslage schwingt, d. h. bei der Elongation $\underline{\underline{s = 0\text{ cm}}}$.

Zeitpunkt: $\underline{\underline{t = \frac{1}{4}\text{s}}}$ (vgl. t-s-Diagramm) max. kin. Energie $\overset{(6.10)}{=} \frac{1}{2} m\, v_0^2 \overset{(6.10)}{=} \frac{1}{2} D\, s_0^2 =$

$= \frac{1}{2} \cdot 7{,}9 \frac{N}{m} \cdot (5\text{ cm})^2 = \frac{1}{2} \cdot 7{,}9 \frac{N}{m} \cdot (0{,}05\text{ m})^2$

$= \underline{\underline{9{,}875 \cdot 10^{-3}\text{ J}}}$

f) Es gilt: $E_{kin} + E_{pot} \overset{(6.10)}{=} \frac{1}{2} D\, s_0^2$

mit (6.8) und (6.9): $\frac{1}{2} m\, v^2 + \frac{1}{2} D\, s^2 = \frac{1}{2} D\, s_0^2$

$\Rightarrow \quad \frac{1}{2} m\, v^2 = \frac{1}{2} D\, s_0^2 - \frac{1}{2} D\, s^2 \quad \Big| \cdot 2$

$m\, v^2 = D\, s_0^2 - D\, s^2$

$m\, v^2 = D(s_0^2 - s^2)$

$v^2 = \frac{D\,(s_0^2 - s^2)}{m}$

$$v^2 = \frac{7{,}9 \frac{N}{m} [(5\text{ cm})^2 - (2\text{ cm})^2]}{200\text{ g}} = \frac{7{,}9 \frac{N}{m} [(0{,}05\text{ m})^2 - (0{,}02\text{ m})^2]}{0{,}2\text{ kg}} =$$

$$= 0{,}08295 \frac{Nm}{kg} \overset{(2.3)}{=} 0{,}08295 \frac{\frac{kg\, m}{s^2} \cdot m}{kg} = 0{,}08295 \frac{m^2}{s^2}$$

$$\Rightarrow \quad v = \sqrt{0{,}08295 \frac{m^2}{s^2}} = \underline{\underline{0{,}288 \frac{m}{s}}}$$

40. a) $T \overset{(6.7)}{=} 2\pi \sqrt{\frac{m}{D}} = 2\pi \sqrt{\frac{0{,}04\text{ kg}}{1 \frac{kg}{s^2}}} = \underline{\underline{0{,}4\pi\text{ s}}} \approx \underline{\underline{1{,}26\text{ s}}}$

b) Der Geschwindigkeitsbetrag ist am größten, wenn der Pendelkörper durch die Gleichgewichtslage schwingt.

$\Rightarrow$ max. Geschwindigkeitsbetrag $v_0 = 0{,}5 \frac{m}{s}$

$\Rightarrow$ max. kinetische Energie $= \frac{1}{2} m\, v_0^2 = \frac{1}{2} \cdot 0{,}04\text{ kg} \cdot \left(0{,}5 \frac{m}{s}\right)^2 =$

$= 0{,}005\text{ kg} \frac{m^2}{s^2} = \underline{\underline{0{,}005\text{ J}}}$

Die maximale potentielle Energie ist gleich der maximalen kinetischen Energie.

$\Rightarrow$ max. potentielle Energie = $\underline{\underline{0{,}005\text{ J}}}$

c) Es gilt: max. potentielle Energie = $\frac{1}{2} D s_0^2$

$$\Rightarrow \quad \frac{1}{2} D s_0^2 = 0{,}005\,J$$

$$\Rightarrow \quad s_0^2 = \frac{2 \cdot 0{,}005\,J}{D} = \frac{0{,}01\,J}{1\frac{kg}{s^2}}$$

$$\Rightarrow \quad s_0^2 = \frac{0{,}01\frac{kg\,m^2}{s^2}}{1\frac{kg}{s^2}} = 0{,}01\,m^2$$

$$\Rightarrow \quad s_0 = \sqrt{0{,}01\,m^2} = \underline{\underline{0{,}1\,m}} = \underline{\underline{10\,cm}}$$

41. Nach (7.2) gilt: $\lambda \cdot f = c \Rightarrow \lambda = \frac{c}{f} = \frac{340\,ms^{-1}}{440\,s^{-1}} = 0{,}773\,m = \underline{\underline{77{,}3\,cm}}$

42. Nach (7.2) gilt: $c = \lambda \cdot f = 12\,m \cdot \frac{10}{min} = 12\,m \cdot \frac{10}{60\,s} = \underline{\underline{2\,\frac{m}{s}}}$

43. a) $\frac{1}{2}\lambda = 3\,m \Rightarrow \lambda = \underline{\underline{6\,m}}$

b) $2\,s_0 = 2\,m \Rightarrow s_0 = \underline{\underline{1\,m}}$

c) $c \overset{(7.2)}{=} \lambda \cdot f = 6\,m \cdot \frac{1}{3}\,s^{-1} = 2\,\frac{m}{s}$

d) **t = 0,5 s:**
Weg s der Wellenberge (und -täler) nach rechts:
$s = c \cdot t = 2\,\frac{m}{s} \cdot 0{,}5\,s = 1\,m$

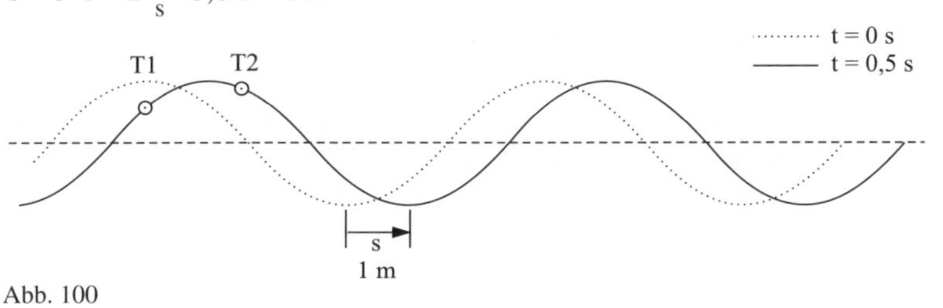

Abb. 100

t = 1,5 s:

Weg s der Wellenberge (und -täler) nach rechts:

$s = c \cdot t = 2\,\frac{m}{s} \cdot 1{,}5\,s = 3\,m$

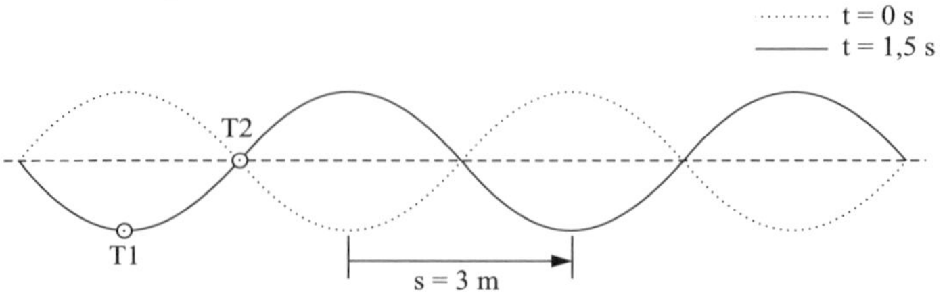

Abb. 101

e) Nach einer Schwingungsdauer $T = \frac{1}{f} = \underline{\underline{3\,s}}$.

f) T1 ist zum Zeitpunkt $t = 0\,s$ am oberen Umkehrpunkt seiner Schwingung

$\Rightarrow$ Geschwindigkeit $v = \underline{\underline{0\,\frac{m}{s}}}$

T2 durchschwingt zum Zeitpunkt $t = 0\,s$ gerade seine Gleichgewichtslage von unten nach oben (positive Richtung)

$\Rightarrow$ Geschwindigkeit v ist maximal (und positiv)

$$\Rightarrow \quad v = v_0 \overset{(6.3)}{=} \omega \cdot s_0 \overset{(6.2)}{=} 2\pi f \cdot s_0 = \\ = 2\pi \cdot \frac{1}{3} s^{-1} \cdot 1\,m = \underline{\underline{\frac{2}{3}\pi \frac{m}{s}}} \approx \underline{\underline{2{,}1\,\frac{m}{s}}}$$

g) Teilchen T1 ist am oberen Umkehrpunkt seiner Schwingung.

$\Rightarrow$ Der Betrag der Beschleunigung a ist maximal, und die Beschleunigung ist nach unten (negative Richtung) gerichtet.

$$\Rightarrow \quad a = -a_0 \overset{(6.4)}{=} -\omega^2 s_0 \overset{(6.2)}{=} -(2\pi f)^2 \cdot s_0 = \\ = -(2\pi \cdot \frac{1}{3} s^{-1})^2 \cdot 1\,m = -\frac{4}{9}\pi^2 \frac{m}{s^2} \approx \underline{\underline{-4{,}4\,\frac{m}{s^2}}}$$

Teilchen T2 befindet sich in der Gleichgewichtslage.

$\Rightarrow$ Die Beschleunigung ist momentan Null.

$\Rightarrow \quad a = \underline{\underline{0\,\frac{m}{s^2}}}$

h) Allgemein gilt: $s \overset{(6.1)}{=} s_0 \cdot \sin(\omega \cdot t + \varphi_0)$
für beide Teilchen gilt: $s_0 = 1\text{ m}$
$\omega = 2\pi \cdot f = 2\pi \cdot \frac{1}{3}\text{s}^{-1} = \frac{2}{3}\pi\,\text{s}^{-1}$

für T1 gilt (Anfangszustand: pos. Umkehrpunkt): $\varphi_0 = \frac{\pi}{2}$
für T2 gilt (Anfangszustand: Bewegung durch Schwingungsmittelpunkt in pos. Richtung): $\varphi_0 = 0$
(vgl. S. 61 und S. 63)

$\Rightarrow$ für T1: $s = 1\text{ m} \cdot \sin\left(\frac{2}{3}\pi\,\text{s}^{-1} \cdot t + \frac{\pi}{2}\right)$ (*)

$\Rightarrow$ für T2: $s = 1\text{ m} \cdot \sin\left(\frac{2}{3}\pi\,\text{s}^{-1} \cdot t\right)$ (**)

Auslenkung von T1 bei $t = 0{,}5\text{ s}$:
einsetzen in (*):
$$s = 1\text{ m} \cdot \sin\left(\frac{2}{3}\pi\,\text{s}^{-1} \cdot 0{,}5\text{ s} + \frac{\pi}{2}\right) = 1\text{ m} \cdot \sin\left(\frac{\pi}{3} + \frac{\pi}{2}\right) = 1\text{ m} \cdot \sin\left(\frac{5}{6}\pi\right) = 1\text{ m} \cdot 0{,}5 = \underline{\underline{0{,}5\text{ m}}}$$

Auslenkung von T2 bei $t = 0{,}5\text{ s}$:
einsetzen in (**):
$$s = 1\text{ m} \cdot \sin\left(\frac{2}{3}\pi\,\text{s}^{-1} \cdot 0{,}5\text{ s}\right) = 1\text{ m} \cdot \sin\left(\frac{\pi}{3}\right) \approx 1\text{ m} \cdot 0{,}866 = \underline{\underline{0{,}866\text{ m}}}$$

i) $s_0 = 1\text{ m}$; $T = \frac{1}{f} = 3\text{ s}$

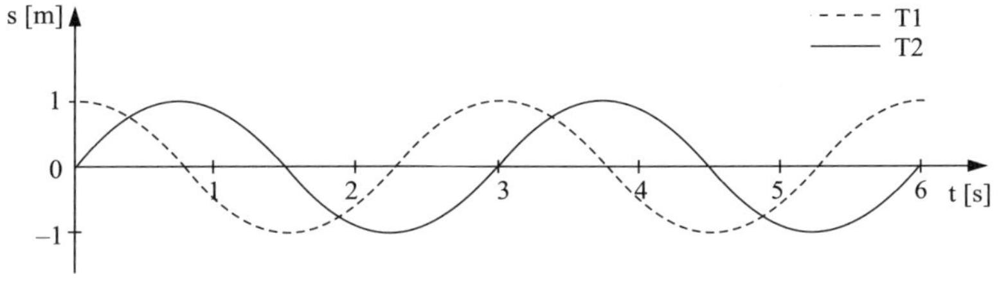

Abb. 102

44. a) $\lambda = 2\text{ m} + 1\text{ m} = \underline{\underline{3\text{ m}}}$

b) $s_0 = \underline{\underline{0{,}5\text{ m}}}$

c) Der Wellenberg, der nach Abb. 49 von T1 bis T2 wandert, bewegt sich in 0,5 s um 2 m nach rechts.

$$\Rightarrow \quad c = \frac{2\,\text{m}}{0{,}5\,\text{s}} = \underline{\underline{4\,\frac{\text{m}}{\text{s}}}}$$

d) $$c \overset{(7.2)}{=} \lambda \cdot f \quad \Rightarrow \quad f = \frac{c}{\lambda} = \frac{4\frac{\text{m}}{\text{s}}}{3\,\text{m}} = \underline{\underline{\frac{4}{3}\text{s}^{-1}}} = \underline{\underline{\frac{4}{3}\,\text{Hz}}}$$

$$T \overset{(5.11)}{=} \frac{1}{f} = \frac{1}{\frac{4}{3}\text{s}^{-1}} = \underline{\underline{\frac{3}{4}}}\,\text{s}$$

e) $t = 0{,}25$ s

Weg s der Wellenberge (und -täler) nach rechts (von t = 0 s bis t = 0,25 s):

$$s = c \cdot t = 4\,\frac{\text{m}}{\text{s}} \cdot 0{,}25\,\text{s} = 1\,\text{m}$$

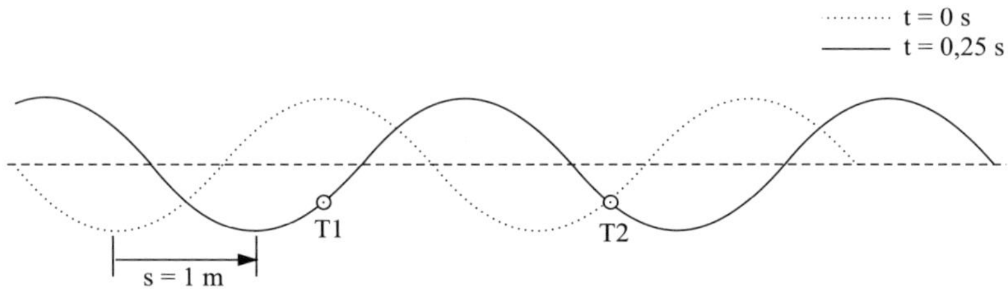

Abb. 103

$t = 1$ s

Weg s der Wellenberge (und -täler) nach rechts (von t = 0 s bis t = 1 s):

$$s = c \cdot t = 4\,\frac{\text{m}}{\text{s}} \cdot 1\,\text{s} = 4\,\text{m}$$

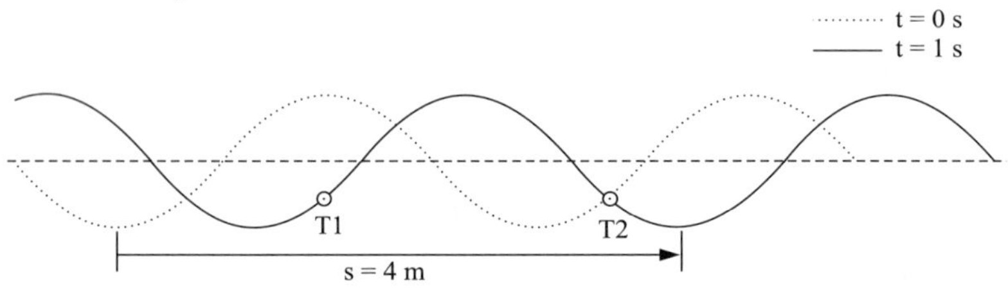

Abb. 104

Bemerkung: Die Momentbilder der Welle zu den Zeitpunkten t = 0,25 s und t = 1 s müssen gleich sein, da die Zeitdifferenz zwischen diesen Zeitpunkten genau einer Schwingungsdauer T = 0,75 s entspricht. Die Wellenberge (und -täler) bewegen sich in dieser Zeit genau um eine Wellenlänge λ = 3 m nach rechts.

f) T1 ist zum Zeitpunkt t = 0 s am oberen Umkehrpunkt seiner Schwingung.

$\Rightarrow$ Geschwindigkeit $v = \underline{\underline{0\,\frac{m}{s}}}$.

$\Rightarrow$ Der Betrag der Beschleunigung ist maximal und die Beschleunigung ist nach unten (negative Richtung) gerichtet.

$$\Rightarrow \quad a = -a_0 \overset{(6.4)}{=} -\omega^2 s_0 \overset{(6.2)}{=} -(2\pi\cdot f)^2\cdot s_0 =$$

$$= -\left(2\pi\cdot\tfrac{4}{3}s^{-1}\right)^2\cdot 0{,}5\text{ m} = -\tfrac{32}{9}\pi^2\,\tfrac{m}{s^2} \approx \underline{\underline{-35{,}1\tfrac{m}{s^2}}}$$

45. a) Nach (7.2) gilt: $\lambda\cdot f = c \Rightarrow \lambda = \frac{c}{f} = \frac{0{,}36\text{ ms}^{-1}}{18\text{ s}^{-1}} = 0{,}02\text{ m} = \underline{\underline{2\text{ cm}}}$

b) Wir bestimmen die Entfernungen s_1 und s_2 von P zu den Erregerzentren A und B.
Es gilt: $s_1 = \overline{PA} = \overline{AP} = 1{,}5$ cm
und $s_2 = \overline{PB} = \overline{AB} - \overline{AP} = 5\text{ cm} - 1{,}5\text{ cm} = 3{,}5$ cm
$\Rightarrow |s_1 - s_2| = |1{,}5\text{ cm} - 3{,}5\text{ cm}| = |-2\text{ cm}| = 2\text{ cm} = \lambda = 1\cdot\lambda$
$\Rightarrow$ nach (7.3): Im Punkt P ergibt sich ein Maximum 1. Ordnung.

c) Für Punkte Q, die auf der Geraden AB, aber außerhalb der Strecke [AB] liegen, gilt:
$|s_1 - s_2| = \overline{AB} = 5\text{ cm} = 2{,}5\cdot\lambda = \left(3-\frac{1}{2}\right)\cdot\lambda$

$\Rightarrow$ nach (7.4): In den Punkten Q ergibt sich ein Minimum 3. Ordnung.

d) Wir drücken die Entfernungen s_1 und s_2 von R zu den Erregerzentren A und B jeweils durch x aus: Zunächst gilt:
$s_2 = \overline{BR} = x$ (*)
die Streckenlänge $s_1 = \overline{AR}$ lässt sich mit dem Satz des Pythagoras im rechtwinkligen Dreieck ABR bestimmen:

$$s_1{}^2 = \overline{AR}^2 = \overline{AB}^2 + x^2$$

$$\Rightarrow \quad s_1 = \sqrt{\overline{AB}^2 + x^2} \qquad (**)$$

die Bedingung für ein Minimum 2. Ordnung lautet nach (7.4):

$$|s_1 - s_2| = \left(2-\tfrac{1}{2}\right)\cdot\lambda$$

$$|s_1 - s_2| = 1{,}5\cdot\lambda$$

wir setzen (*) und (**) sowie λ ein:

$$\left|\sqrt{\overline{AB}^2 + x^2} - x\right| = 3\text{ cm}$$

wegen $\sqrt{\overline{AB}^2 + x^2} > x$ können die Betragsstriche entfallen:

$$\sqrt{\overline{AB}^2 + x^2} - x = 3\text{ cm}$$

$$\sqrt{\overline{AB}^2 + x^2} = 3\text{ cm} + x$$

$$\overline{AB}^2 + x^2 = (3\text{ cm} + x)^2$$

$$\overline{AB}^2 + x^2 = 9\text{ cm}^2 + 2 \cdot 3\text{ cm} \cdot x + x^2$$

$$2 \cdot 3\text{ cm} \cdot x = \overline{AB}^2 - 9\text{ cm}^2$$

$$6\text{ cm} \cdot x = (5\text{ cm})^2 - 9\text{ cm}^2$$

$$6\text{ cm} \cdot x = 25\text{ cm}^2 - 9\text{ cm}^2$$

$$6\text{ cm} \cdot x = 16\text{ cm}^2$$

$$x = \frac{16\text{ cm}^2}{6\text{ cm}} = \underline{\underline{2\tfrac{2}{3}\text{ cm}}}$$

46. a) Nach (7.2) gilt: $\lambda \cdot f = c \Rightarrow \lambda = \frac{c}{f} = \frac{340\text{ ms}^{-1}}{600\text{ s}^{-1}} = 0{,}567\text{ m} = \underline{\underline{56{,}7\text{ cm}}}$

b) Fall 1: gleichphasig
wegen $s_1 = s_2$ sind die Wellen von L_1 nach P und von L_2 nach P gleich lang unterwegs, d. h. der Phasenunterschied verändert sich nicht $\Rightarrow$ die Wellen kommen in P gleichphasig an $\Rightarrow$ in P ergibt sich ein Maximum 0. Ordnung $(|s_1 - s_2| = 0)$

Fall 2: gegenphasig
wegen $s_1 = s_2$ sind die Wellen von L_1 nach P und von L_2 nach P gleich lang unterwegs, d. h. der Phasenunterschied verändert sich nicht $\Rightarrow$ die Wellen kommen in P gegenphasig an $\Rightarrow$ in P ergibt sich ein Minimum

c) Mit dem Satz des Pythagoras im rechtwinkligen Dreieck QL_1L_2 errechnet sich:

$s_2 = \overline{QL_2} = 5\text{ m}$

damit gilt: $|s_1 - s_2| = |\overline{QL_1} - \overline{QL_2}| = |3\text{ m} - 5\text{ m}| = |-2\text{m}| = 2\text{ m}$ (*)

es gilt die Maximumbedingung (7.3): $|s_1 - s_2| = k \cdot \lambda$ mit $k \in \mathbb{N}_0$

(*) eingesetzt: $2\text{ m} = k \cdot \lambda$ mit $k \in \mathbb{N}$

$\lambda = \frac{2\text{m}}{k}$ mit $k \in \mathbb{N}$

Nach (7.2) gilt: $\lambda \cdot f = c$

$$\Rightarrow\ f = \frac{c}{\lambda} = \frac{340\ \text{ms}^{-1}}{\frac{2\ \text{m}}{k}} = k \cdot 170\ \text{s}^{-1} = \underline{\underline{k \cdot 170\ \text{Hz}}}\ \text{ mit } k \in \mathbb{N}$$

Das Mikrofon registriert ein Intensitätsmaximum bei allen Frequenzen f, die ein ganzzahliges Vielfaches von 170 Hz sind, also bei 170 Hz, 340 Hz, 510 Hz usw.

47. a) Der Abstand zwischen den beiden inneren Knoten beträgt $\frac{\lambda}{2}$ (vgl. Abb.).

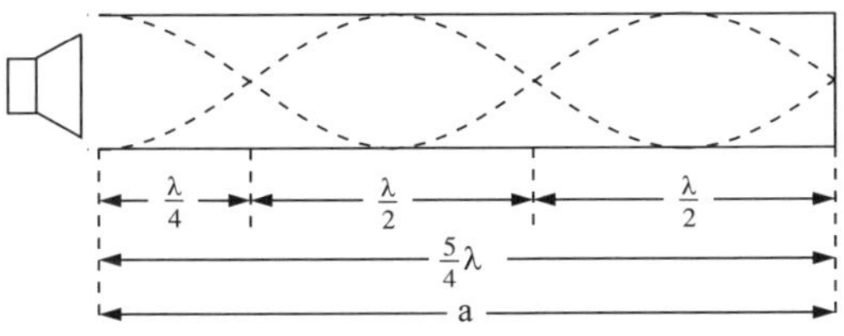

Abb. 105

Für die Rohrlänge a gilt: $a = \frac{5}{4}\lambda$ (vgl. Abb.)

$$\Rightarrow\ \lambda = \frac{4}{5}a = \frac{4}{5} \cdot 60\ \text{cm} = \underline{\underline{48\ \text{cm}}}$$

Die Wellenlänge beträgt 48 cm.

b) Nach (7.2) gilt: $c = \lambda \cdot f = 0{,}48\ \text{m} \cdot 710\ \text{s}^{-1} = \underline{\underline{340{,}8\ \frac{\text{m}}{\text{s}}}}$

Die Schallgeschwindigkeit beträgt etwa $341\ \frac{\text{m}}{\text{s}}$.

c) Fall 1: kein innerer Knoten

in diesem Fall gilt: $a = \frac{1}{4}\lambda$ (vgl. Abb.)

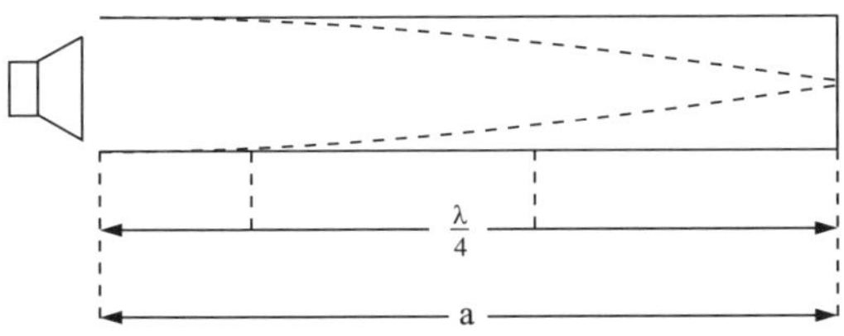

Abb. 106

$$\Rightarrow\ \lambda = 4\ a = 4 \cdot 60\ \text{cm} = 2{,}4\ \text{m}$$

Nach (7.2) gilt:

$\lambda \cdot f = c \Rightarrow f = \frac{c}{\lambda} = \frac{340{,}8\ ms^{-1}}{2{,}4\ m} = 142\ s^{-1} = \underline{\underline{142\ Hz}}$

Fall 2: genau ein innerer Knoten

in diesem Fall gilt: $a = \frac{3}{4}\lambda$ (vgl. Abb.)

$\Rightarrow \lambda = \frac{4}{3}a = \frac{4}{3} \cdot 60\ cm = 0{,}8\ m$

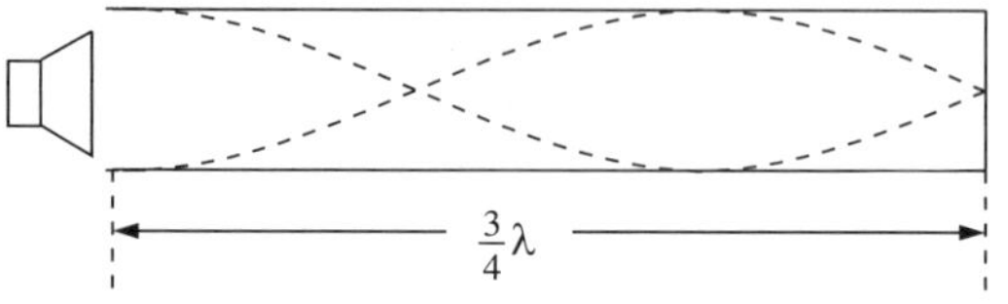

Abb. 107

Nach (7.2) gilt $\lambda \cdot f = c \Rightarrow f = \frac{c}{\lambda} = \frac{340{,}8\ ms^{-1}}{0{,}8\ m} = 426\ s^{-1} = \underline{\underline{426\ Hz}}$

48. Das Gewicht 9,8 N ist die Gravitationskraft F_G, mit der sich der Körper und die Erde anziehen. Der Abstand r der Schwerpunkte des Körpers und der Erde ist gleich dem Erdradius.

Bezeichnungen: Masse des Körpers: $m_K = 1$ kg
Masse der Erde: m_E

Es gilt: $F_G \overset{(8.1)}{=} \gamma \cdot \frac{m_E \cdot m_K}{r^2}$

aufgelöst nach m_E: $m_E = \frac{F_G \cdot r^2}{\gamma \cdot m_K}$

$$m_E = \frac{9{,}8\ N \cdot [6{,}37 \cdot 10^6\ m]^2}{6{,}67 \cdot 10^{-11}\ \frac{m^3}{kg \cdot s^2} \cdot 1\ kg} \approx \underline{\underline{6{,}0 \cdot 10^{24}\ kg}}$$

49. Bei einer kreisförmigen Satellitenbahn ist die Zentralkraft $\vec{F}_Z$ (vgl. S. 54 f.), die den Satelliten auf die Kreisbahn zwingt, identisch mit der Gewichtskraft $\vec{G}$.

$\Rightarrow \vec{F}_Z = \vec{G}$

$\vec{F}_Z$ zeigt immer zum Mittelpunkt der Kreisbahn.

$\vec{G}$ zeigt immer zum Mittelpunkt der Erde.

$\Rightarrow$ Der Mittelpunkt der Kreisbahn muss mit dem Mittelpunkt der Erde übereinstimmen.

Diese Bedingung wird nur von den Bahnen 1, 3 und 4 erfüllt.

$\Rightarrow$ Bahn 2 ist unmöglich!

Hinweis: Satellitenbahnen müssen natürlich nicht unbedingt Kreisbahnen sein. Auch Ellipsen, Parabeln und Hyperbeln sind möglich!

50. Die Zentralkraft $\vec{F}_Z$ (vgl. S. 54f.), die die Erde auf die nahezu kreisförmige Bahn um die Sonne zwingt, ist identisch mit der Anziehungskraft $\vec{F}_G$ von Sonne und Erde.

$\Rightarrow$ $F_G = F_Z$ (*)

Bezeichnungen: m_E: Erdmasse, m_S: Sonnenmasse
r: Abstand Sonne–Erde $\Rightarrow$ $r = 1{,}496 \cdot 10^{11}$ m
T: Umlaufzeit der Erde um die Sonne

$\Rightarrow$ $T = 1$ Jahr $= 365{,}256$ Tage $= 3{,}1558 \cdot 10^7$ s

mit $F_G \overset{(8.1)}{=} \gamma \cdot \frac{m_S \cdot m_E}{r^2}$ und $F_Z \overset{(5.16)}{=} m_E \cdot \omega^2 \cdot r$

folgt aus (*): $\gamma \cdot \frac{m_S \cdot m_E}{r^2} = m_E \cdot \omega^2 \cdot r$

aufgelöst nach m_S folgt $m_S = \frac{m_E\, \omega^2\, r \cdot r^2}{m_E \cdot \gamma} = \frac{\omega^2 \cdot r^3}{\gamma} =$

$$\overset{(5.13)}{=} \frac{\left(\frac{2\pi}{T}\right)^2 \cdot r^3}{\gamma} = \frac{4\pi^2 \cdot r^3}{T^2 \cdot \gamma} =$$

$$= \frac{4\pi^2 \cdot (1{,}496 \cdot 10^{11}\ \text{m})^3}{(3{,}1558 \cdot 10^7\ \text{s})^2 \cdot 6{,}67 \cdot 10^{-11} \frac{\text{m}^3}{\text{kg s}^2}} \approx \underline{\underline{1{,}99 \cdot 10^{30}\ \text{kg}}}$$

$$\frac{m_S}{m_E} = \frac{1{,}99 \cdot 10^{30}\ \text{kg}}{5{,}97 \cdot 10^{24}\ \text{kg}} \approx \underline{\underline{3{,}33 \cdot 10^5}}$$

Etwa 333 000 Erdmassen ergeben die Masse der Sonne.

51.

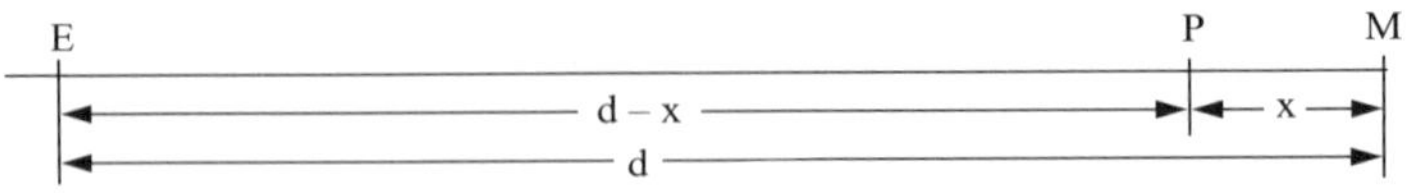

Abb. 108

Für einen Körper mit der Masse m, der sich im Punkt P befindet gilt:

Erdanziehungskraft = Mondanziehungskraft

$$\overset{(8.1)}{\Rightarrow} \qquad \gamma \cdot \frac{m_E \cdot m}{(d-x)^2} = \gamma \cdot \frac{m_M \cdot m}{x^2} \qquad \Big| \cdot \frac{x^2 (d-x)^2}{\gamma \cdot m}$$

$$m_E\, x^2 = m_M\, (d-x)^2$$

$$m_E\, x^2 = m_M\, d^2 - 2\, m_M\, d\, x + m_M\, x^2$$

$$\underbrace{(m_E - m_M)}_{a} \cdot x^2 + \underbrace{2\, m_M\, d}_{b} \cdot x + \underbrace{(-m_M\, d^2)}_{c} = 0$$

Mit der Lösungsformel für die quadratische Gleichung: $ax^2 + bx + c = 0$ folgt:

$$x_{1/2} = \frac{-b \pm \sqrt{b^2 - 4 \cdot a \cdot c}}{2 \cdot b}$$

$$= \frac{-2\, m_M d \pm \sqrt{4\, m_M{}^2 d^2 + 4(m_E - m_M) m_M\, d^2}}{2(m_E - m_M)}$$

$$= \frac{-2\, m_M d \pm \sqrt{4\, m_M{}^2 d^2 + 4\, m_E\, m_M\, d^2 - 4\, m_M{}^2\, d^2}}{2(m_E - m_M)}$$

$$= \frac{-2\, m_M\, d \pm \sqrt{4\, m_E\, m_M\, d^2}}{2(m_E - m_M)} = \frac{-2\, m_M\, d \pm 2d\sqrt{m_E \cdot m_M}}{2(m_E - m_M)}$$

$$= \frac{-2\, d(-m_M \pm \sqrt{m_E \cdot m_M})}{2(m_E - m_M)} = d \cdot \frac{-m_M \pm \sqrt{m_E \cdot m_M}}{m_E - m_M} =$$

mit $m_E = 81{,}53\, m_M$:

$$= d \cdot \frac{-m_M \pm \sqrt{81{,}53\, m_M \cdot m_M}}{81{,}53\, m_M - m_M} = d \cdot \frac{-m_M \pm m_M \sqrt{81{,}53}}{80{,}53\, m_M} =$$

$$= d \cdot \frac{m_M \left[-1 \pm \sqrt{81{,}53}\right]}{m_M \cdot 80{,}53} = d \cdot \frac{-1 \pm \sqrt{81{,}53}}{80{,}53}$$

Wegen $x > 0$ muss vor der Wurzel ein Pluszeichen stehen.

$$\Rightarrow \quad x = d \cdot \frac{-1 + \sqrt{81{,}53}}{80{,}53} \approx d \cdot 0{,}0997 =$$

$$= 384\,405\ \text{km} \cdot 0{,}0997 \approx \underline{\underline{38\,328\ \text{km}}}$$

Der Punkt P hat vom Mondmittelpunkt etwa die Entfernung 38 328 km.

52. a) Steht der Satellit immer über demselben geografischen Ort, dann muss er sich mit dem Ort auf einer Kreisbahn um die Erdachse drehen. Da als Kreisbahnen eines Satelliten nur Kreisbahnen in Frage kommen, deren Mittelpunkt der Erdmittelpunkt ist (vgl. Aufgabe 49), muss sich auch der geografische Ort bei der Erddrehung um den Erdmittelpunkt drehen. Das ist nur für Orte auf dem Äquator der Fall.

b) Bei einer kreisförmigen Satellitenbahn ist die Zentralkraft $\vec{F}_Z$, die den Satelliten auf die Kreisbahn zwingt, identisch mit der Erdanziehungskraft $\vec{F}_G$.

$\Rightarrow \quad F_Z = F_G \qquad (*)$

Bezeichnungen:
- m_S: Masse der Satelliten
- m_E: Masse der Erde
- r: Entfernung Satellit–Erdmittelpunkt
- ω_S: Winkelgeschwindigkeit des Satelliten
- ω_E: Winkelgeschwindigkeit der Erde

Damit sich der Satellit immer über demselben Ort auf der Erdoberfläche befindet, muss er sich mit der gleichen Winkelgeschwindigkeit von West nach Ost drehen wie die Erde selbst.

$$\Rightarrow \quad \omega_S = \omega_E \overset{(5.13)}{=} \frac{2\pi}{T} \text{ mit } T = 86\,164 \text{ s} \qquad (**)$$

mit $F_Z \overset{(5.16)}{=} m_S \cdot \omega_S^2 \cdot r$ und $F_G \overset{(8.1)}{=} \gamma \frac{m_S \cdot m_E}{r^2}$

folgt aus (*): $\quad m_S \cdot \omega_S^2 \cdot r = \gamma \cdot \frac{m_S \cdot m_E}{r^2} \quad |: m_S$

$$\omega_S^2 \cdot r = \gamma \cdot \frac{m_E}{r^2}$$

nach r auflösen: $\quad r^3 = \gamma \cdot \frac{m_E}{\omega_S^2}$

mit (**): $\quad r^3 = \gamma \cdot \frac{m_E}{\left(\frac{2\pi}{T}\right)^2} = \gamma \cdot \frac{m_E \cdot T^2}{4\pi^2}$

$$r^3 = 6{,}67 \cdot 10^{-11} \frac{m^3}{kg\, s^2} \cdot \frac{5{,}97 \cdot 10^{24} \text{ kg} \cdot (86\,164 \text{ s})^2}{4\pi^2} =$$

$$= 7{,}488 \cdot 10^{22} \text{ m}^3$$

$$\Rightarrow \quad r = \sqrt[3]{7{,}488 \cdot 10^{22}} \text{ m} = (7{,}488 \cdot 10^{22})^{\frac{1}{3}} \text{ m} = 4{,}2150 \cdot 10^7 \text{ m} =$$

$$= 4{,}2150 \cdot 10^4 \text{ km} = \underline{\underline{42\,150 \text{ km}}}$$

Höhe h über der Erdoberfläche:

$h = r - R_E =$

$= 42\,150\text{ km} - 6\,378\text{ km} =$

$= \underline{\underline{35\,772\text{ km}}}$

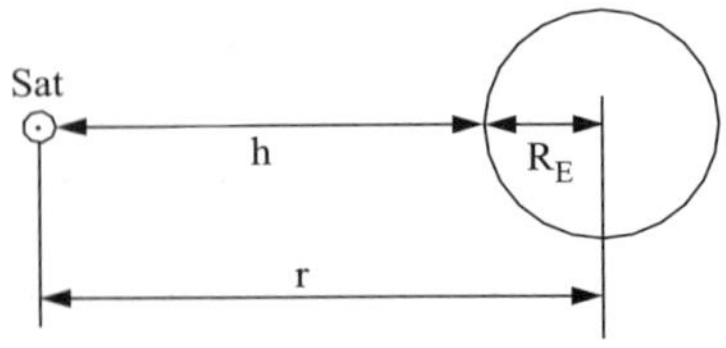

Abb. 109

Der Nachrichtensatellit befindet sich in 35 772 km Höhe über der Erdoberfläche.

c) Auf einen Körper mit der Masse m wirke in Höhe des Nachrichtensatelliten die Schwerkraft $G = F_G$ (Anziehungskraft von Körper und Erde).
Für die Fallbeschleunigung g gilt:

$$G \overset{(2.4)}{=} m \cdot g \quad \Rightarrow \quad g = \frac{G}{m} = \frac{F_G}{m} \overset{(8.1)}{=} \frac{\gamma \frac{m \cdot m_E}{r^2}}{m} =$$

$$= \gamma \cdot \frac{m_E}{r^2} = 6{,}67 \cdot 10^{-11} \frac{m^3}{kg\, s^2} \cdot \frac{5{,}97 \cdot 10^{24}\text{ kg}}{(4{,}2150 \cdot 10^7\text{ m})^2} =$$

$$\approx \underline{\underline{0{,}224 \frac{m}{s^2}}}$$

In Höhe des Satelliten hat die Fallbeschleunigung den Wert $0{,}224 \frac{m}{s^2}$.

53. a) Es gilt: (1) $a + e = 7 \cdot 10^7$ km
(2) $a - e = 4{,}6 \cdot 10^7$ km

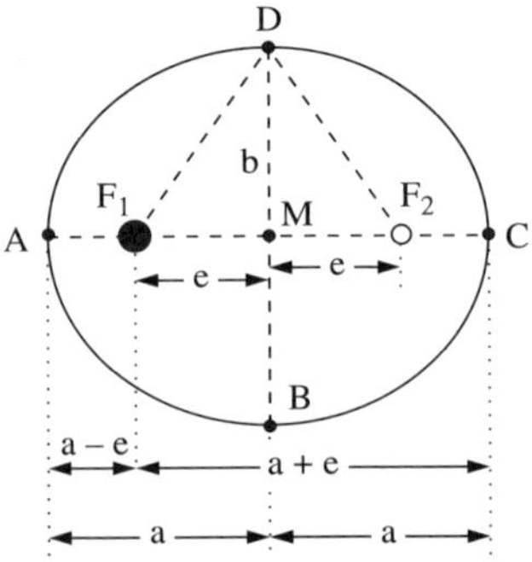

Abb. 110

$(1)+(2)$: $2a = 11{,}6 \cdot 10^7\text{ km} \Rightarrow a = \underline{\underline{5{,}8 \cdot 10^7\text{ km}}}$ (große Halbachse)

$(1)-(2)$: $2e = 2{,}4 \cdot 10^7\text{ km} \Rightarrow e = \underline{\underline{1{,}2 \cdot 10^7\text{ km}}}$ (lineare Exzentrizität)

weiter gilt: $\varepsilon = \frac{e}{a} = \frac{1{,}2 \cdot 10^7\text{ km}}{5{,}8 \cdot 10^7\text{ km}} = \underline{\underline{0{,}207}}$ (numerische Exzentrizität)

b) Nach dem 1. Keplergesetz ist die Merkurbahn eine Ellipse.

$\Rightarrow$ für alle Punkte P auf der Merkurbahn gilt: $\overline{PF_1} + \overline{PF_2} = \text{konstant}$

da D und A auf der Merkurbahn liegen, folgt: $\overline{DF_1} + \overline{DF_2} = \overline{AF_1} + \overline{AF_2}$

wegen $\overline{DF_1} = \overline{DF_2}$ und $\overline{AF_1} = a - e$ und $\overline{AF_2} = a + e$

$\Rightarrow 2 \cdot \overline{DF_1} = (a - e) + (a + e)$

$\Rightarrow 2 \cdot \overline{DF_1} = 2a$

somit gilt für die Entfernung von D zur Sonne (in F_1):

$\overline{DF_1} = a$

c) Die kleine Halbachse b lässt sich mithilfe des Satzes von Pythagoras im Dreieck F_1MD bestimmen.

Dabei gilt (vgl. Abb.):

$$b^2 = a^2 - e^2$$

$$\Rightarrow \quad b = \sqrt{a^2 - e^2} = \sqrt{(5{,}8 \cdot 10^7\,\text{km})^2 - (1{,}2 \cdot 10^7\,\text{km})^2} =$$
$$= 5{,}675 \cdot 10^7\,\text{km}$$

$$\Rightarrow \quad \frac{b}{a} = \frac{5{,}675 \cdot 10^7\,\text{km}}{5{,}8 \cdot 10^7\,\text{km}} \approx 0{,}978 = 97{,}8\,\% = 100\,\% - 2{,}2\,\%$$

$\Rightarrow$ die kleine Halbachse b ist etwa 2,2 % kleiner als die große Halbachse a

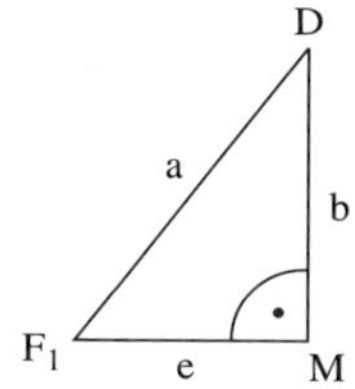

Abb. 111

d) Fall 1: Bahnpunkt D

Der Geschwindigkeitsvektor $\vec{v}$ ist (vgl. Abb.) tangential zur Merkurbahn bzw. parallel zur Strecke [AC] nach links gerichtet.

Der Beschleunigungsvektor $\vec{a}$ zeigt wegen des Grundgesetzes der Mechanik (2.1) in die gleiche Richtung wie die beschleunigende Kraft $\vec{F}$ (Anziehungskraft der Sonne!), d. h. in Richtung Brennpunkt F_1 bzw. in Richtung Sonne (vgl. Abb.).

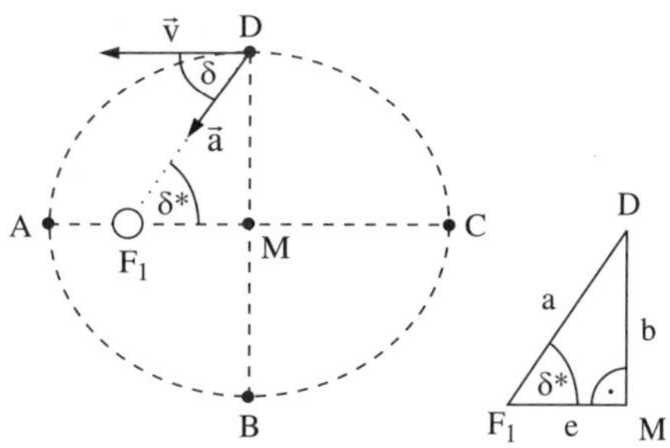

Abb. 112

Der Winkel zwischen $\vec{v}$ und $\vec{a}$ ist in der Abbildung mit δ bezeichnet.

δ und δ^* sind gleich groß (Wechselwinkel an Parallelen),

im Dreieck F_1MD (vgl. Abb.) gilt z. B.:

$\cos\delta^* = \frac{e}{a} = \varepsilon = 0{,}207 \Rightarrow \delta = \delta^* \approx \underline{\underline{78°}}$

Fall 2: Bahnpunkt B
Der Winkel zwischen $\vec{v}$ und $\vec{a}$ ist in der Abbildung mit β bezeichnet.
Aus Symmetriegründen (Symmetrieachse AC) folgt:
$\delta^{**} = \delta = 78°$
außerdem gilt:
$\beta = 180° - \delta^{**} = 180° - 78° = \underline{\underline{102°}}$

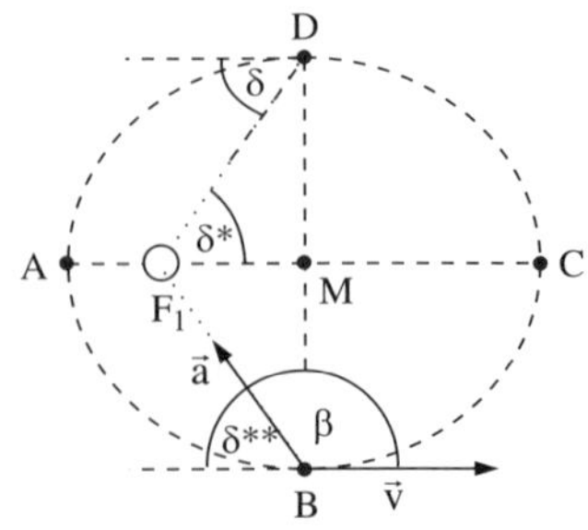

Abb. 113

e) Es lassen sich folgende Fälle unterscheiden:

Fall 1: Die beschleunigende Kraft $\vec{F}$ bzw. $\vec{a}$ und die Geschwindigkeit $\vec{v}$ sind gleichgerichtet ($\alpha = 0°$).
In diesem Fall wird der Körper schneller bei gleichbleibender Geschwindigkeitsrichtung.

Fall 2: Die beschleunigende Kraft $\vec{F}$ bzw. $\vec{a}$ und die Geschwindigkeit $\vec{v}$ sind entgegengesetzt gerichtet ($\alpha = 180°$).
In diesem Fall wird der Körper langsamer bei gleichbleibender Geschwindigkeitsrichtung.

Fall 3: Die beschleunigende Kraft $\vec{F}$ bzw. $\vec{a}$ und die Geschwindigkeit $\vec{v}$ stehen senkrecht zueinander ($\alpha = 90°$).
In diesem Fall ändert sich die Geschwindigkeitsrichtung. Der Geschwindigkeitsbetrag bleibt dagegen gleich (wird weder schneller noch langsamer).

Fall 4: Die beschleunigende Kraft $\vec{F}$ bzw. $\vec{a}$ und die Geschwindigkeit $\vec{v}$ schließen einen Winkel α zwischen 0° und 90° ein.
In diesem Fall lässt sich $\vec{F}$ in eine Komponente $\vec{F}_P$ parallel zu

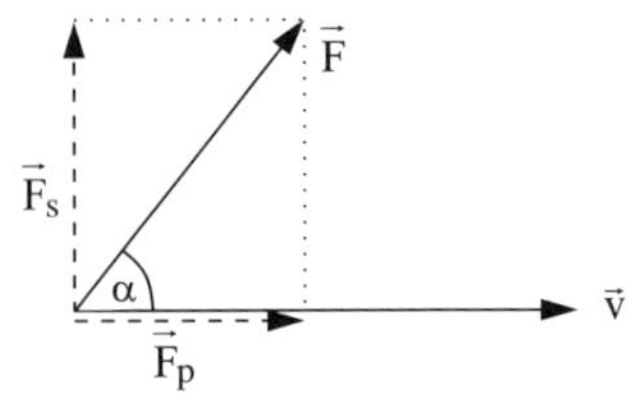

Abb. 114

$\vec{v}$ und eine Komponente $\vec{F}_S$ senkrecht zu $\vec{v}$ zerlegen (vgl. Abb.). Da die parallele Komponente $\vec{F}_P$ mit $\vec{v}$ gleichgerichtet ist, wird der Körper schneller. Die senkrechte Komponente $\vec{F}_S$ führt zu einer Richtungsänderung.

Fall 5: Die beschleunigende Kraft $\vec{F}$ bzw. $\vec{a}$ und die Geschwindigkeit $\vec{v}$ schließen einen Winkel α zwischen 90° und 180° ein. Auch in diesem Fall lässt sich $\vec{F}$ in eine Komponente $\vec{F}_P$ parallel zu $\vec{v}$ und eine Komponente $\vec{F}_s$ senkrecht zu $\vec{v}$ zerlegen (vgl. Abb.). Da die parallele Komponente $\vec{F}_P$ und $\vec{v}$ entgegengesetzt gerichtet sind, wird der Körper langsamer. Die senkrechte Komponente $\vec{F}_s$ führt wieder zu einer Richtungsänderung.

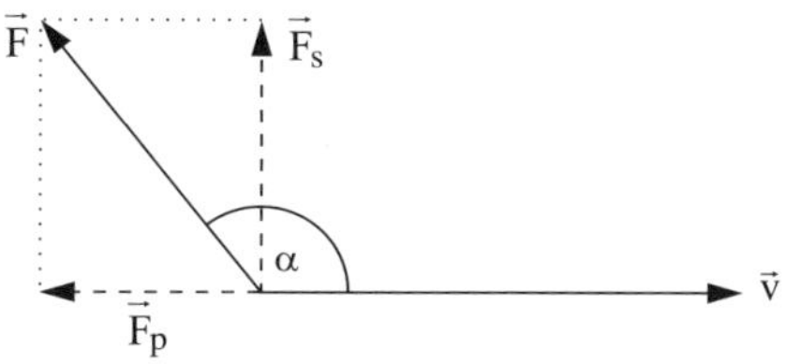

Abb. 115

Zusammenfassung: der Körper wird schneller $\Rightarrow$ $0° \leq \alpha < 90°$
der Körper wird langsamer $\Rightarrow$ $90° < \alpha \leq 180°$

Aus Teilaufgabe d folgt wegen $\beta > 90°$ ($\hat{=}$ Fall 5): Merkur wird in B langsamer
und wegen $\delta < 90°$ ($\hat{=}$ Fall 4): Merkur wird in D schneller

54. a) In den Punkten A und C ist die Bewegungsrichtung von Merkur (Bahntangente) senkrecht zum Bahnradius (Strecke vom Merkur zum Bahnzentrum Sonne S).
In einem nicht zu großen Zeitintervall Δt bewege sich Merkur auf der (näherungsweise geradlinigen) Strecke s_1 in deren Mitte A liegt (vgl. Abb.). Der Bahnradius überstreicht dabei das Dreieck PQS.
In einem gleich großen Zeitintervall Δt bewege sich Merkur auf der (näherungsweise geradlinigen) Strecke s_2 in deren Mitte C liegt. Der Bahnradius überstreicht dabei das Dreieck TRS.

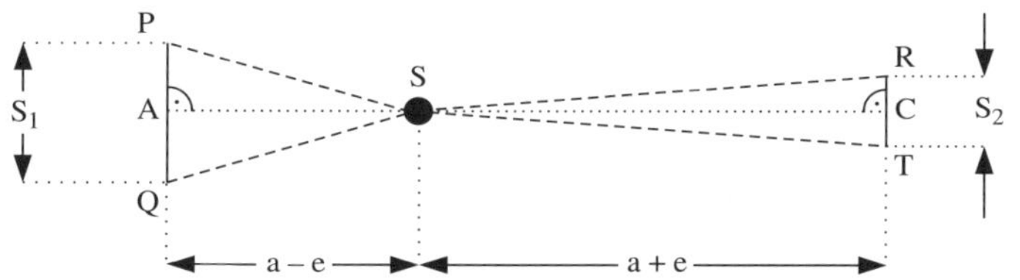

Abb. 116

Für den Flächeninhalt A_1 von Dreieck PQS gilt: $A_1 = \frac{1}{2} s_1 (a - e)$

Für den Flächeninhalt A_2 von Dreieck TRS gilt: $A_2 = \frac{1}{2} s_2 (a + e)$

Nach dem 2. Keplergesetz müssen die beiden Dreiecke flächengleich sein.

$$\Rightarrow \quad A_1 = A_2$$

$$\frac{1}{2} s_1 (a - e) = \frac{1}{2} s_2 (a + e) \quad \Big| \cdot \frac{2}{\Delta t}$$

$$\frac{s_1}{\Delta t}(a - e) = \frac{s_2}{\Delta t}(a + e)$$

mit $\frac{s_1}{\Delta t} = v_{MA}$ und $\frac{s_2}{\Delta t} = v_{MC} \Rightarrow v_{MA}(a - e) = v_{MC}(a + e)$

$$\Rightarrow \quad \frac{v_{MA}}{v_{MC}} = \frac{a + e}{a - e} = \frac{7 \cdot 10^7 \text{ km}}{4{,}6 \cdot 10^7 \text{ km}} = \underline{\underline{1{,}52}}$$

b) Mit der angegebenen Beziehung gilt: $v_{PA} = \frac{k}{\sqrt{a - e}}$ und $v_{PC} = \frac{k}{\sqrt{a + e}}$

$$\Rightarrow \frac{v_{PA}}{v_{PC}} = \frac{\frac{k}{\sqrt{a-e}}}{\frac{k}{\sqrt{a+e}}} = \frac{\sqrt{a + e}}{\sqrt{a - e}} = \sqrt{\frac{a + e}{a - e}} = \sqrt{\frac{7 \cdot 10^7 \text{ km}}{4{,}6 \cdot 10^7 \text{ km}}} = \sqrt{1{,}52} = \underline{\underline{1{,}23}}$$

c) Aus den Teilaufgaben a und b folgt: $v_{MC} < v_{MA}$ und $v_{PC} < v_{PA}$
außerdem gilt: da in A die Bahn des Satelliten P_A stärker gekrümmt ist, als die Merkurbahn, muss dort Merkur schneller sein $\Rightarrow v_{PA} < v_{MA}$
entsprechend gilt: da in C die Merkurbahn stärker gekrümmt ist, als die Bahn des Satelliten P_C, muss dort Merkur langsamer sein $\Rightarrow v_{MC} < v_{PC}$

Zusammenfassend gilt somit: $v_{MC} < v_{PC} < v_{PA} < v_{MA}$

55. Pallas: $T_1 = 4{,}62$ Erdjahre $= 4{,}62 \cdot 365{,}25$ d $= 1\,687{,}455$ d
a_1: gesucht
Erde: $T_2 = 1$ Erdjahr $= 365{,}25$ d
$a_2 = 149{,}6 \cdot 10^6$ km

Nach dem 3. Kepler'schen Gesetz (8.2) gilt:

$$\frac{a_1^3}{a_2^3} = \frac{T_1^2}{T_2^2} \Rightarrow a_1^3 = \frac{T_1^2}{T_2^2} \cdot a_2^3$$

$$\Rightarrow a_1 = \sqrt[3]{\frac{T_1^2}{T_2^2}} \cdot a_2 = \sqrt[3]{\frac{(1\,687{,}455 \text{ d})^2}{(365{,}25 \text{ d})^2}} \cdot 149{,}6 \cdot 10^6 \text{ km}$$

$$\Rightarrow a_1 = \underline{\underline{415 \cdot 10^6 \text{ km}}}$$

Pallas hat eine mittlere Entfernung von 415 Millionen km zur Sonne.

56. a) Nach (5.9) gilt: $f = \frac{k}{t} = \frac{12}{1800\,s} = \frac{1}{150}\,s^{-1} = \underline{\underline{\frac{1}{150}\,Hz}}$

nach (5.13) gilt: $\omega = 2\,\pi\,f = 2\,\pi\,\frac{1}{150}\,s^{-1} = \frac{\pi}{75}\,s^{-1} = \underline{\underline{0{,}042\,s^{-1}}}$

(= 2,4° pro Sekunde)

b) Nach (5.11) gilt: $T = \frac{1}{f} = \underline{\underline{150\,s}} = \underline{\underline{2{,}5\,min}}$

c) Nach (9.1) gilt: $\varphi = \omega\,t = \frac{\pi}{75}\,s^{-1} \cdot 60s = \underline{\underline{0{,}8\pi}} = \underline{\underline{144°}}$

57. a) Nach (1.3) gilt: $v = a\,t = 2\,\frac{m}{s^2} \cdot 5\,s = 10\,\frac{m}{s}$

b) Nach (9.13) gilt: $v = \omega\,r$

$\Rightarrow\ \omega = \frac{v}{r} = \frac{10\,ms^{-1}}{0{,}3\,m} = \underline{\underline{33{,}3\,s^{-1}}} = \underline{\underline{10{,}6\pi\,s^{-1}}}$

($\triangleq$ 5,3 Umdrehungen pro Sekunde)

c) Nach (9.2) gilt: $\alpha = \frac{\omega - \omega_0}{t} = \frac{33{,}3\,s^{-1} - 0\,s^{-1}}{5\,s} = \underline{\underline{6{,}66\,s^{-2}}}$

d) 1. Möglichkeit:

nach (9.3) gilt: $\varphi = \frac{\alpha}{2}\,t^2 = 3{,}33\,s^{-2}\,(5\,s)^2 = 83{,}3 = 13{,}26 \cdot 2\pi = 4\,775°$

($\triangleq$ $\underline{\underline{13,3}}$ Umdrehungen)

2. Möglichkeit:

nach (1.3) gilt: in den 5 s zurückgelegter Weg $s = \frac{a}{2}\,t^2 = 1\,\frac{m}{s^2}\,(5\,s)^2 = 25m$

zurückgelegter Weg des Autos bei einer Umdrehung:
$U = 2\,r\,\pi = 0{,}6\,m \cdot \pi = 1{,}885\,m$

$\Rightarrow$ Zahl der Umdrehungen $= \frac{25\,m}{1{,}885\,m} = \underline{\underline{13{,}3}}$

e) Der Punkt P auf der Oberseite des Rades bewegt sich **relativ zum Auto** mit der Geschwindigkeit v in Fahrtrichtung. Das Auto bewegt sich **relativ zur Straße** mit der gleichen Geschwindigkeit v in Fahrtrichtung $\Rightarrow$ P bewegt sich mit der Geschwindigkeit 2v relativ zur Straße.
Der Punkt Q auf der Unterseite des Rades bewegt sich **relativ zum Auto** mit der Geschwindigkeit v entgegen der Fahrtrichtung. Das Auto bewegt sich **relativ zur Straße** mit der gleichen Geschwindigkeit v in Fahrtrichtung $\Rightarrow$ diese beiden Bewegungen heben sich gegenseitig auf, sodass Q relativ zur Straße in Ruhe ist (deshalb entsteht keine Gleitreibung beim Rollen!).

Zusammenfassung: $v_P = 2v = 2 \cdot 10\,\frac{m}{s} = \underline{\underline{20\,\frac{m}{s}}}$; $v_Q = \underline{\underline{0\,\frac{m}{s}}}$

58. a) Die Reibungskraft F wirkt an der Erdoberfläche, sodass der Kraftarm l gleich dem Erdradius R ist.

$\Rightarrow$ mit (9.5): $M = F \cdot l = F \cdot R = 4 \cdot 10^9\ \text{N} \cdot 6\,370 \cdot 10^3\ \text{m} = \underline{\underline{2{,}55 \cdot 10^{16}\ \text{Nm}}}$

b) Nach (9.9) gilt:

$J = \frac{2}{5} m \cdot R^2 = \frac{2}{5} \cdot 6 \cdot 10^{24}\ \text{kg} \cdot (6\,370 \cdot 10^3\ \text{m})^2 = \underline{\underline{9{,}74 \cdot 10^{37}\ \text{kg m}^2}}$

c) Nach (9.6) gilt: $M = J \cdot \alpha \Rightarrow \alpha = \frac{M}{J} = \frac{2{,}55 \cdot 10^{16}\ \text{Nm}}{9{,}74 \cdot 10^{37}\ \text{Nm s}^2} = 2{,}62 \cdot 10^{-22}\ \text{s}^{-2}$

Da die Winkelgeschwindigkeit abnimmt, gilt genauer: $\alpha = \underline{\underline{-2{,}62 \cdot 10^{-22}\ \text{s}^{-2}}}$

d) Zunächst berechnen wir die Änderung der Winkelgeschwindigkeit $(\omega - \omega_0)$:

Nach (5.13) gilt: $\omega = \frac{2\pi}{T}$ mit T = 23 h 56 min 4 s = 86 164 s (Sterntag)

$\Rightarrow$ für die Winkelgeschwindigkeit ω_0 heute: $\omega_0 = \frac{2\pi}{86\,164\ \text{s}}$

Wenn sich der Erdtag um eine Sekunde verlängert, so verlängert sich auch der Sterntag um etwa eine Sekunde.

$\Rightarrow$ für die veränderte Winkelgeschwindigkeit gilt: $\omega = \frac{2\pi}{86\,165\ \text{s}}$

$\Rightarrow (\omega - \omega_0) = \frac{2\pi}{86\,165\ \text{s}} - \frac{2\pi}{86\,164\ \text{s}} = -8{,}46 \cdot 10^{-10}\ \text{s}^{-1}$

nach (9.2) gilt:

$\alpha = \frac{\omega - \omega_0}{t} \Rightarrow t = \frac{\omega - \omega_0}{\alpha} = \frac{-8{,}46 \cdot 10^{-10}\ \text{s}^{-1}}{-2{,}62 \cdot 10^{-22}\ \text{s}^{-2}} = 3{,}23 \cdot 10^{12}\ \text{s} \approx \underline{\underline{102\,000\ \text{Jahre}}}$

59. a) Angenommen die Kugel (mit dem Radius r) rotiert beim Rollen mit der Winkelgeschwindigkeit ω, dann gilt für ihre lineare Geschwindigkeit v nach (9.13): $v = \omega r$

nach (3.2) gilt für die lineare kinetische Energie:

$E_{kin} = \frac{1}{2} m v^2 = \frac{1}{2} m (\omega r)^2 = \frac{1}{2} m \omega^2 r^2$

nach (9.12) gilt für die Rotationsenergie:

$E_r = \frac{1}{2} J \omega^2 = \frac{1}{2} \left(\frac{2}{5} m r^2\right) \omega^2 = \frac{1}{5} m r^2 \omega^2$

dabei gilt nach (9.9): $J = \frac{2}{5} m r^2$ (die Minigolfkugel ist eine Vollkugel!)

$\Rightarrow \frac{E_{kin}}{E_r} = \frac{\frac{1}{2} m \omega^2 r^2}{\frac{1}{5} m \omega^2 r^2} = \frac{5}{2} = \underline{\underline{5 : 2}}$

b) Energieansatz (kein Energieverlust durch Reibung!):

mech. Energie in P = mech. Energie in A

$$E_{h,\,P} + E_{kin,\,P} + E_{r,\,P} = E_{h,\,A} + E_{kin,\,A} + E_{r,\,A}$$

Punkt A liege im Nullniveau, sodass gilt: $E_{h,\,A} = 0$

$$\Rightarrow\ E_{h,\,P} + E_{kin,\,P} + E_{r,\,P} = E_{kin,\,A} + E_{r,\,A}$$

Mit den Formeln für die Energiearten (3.3), (3.2) und (9.12) folgt:

$$mgh + \frac{1}{2} m\, v^2 + \frac{1}{2} J\, \omega^2 = \frac{1}{2} m\, v_0{}^2 + \frac{1}{2} J\, \omega_0{}^2$$

$$mgh + \frac{1}{2} m\, v^2 + \frac{1}{2}\left(\frac{2}{5} m\, r^2\right)\omega^2 = \frac{1}{2} m\, v_0{}^2 + \frac{1}{2}\left(\frac{2}{5} m\, r^2\right)\omega_0{}^2$$

$$mgh + \frac{1}{2} m\, v^2 + \frac{1}{5} m\, r^2\omega^2 = \frac{1}{2} m\, v_0{}^2 + \frac{1}{5} m\, r^2\omega_0{}^2$$

$$mgh + \frac{1}{2} m\, v^2 + \frac{1}{5} m\,(r\,\omega)^2 = \frac{1}{2} m\, v_0{}^2 + \frac{1}{5} m\,(r\,\omega_0)^2$$

mit (9.13) gilt: $r\omega = v$ und $r\omega_0 = v_0$

$$\Rightarrow\quad mgh + \frac{1}{2} m\, v^2 + \frac{1}{5} m\, v^2 = \frac{1}{2} m\, v_0{}^2 + \frac{1}{5} m\, v_0{}^2 \qquad \Big|\cdot\frac{10}{m}$$

$$10\, gh + 5v^2 + 2v^2 = 5v_0{}^2 + 2v_0{}^2$$

$$10\, gh + 7v^2 = 7v_0{}^2$$

$$7v^2 = 7v_0{}^2 - 10\, gh$$

$$v^2 = v_0{}^2 - \frac{10}{7} gh$$

$$v = \sqrt{v_0{}^2 - \frac{10}{7} gh}$$

c) Wenn die Kugel gerade noch B erreicht, dann gilt in B: $v = 0$

mit der Formel aus Teilaufgabe b und $h = h_B$ gilt:

$$\sqrt{v_0{}^2 - \frac{10}{7} gh_B} = 0$$

$$v_0{}^2 - \frac{10}{7} gh_B = 0$$

$$v_0{}^2 = \frac{10}{7} gh_B$$

$$\Rightarrow\ v_0 = \sqrt{\frac{10}{7} gh_B} = \sqrt{\frac{10}{7}\cdot 9{,}81\,\frac{m}{s^2}\cdot 0{,}4\ m} = 2{,}37\ \frac{m}{s}$$

60. a) Energieansatz (kein Energieverlust durch Reibung!):

mech. Energie in B = mech. Energie in A

$$E_{h,\,B} + E_{kin,\,B} + E_{r,\,B} = E_{h,\,A} + E_{kin,\,A} + E_{r,\,A}$$

Punkt B liege im Nullniveau, sodass gilt: $E_{h,B} = 0$;

außerdem gilt: $E_{kin,\,A} = E_{r,\,A} = 0$;

$$\Rightarrow\ E_{kin,\,B} + E_{r,\,B} = E_{h,\,A}$$

Mit den Formeln für die Energiearten (3.3), (3.2) und (9.12) folgt:

$$\frac{1}{2} m_K v^2 + \frac{1}{2} J\,\omega^2 = m_K g\,h$$

nach (9.8) gilt: $J = m_Z\,r^2$ (Hohlzylinder!)

$$\Rightarrow \quad \frac{1}{2} m_K v^2 + \frac{1}{2}(m_Z r^2)\,\omega^2 = m_K g\,h$$

Ein Punkt des sich abwickelnden Fadens bewegt sich auf der Zylinderoberfläche mit der Winkelgeschwindigkeit ω und der Geschwindigkeit v.

nach (5.14) gilt: $v = \omega\,r \Rightarrow$

$$\frac{1}{2} m_K (\omega r)^2 + \frac{1}{2}(m_Z r^2)\,\omega^2 = m_K g\,h$$

$$\frac{1}{2} m_K \omega^2 r^2 + \frac{1}{2} m_Z r^2 \omega^2 = m_K g\,h \qquad |\cdot 2$$

$$m_K \omega^2 r^2 + m_Z r^2 \omega^2 = 2\,m_K g\,h$$

$$\omega^2 r^2 (m_K + m_Z) = 2\,m_K g\,h$$

$$\omega^2 = \frac{2\,g\,h}{r^2} \cdot \frac{m_K}{m_K + m_Z}$$

$$\omega^2 = \frac{2 \cdot 9{,}81\,\frac{m}{s^2} \cdot 0{,}8\,m}{(0{,}09\,m)^2} \cdot \frac{50\,g}{50\,g + 800\,g}$$

$$\omega^2 = 114\,s^{-2}$$

$$\omega = \underline{\underline{10{,}68\,s^{-1}}}$$

$$\Rightarrow \quad v = \omega\,r = 10{,}68\,s^{-1} \cdot 0{,}09\,m = \underline{\underline{0{,}96\,m\,s^{-1}}}$$

b) s sei der von K zurückgelegte Weg von A nach B. $\Rightarrow$ $s = 0{,}8$ m

Nach (1.5) gilt: $2as = v^2 \Rightarrow a = \frac{v^2}{2s} = \frac{(0{,}96\,m\,s^{-1})^2}{2 \cdot 0{,}8\,m} = \underline{\underline{0{,}576\,m\,s^{-2}}}$

Um α zu bestimmen berechnen wir zunächst den zurückgelegten Winkel φ bei der Rotation des Zylinders:

nach (5.8) gilt: $\varphi = \frac{s}{r} = \frac{0{,}8\,m}{0{,}09\,m} \approx 8{,}889$

weiter gilt nach (9.4): $2\,\alpha\,\varphi = \omega^2 \Rightarrow \alpha = \frac{\omega^2}{2\varphi} = \frac{(10{,}68\,s^{-1})^2}{2 \cdot 8{,}889} = \underline{\underline{6{,}41\,s^{-2}}}$

c) Nach (1.3) gilt $a\,t = v \Rightarrow t = \frac{v}{a} = \frac{0{,}96\,m\,s^{-1}}{0{,}576\,m\,s^{-2}} = \underline{\underline{1{,}67\,s}}$

oder nach (9.2) $\alpha\,t = \omega \Rightarrow t = \frac{\omega}{\alpha} = \frac{10{,}68\,s^{-1}}{6{,}41\,s^{-2}} = \underline{\underline{1{,}67\,s}}$

d) Es gilt:

$$M \overset{(9.6)}{=} J \cdot \alpha \overset{(9.8)}{=} (m_Z\, r^2) \cdot \alpha = [0{,}8\ \text{kg} \cdot (0{,}09\ \text{m})^2]\ 6{,}41\ \text{s}^{-2} = \underline{\underline{0{,}042\ \text{Nm}}}$$

Da der Körper K nach unten beschleunigt, ist die Kraft mit der er den Faden nach unten zieht kleiner als seine Gewichtskraft. Das Drehmoment ist gleich dem Produkt dieser verkleinerten Kraft mit dem Radius des Zylinders.
Genauer: für die Gewichtskraft von K gilt: $G_K = m_K\, g = m_K\,(g - a) + m_K\, a$,
mit der Kraft $[m_K\, a]$ beschleunigt sich K selbst,
mit der Kraft $[m_K\,(g - a)]$ zieht K an dem Faden und bewirkt die Rotation des Zylinders.
Somit gilt für das Drehmoment (andere Berechnungsmethode):

$$M = F\, r = m_K\,(g - a)\, r =$$
$$= 0{,}050\ \text{kg} \cdot \left(9{,}81\ \frac{\text{m}}{\text{s}^2} - 0{,}576\ \frac{\text{m}}{\text{s}^2}\right) \cdot 0{,}09\ \text{m} = \underline{\underline{0{,}042\ \text{Nm}}}$$

61. a) Es gilt an der Stelle A:

Querschnitt $A_1 = 45\ \text{m} \cdot 1{,}10\ \text{m} = 49{,}5\ \text{m}^2$

durchschnittliche Strömungsgeschwindigkeit $v_1 = 0{,}7\text{ms}^{-1}$

Es gilt an der Stelle B:

Querschnitt $A_2 = 13\ \text{m} \cdot 1{,}80\ \text{m} = 23{,}4\ \text{m}^2$

durchschnittliche Strömungsgeschwindigkeit v_2 (gesucht)

nach (10.1) gilt:

$$A_1\, v_1 = A_2\, v_2 \Rightarrow v_2 = \frac{A_1}{A_2}\, v_1 = \frac{49{,}5\ \text{m}^2}{23{,}4\ \text{m}^2} \cdot 0{,}7\ \text{ms}^{-1} = \underline{\underline{1{,}48\ \text{ms}^{-1}}}$$

b) An den Stellen A und B fließen pro Minute gleich viele Kubikmeter Wasser vorbei, da es zwischen A und B weder einen Zufluss noch einen Abfluss gibt.
Zur Berechnung wählen wir Stelle A:
Das Wasser bewegt sich pro Sekunde im Durchschnitt 0,7 m weit, bei einem Querschnitt von $49{,}5\ \text{m}^2$

$\Rightarrow$ Wasservolumen pro Sekunde $= 0{,}7\ \text{m} \cdot 49{,}5\ \text{m}^2 = 34{,}65\ \text{m}^3$

$\Rightarrow$ Wasservolumen pro Minute $= 34{,}65\ \text{m}^3 \cdot 60 = \underline{\underline{2\,079\ \text{m}^3}}$

62. Da das Wasser nicht in einem Gefäß eingeschlossen ist, kann es keinen Stempeldruck geben.

$\Rightarrow$ Der statische Wasserdruck p_s ist gleich dem Schweredruck p_{sch}.
nach (10.3) gilt:

$$p_s = p_{sch} = \rho_{Fl}\, g\, h$$
$$= 1{,}02 \frac{kg}{dm^3} \cdot 9{,}81 \frac{N}{kg} \cdot 20 m = 1{,}02 \cdot \frac{1\,000\, kg}{m^3} \cdot 9{,}81 \frac{N}{kg} \cdot 20 m =$$
$$= 200\,124 \frac{N}{m^2} = \underline{\underline{200\,124\ Pa}}$$

Für den dynamischen Druck p_d gilt nach (10.4):

$$p_d = \frac{1}{2} \rho_{Fl} v^2 = 0{,}51 \frac{kg}{dm^3} \left(13 \frac{km}{h}\right)^2 = 0{,}51 \cdot \frac{1\,000\, kg}{m^3} \left(13 \cdot \frac{1\,000\, m}{3\,600\, s}\right)^2 \approx$$
$$\approx 6\,650 \frac{N}{m^2} = \underline{\underline{6\,650\ Pa}}$$

Für den gesamten Wasserdruck p_g gilt nach (10.5):

$$p_g = p_d + p_s = 200\,124\ Pa + 6\,650\ Pa = \underline{\underline{206\,774\ Pa}}$$

63. a) Es gilt im Abschnitt A:
Querschnitt $A_1 = 4\ cm^2$; Strömungsgeschwindigkeit $v_1 = 1{,}5\ ms^{-1}$
Es gilt im Abschnitt B:
Querschnitt A_2 (gesucht); Strömungsgeschwindigkeit $v_2 = 6\ ms^{-1}$
nach (10.1) gilt $A_1\, v_1 = A_2\, v_2 \Rightarrow A_2 = \frac{v_1}{v_2} A_1 = \frac{1{,}5\ ms^{-1}}{6\ ms^{-1}} \cdot 4\ cm^2 = \underline{\underline{1\ cm^2}}$

b) Nach (10.9) gilt:

$$\frac{1}{2} \rho_{Fl}\, v_2^2 + p_{s2} = \frac{1}{2} \rho_{Fl}\, v_1^2 + p_{s1}$$

wegen $p_{s1} = 0 \Rightarrow$

$$\frac{1}{2} \rho_{Fl}\, v_2^2 + p_{s2} = \frac{1}{2} \rho_{Fl}\, v_1^2$$
$$p_{s2} = \frac{1}{2} \rho_{Fl}\, v_1^2 - \frac{1}{2} \rho_{Fl}\, v_2^2$$
$$p_{s2} = \frac{1}{2} \rho_{Fl}\, (v_1^2 - v_2^2)$$
$$p_{s2} = \frac{1}{2} \cdot 0{,}8 \frac{kg}{dm^3} [(1{,}5\ ms^{-1})^2 - (6\ ms^{-1})^2]$$
$$p_{s2} = 0{,}4 \cdot \frac{1\,000\ kg}{m^3} [(1{,}5\ ms^{-1})^2 - (6\ ms^{-1})^2]$$
$$p_{s2} = -13\,500 \frac{N}{m^2} = \underline{\underline{-13\,500\ Pa}}$$

Im Rohrabschnitt B liegt der statische Druck um 13 500 Pa unter dem äußeren Luftdruck.

$\Rightarrow$ Mit diesem Unterdruck wird die Flüssigkeit aus Behälter F nach oben gesaugt.

64. In A (vgl. Abb.) ist der Querschnitt der nach unten strömenden (geblasenen) Luft größer als in B, da die beiden Blätter bei B näher beisammen sind.
Nach der Kontinuitätsgleichung (10.1) folgt daraus, dass die Strömungsgeschwindigkeit in B größer ist als in A.
Daraus folgt, dass der dynamische Luftdruck in B größer ist als in A. Nach der Gleichung von Bernoulli (10.9) ist der Gesamtdruck in B aber gleich groß wie in A.

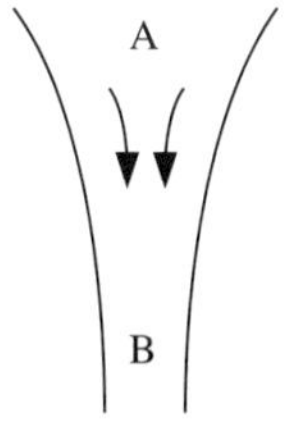

Abb. 117

Dann muss der statische Luftdruck in B kleiner sein als in A. Damit ist der statische Luftdruck in B kleiner als der äußere Luftdruck. Durch diesen Unterdruck in B werden die Blätter zusammengedrückt.

Bemerkung: Streng genommen gilt die Gleichung von Bernoulli nur bei horizontalen Strömungen, da sich bei vertikalen Bewegungen die Höhe und somit der Schweredruck verändern. Wegen der geringen Dichte der Luft kann der Unterschied im Schweredruck zwischen A und B hier aber vernachlässigt werden.

65. a) Wir berechnen der Reihe nach das Volumen V_B, die Masse m_B und das Gewicht G des Kügelchens:
Es gilt (Kugelvolumen!):

$$V_B = \frac{4}{3}\pi \cdot r^3 = \frac{4}{3}\pi \cdot (1\,\text{mm})^3 = 4{,}1888\,\text{mm}^3 = 4{,}1888 \cdot 10^{-6}\,\text{dm}^3$$

$$\Rightarrow\ m_B = \rho_B V_B = 11{,}35\,\frac{\text{kg}}{\text{dm}^3} \cdot 4{,}1888 \cdot 10^{-6}\,\text{dm}^3 = 4{,}754 \cdot 10^{-5}\,\text{kg}$$

$$\Rightarrow\ G = m_B g = 4{,}754 \cdot 10^{-5}\,\text{kg} \cdot 9{,}81\,\frac{\text{N}}{\text{kg}} = \underline{\underline{4{,}66 \cdot 10^{-4}\,\text{N}}}$$

b) Der Auftrieb A ist gleich dem Gewicht G_F der verdrängten Flüssigkeitsmenge.
Wir bestimmen der Reihe nach das Volumen V_F, die Masse m_F und das Gewicht G_F der verdrängten Flüssigkeit:
Zunächst gilt natürlich : $V_F = V_B = 4{,}1888 \cdot 10^{-6}\,\text{dm}^3$

$$\Rightarrow\ m_F = \rho_F V_F = 1{,}26\,\frac{\text{kg}}{\text{dm}^3} \cdot 4{,}1888 \cdot 10^{-6}\,\text{dm}^3 = 5{,}278 \cdot 10^{-6}\,\text{kg}$$

$$\Rightarrow\ A = G_F = m_F g = 5{,}278 \cdot 10^{-6}\,\text{kg} \cdot 9{,}81\,\frac{\text{N}}{\text{kg}} = \underline{\underline{5{,}18 \cdot 10^{-5}\,\text{N}}}$$

c) Nach der kurzen Beschleunigungsphase sinkt das Kügelchen mit konstanter Geschwindigkeit nach unten.
Die Gewichtskraft G, die nach unten wirkt, ist dann genau so groß wie die Summe aus der Reibungskraft F_R und der Auftriebskraft A, die beide nach oben wirken (Kräftegleichgewicht).

Somit gilt: $F_R + A = G \Rightarrow$ mit (10.11): $6\pi\,\eta\,r\,v + A = G$

$$\Rightarrow\ v = \frac{G - A}{6\,\pi\,\eta\,r} = \frac{4{,}66 \cdot 10^{-4}\,N - 5{,}18 \cdot 10^{-5}\,N}{6 \cdot \pi \cdot 1{,}5\,Nsm^{-2} \cdot 0{,}001\,m} = 0{,}0147\,ms^{-1}$$

für die Sinkzeit t gilt nach (1.2): $t = \frac{s}{v} = \frac{0{,}15\,m}{0{,}0147\,ms^{-1}} = 10{,}2\,s \approx \underline{\underline{10\,s}}$

66. a) Nach (10.12) gilt: $F_W = \frac{1}{2}\,c_W\,\rho_{Fl}\,A\,v^2$ mit $A = 2\,m \cdot 3\,m = 6\,m^2$

$$\Rightarrow\ F_W = \frac{1}{2} \cdot 0{,}78 \cdot 1{,}3\,\frac{kg}{m^3} \cdot 6\,m^2 \cdot \left(100\,\frac{km}{h}\right)^2$$
$$= \frac{1}{2} \cdot 0{,}78 \cdot 1{,}3\,\frac{kg}{m^3} \cdot 6\,m^2 \cdot \left(100 \cdot \frac{1\,000\,m}{3\,600\,s}\right)^2$$
$$= 2\,347\,N \approx \underline{\underline{2\,350\,N}}$$

b) Da die Luftwiderstandskraft F_W quadratisch mit der Geschwindigkeit steigt, sinkt F_W bei Verminderung der Geschwindigkeit von 100 $\frac{km}{h}$ auf 50 $\frac{km}{h}$ (also bei Halbierung der Geschwindigkeit) auf ein Viertel. Das heißt die Luftwiderstandskraft F_W verkleinert sich um 75 %.

67. Laufzeit t_1 der Schallwelle über die Luft (Schallgeschwindigkeit v_1):

$$v_1 = \frac{s}{t_1} \Rightarrow t_1 = \frac{s}{v_1} = \frac{2\,000\,m}{343\,ms^{-1}} = 5{,}83\,s$$

Laufzeit t_2 der Schallwelle über die Eisenschiene (Schallgeschwindigkeit v_2):

$$v_2 = \frac{s}{t_2} \Rightarrow t_2 = \frac{s}{v_2} = \frac{2\,000\,m}{5\,100\,ms^{-1}} = 0{,}39\,s$$

$$\Rightarrow \Delta t = t_1 - t_2 = 5{,}83\,s - 0{,}39\,s = \underline{\underline{5{,}44\,s}}$$

68. a)

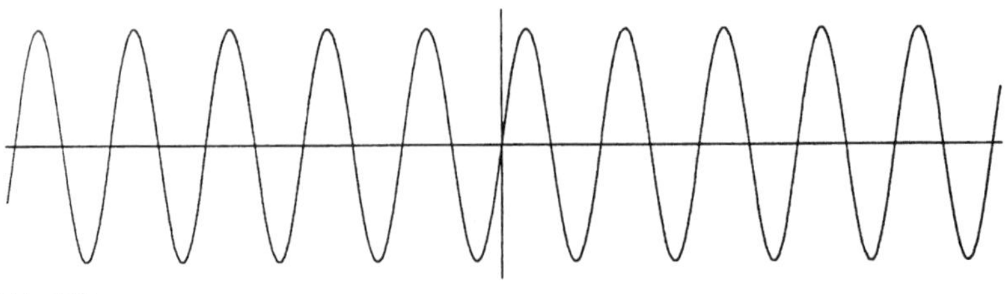

Abb. 118

b)

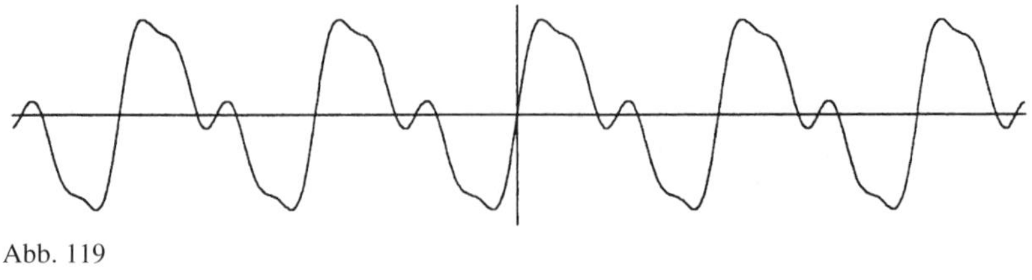

Abb. 119

c) Eine Oktave höher bedeutet doppelte Frequenz
$\Rightarrow$ zwei Oktaven höher bedeutet vierfache Frequenz
$\Rightarrow$ drei Oktaven höher bedeutet achtfache Frequenz

$$\Rightarrow \; f_1 = 8 \cdot f_2 \;\Rightarrow\; \frac{f_1}{f_2} = 8$$

69. a) Nach (11.2) gilt:

$$\text{Schallstärke } I = \frac{E}{t \cdot A} = \frac{0{,}06\,\text{J}}{1\,\text{h} \cdot 18\,\text{cm}^2} = \frac{0{,}06\,\text{J}}{3\,600\,\text{s} \cdot 18 \cdot 10^{-4}\,\text{m}^2} = \underline{\underline{9{,}26 \cdot 10^{-3}\,\frac{\text{W}}{\text{m}^2}}}$$

b) Nach (11.3) gilt:

$$L = 10 \cdot \lg\left(\frac{I}{I_0}\right)\text{Phon} = 10 \cdot \lg\left(\frac{9{,}26 \cdot 10^{-3}\,\frac{\text{W}}{\text{m}^2}}{10^{-12}\,\frac{\text{W}}{\text{m}^2}}\right)\text{Phon} =$$

$$= 10\,\lg\,(9{,}26 \cdot 10^9)\,\text{Phon} = 10 \cdot 9{,}97\,\text{Phon} = \underline{\underline{99{,}7\,\text{Phon}}}$$

70. a) Nach (11.1) gilt:

$$P = \frac{E}{t} \;\Rightarrow\; E = P \cdot t = 1\,200\,\text{W} \cdot 1\,\text{min} = 1\,200\,\frac{\text{J}}{\text{s}} \cdot 60\,\text{s} = 72\,000\,\text{J} = \underline{\underline{72\,\text{kJ}}}$$

b) Denkt man sich um die Schallquelle als Zentrum eine Kugel mit dem Radius 100 m, so trifft auf die gesamte Oberfläche dieser Kugel die gesamte abgestrahlte Schallenergie, wenn man von einer eventuellen Absorption durch schalldämmende Hindernisse bei der Schallausbreitung absieht. Pro Minute trifft dann die Energie 72 000 J auf die Kugeloberfläche.
Wir berechnen nun den Anteil dieser Schallenergie, der auf einen m^2 dieser Kugelfläche trifft:
Für den Oberflächeninhalt O der Kugel gilt:

$$O = 4\pi\, r^2 = 4\pi\,(100\,\text{m})^2 = 1{,}257 \cdot 10^5\,\text{m}^2$$

$\Rightarrow$ eingestrahlte Energie pro Minute und pro m^2: $E_0 = \frac{72\,000\,\text{J}}{1{,}257 \cdot 10^5} = 0{,}573\,\text{J}$

Da die Wand eine Fläche von 20 m^2 hat, gilt für die in einer Minute auf die Wand treffende Energie: $E = 0{,}573\,\text{J} \cdot 20 = \underline{\underline{11{,}46\,\text{J}}}$

c) Nach (11.2) gilt:

$$\text{Schallstärke } I = \frac{E}{t \cdot A} = \frac{11{,}46\ \text{J}}{60\ \text{s} \cdot 20\ \text{m}^2} = \underline{\underline{9{,}55 \cdot 10^{-3}\ \frac{\text{W}}{\text{m}^2}}}$$

Nach (11.3) gilt:

$$\text{Lautstärke } L = 10 \cdot \lg\left(\frac{I}{I_0}\right) \text{Phon} = 10 \cdot \lg\left(\frac{9{,}55 \cdot 10^{-3}\ \frac{\text{W}}{\text{m}^2}}{10^{-12}\ \frac{\text{W}}{\text{m}^2}}\right) \text{Phon} =$$

$$= 10 \lg (9{,}55 \cdot 10^9)\ \text{Phon} = 10 \cdot 9{,}98\ \text{Phon} = \underline{\underline{99{,}8\ \text{Phon}}}$$

d) Wie bei b kann man sich eine Kugel um die Schallquelle denken, deren Radius aber mit 200 m doppelt so groß ist. Damit ist die Oberfläche viermal so groß, sodass auf einen m^2 dieser Oberfläche in einer Sekunde nur der vierte Teil der Energie auftrifft wie bei der Kugel mit dem Radius 100 m.

$\Rightarrow$ In 200 m Entfernung von der Sirene ist die Schallstärke nur ein Viertel so groß wie in 100 m Entfernung.

$$\Rightarrow \text{Schallstärke } I = 9{,}55 \cdot 10^{-3}\ \frac{\text{W}}{\text{m}^2} : 4 = \underline{\underline{2{,}39 \cdot 10^{-3}\ \frac{\text{W}}{\text{m}^2}}}$$

Nach (11.3) gilt:

$$\text{Lautstärke } L = 10 \cdot \lg\left(\frac{I}{I_0}\right) \text{Phon} = 10 \cdot \lg\left(\frac{2{,}39 \cdot 10^{-3}\ \frac{\text{W}}{\text{m}^2}}{10^{-12}\ \frac{\text{W}}{\text{m}^2}}\right) \text{Phon} =$$

$$= 10 \cdot \lg (2{,}39 \cdot 10^9)\ \text{Phon} = 10 \cdot 9{,}38\ \text{Phon} = \underline{\underline{93{,}8\ \text{Phon}}}$$

71. Nach (11.4) gilt für die erhöht wahrgenommene Frequenz f_1 bei der Annäherung der Lokomotive:

$$f_1 = \frac{f}{1 - \frac{v}{c}} = \frac{3\,000\ \text{Hz}}{1 - \frac{150\ \frac{\text{km}}{\text{h}}}{340\ \frac{\text{m}}{\text{s}}}} = \frac{3\,000\ \text{Hz}}{1 - \frac{150\ \frac{\text{km}}{\text{h}}}{340 \cdot 3{,}6\ \frac{\text{km}}{\text{h}}}} = 3\,419{,}0\ \text{Hz}$$

Nach (11.5) gilt für die vermindert wahrgenommene Frequenz f_2 beim Entfernen der Lokomotive:

$$f_2 = \frac{f}{1 + \frac{v}{c}} = \frac{3\,000\ \text{Hz}}{1 + \frac{150\ \frac{\text{km}}{\text{h}}}{340\ \frac{\text{m}}{\text{s}}}} = \frac{3\,000\ \text{Hz}}{1 + \frac{150\ \frac{\text{km}}{\text{h}}}{340 \cdot 3{,}6\ \frac{\text{km}}{\text{h}}}} = 2\,672{,}5\ \text{Hz}$$

Somit verringert sich die wahrgenommene Frequenz beim Vorbeifahren der Lokomotive von 3 419,0 Hz auf 2 672,5 Hz, also um 746,5 Hz.

72. Ansatz: $f_1 = (1 + 10\,\%) \cdot f$

$\Rightarrow$ $f_1 = 1{,}10 \cdot f$

eingesetzt in (11.4):

$$1{,}10 \cdot f = \frac{f}{1-\frac{v}{c}} \Rightarrow 1{,}10 = \frac{1}{1-\frac{v}{c}} \Rightarrow \frac{1}{1{,}10} = 1-\frac{v}{c} \Rightarrow \frac{v}{c} = 1-\frac{1}{1{,}10}$$

$$\Rightarrow v = \left(1-\frac{1}{1{,}10}\right)\cdot c = \left(1-\frac{1}{1{,}10}\right)\cdot 340\ \text{ms}^{-1} = 30{,}9\ \text{ms}^{-1} = \underline{\underline{111\ \frac{\text{km}}{\text{h}}}}$$

13 Formelsammlung

Albert Einstein erläutert Kollegen eine seiner Formeln. Der besonders wegen seiner Relativitätstheorien berühmt gewordene Physiker erhielt 1922 (rückwirkend für 1921) den Nobelpreis für Physik. Trotz gegenteiliger hartnäckiger Gerüchte hatte Einstein als Schüler des Münchner Luitpoldgymnasiums sehr gute Noten. In Mathematik erhielt er nach wenigen anfänglichen Zweiern nur noch die Note 1. Aber selbst in Latein waren seine Noten niemals schlechter als 2. Seine geniale Begabung zeigte sich auch darin, dass er schon als Bub ganze Mathematik-Lehrbücher beispielsweise über Differential- und Integralrechnung durcharbeitete und die darin gestellten Aufgaben löste.

Lineare Bewegung

$v = \frac{s - s_0}{t}$ bzw. $s = vt + s_0$	mit v = konstant	(1.1)
$v = \frac{s}{t}$ bzw. $s = v \cdot t$	mit v = konstant	(1.2)
$a = \frac{v - v_0}{t}$ bzw. $v = a \cdot t + v_0$	mit a = konstant	(1.3)
$s = \frac{a}{2} \cdot t^2 + v_0 \cdot t$		(1.4)
$2as = v^2 - v_0^2$		(1.5)
$1 \frac{km}{h} = \frac{1}{3{,}6} \frac{m}{s}$ bzw. $3{,}6 \frac{km}{h} = 1 \frac{m}{s}$		(1.6)
$\bar{v} = \frac{s_2 - s_1}{t_2 - t_1}$		(1.7)

Trägheitssatz – Grundgesetz der Mechanik

$\vec{F} = m \cdot \vec{a}$	(2.1)
$F = m \cdot a$	(2.2)
$1\,N = 1\,kg \frac{m}{s^2}$	(2.3)
$G = m \cdot g$	(2.4)

$$g \approx 9{,}81\,\frac{m}{s^2} = 9{,}81\,\frac{N}{kg} \qquad (2.5)$$

Energieerhaltung

$$W = F \cdot s \qquad (3.1)$$

$$E_{kin} = \frac{1}{2} m\, v^2 \qquad (3.2)$$

$$E_h = G \cdot h \overset{(2.4)}{=} m \cdot g \cdot h \qquad (3.3)$$

$$E_{Sp} = \frac{1}{2} D\, s^2 \qquad (3.4)$$

$$D = \frac{F}{s} \qquad (3.5)$$

Impulserhaltung

$$\vec{F}_A = -\vec{F}_B \qquad (4.1)$$

$$\vec{p} = m \cdot \vec{v} \qquad (4.2)$$

$$p = m \cdot v \qquad (4.3)$$

$$u_1 = \frac{m_1 v_1 + m_2 (2 v_2 - v_1)}{m_1 + m_2}$$

$$u_2 = \frac{m_2 v_2 + m_1 (2 v_1 - v_2)}{m_1 + m_2} \qquad (4.5)$$

$$m_1 v_1 + m_2 v_2 = (m_1 + m_2) u$$

bzw.

$$u = \frac{m_1 v_1 + m_2 v_2}{m_1 + m_2} \qquad (4.6)$$

Einfache krummlinige Bewegungen

$$v_x = v_0 \qquad (5.1)$$

$$x = v_0\, t \qquad (5.2)$$

$$v_y = -g\, t \qquad (5.3)$$

$$y = -\frac{1}{2} g\, t^2 \qquad (5.4)$$

$$y = -\frac{g}{2 v_0^2} x^2 \qquad (5.5)$$

$$v = \sqrt{v_x^2 + v_y^2} \qquad (5.6)$$

$$\tan \alpha = \frac{v_y}{v_x} \qquad (5.7)$$

$$\varphi = \frac{b}{r} \quad \text{bzw.} \quad b = \varphi \cdot r \qquad (5.8)$$

$$f = \frac{k}{t} \qquad (5.9)$$

$$T = \frac{t}{k} \qquad (5.10)$$

$$T = \frac{1}{f} \quad \text{bzw.} \quad f = \frac{1}{T} \qquad (5.11)$$

$$\omega = \frac{\varphi}{t} \qquad (5.12)$$

$$\omega = \frac{2\pi}{T} = 2\pi\ f \qquad (5.13)$$

$$v = \omega \cdot r \qquad (5.14)$$

$$a_Z = \omega^2 \cdot r = \frac{v^2}{r} \qquad (5.15)$$

$$F_Z = m \cdot \omega^2 \cdot r = \frac{m\,v^2}{r} \qquad (5.16)$$

Harmonische Schwingung

$$s = s_0 \cdot \sin\varphi \qquad (6.1)$$

bzw.

$$s = s_0 \cdot \sin(\omega t + \varphi_0)$$

$$\omega = \frac{2\pi}{T} = 2\pi f \qquad (6.2)$$

$$v = v_0 \cdot \cos\varphi$$
$$v = v_0 \cdot \cos(\omega t + \varphi_0) \qquad (6.3)$$
$$v = \omega \cdot s_0 \cdot \cos(\omega t + \varphi_0)$$

$$a = -a_0 \cdot \sin\varphi$$
$$a = -a_0 \cdot \sin(\omega t + \varphi_0) \qquad (6.4)$$
$$a = -\omega^2 \cdot s_0 \cdot \sin(\omega t + \varphi_0)$$

$$F = -m\omega^2 \cdot s_0 \cdot \sin(\omega t + \varphi_0) \qquad (6.5)$$

$$F = -D \cdot s \quad \text{mit} \quad D = m\omega^2 \qquad (6.6)$$

$$T = 2\pi\sqrt{\frac{m}{D}} \qquad (6.7)$$

$$E_{kin} = \frac{1}{2} m v^2 \overset{(6.3)}{=} \frac{1}{2} m {v_0}^2 (\cos\varphi)^2 \qquad (6.8)$$

$$E_{pot} = \frac{1}{2} D s^2 \overset{(6.1)}{=} \frac{1}{2} D {s_0}^2 (\sin\varphi)^2 \qquad (6.9)$$

$$E_{ges} = E_{kin} + E_{pot} = \frac{1}{2} m {v_0}^2 = \frac{1}{2} D {s_0}^2 = \text{konstant} \qquad (6.10)$$

Wellenphänomene

$$c = \frac{\lambda}{T} \qquad (7.1)$$

$$c = \lambda \cdot f \qquad (7.2)$$

$$|s_1 - s_2| = k \cdot \lambda \quad \text{mit} \quad k \in \mathbb{N}_0 \qquad (7.3)$$

$$|s_1 - s_2| = \left(k - \frac{1}{2}\right) \cdot \lambda \quad \text{mit} \quad k \in \mathbb{N} \qquad (7.4)$$

Gravitation

$$F_G = \gamma \cdot \frac{m_A \cdot m_B}{r^2}$$

mit (8.1)

$$\gamma = 6{,}67 \cdot 10^{-11} \, \frac{m^3}{kg \, s^2}$$

γ heißt Gravitationskonstante

$$\frac{T_1^2}{T_2^2} = \frac{a_1^3}{a_2^3} \qquad (8.2)$$

Drehbewegungen

$$\omega = \frac{\varphi}{t} \quad \text{bzw.} \quad \varphi = \omega \cdot t$$

mit ω = konstant (9.1)

$$\alpha = \frac{\omega - \omega_0}{t} \quad \text{bzw.} \quad \omega = \alpha \cdot t + \omega_0$$

mit α = konstant (9.2)

$$\varphi = \frac{\alpha}{2} \cdot t^2 + \omega_0 \cdot t \qquad (9.3)$$

$$2\,\alpha\,\varphi = \omega^2 - \omega_0^2 \qquad (9.4)$$

$$M = F \cdot l \qquad (9.5)$$

$$J = \frac{M}{\alpha} \quad \text{bzw.} \quad M = J \cdot \alpha \qquad (9.6)$$

$$J = \frac{1}{2} m \cdot r^2 \qquad (9.7)$$

$$J = m \cdot r^2 \quad (9.8)$$

$$J = \frac{2}{5} m \cdot r^2 \quad (9.9)$$

$$J = \frac{2}{3} m \cdot r^2 \quad (9.10)$$

$$W = M \cdot \varphi \quad (9.11)$$

$$E_r = \frac{1}{2} J \cdot \omega^2 \quad (9.12)$$

$$v = \omega \cdot r \quad (9.13)$$

Strömungslehre

$$A_1 \cdot v_1 = A_2 \cdot v_2 \quad (10.1)$$

$$p = \frac{F}{A} \quad (10.2)$$

$$p_{sch} = \rho_{Fl} \cdot g \cdot h \quad (10.3)$$

$$p_d = \frac{1}{2} \rho_{Fl} \cdot v^2 \quad (10.4)$$

$$p_g = p_s + p_d \quad (10.5)$$

$$\frac{E_{kin}}{V} = \frac{1}{2} \rho_{Fl} \cdot v^2 = p_d \quad (10.6)$$

$$\frac{E_{sd}}{V} = p_s \tag{10.7}$$

$$\frac{E}{V} = \frac{E_{kin}}{V} + \frac{E_{sd}}{V} = p_d + p_s = p_g \tag{10.8}$$

$$\frac{1}{2}\rho_{Fl} \cdot v^2 + p_s = \text{konstant} \tag{10.9}$$

$$F_R = c \cdot v \tag{10.10}$$

$$F_R = 6\,\pi\,\eta\,r\,v \tag{10.11}$$

$$F_W = \frac{1}{2} c_W \cdot \rho_{Fl} \cdot A \cdot v^2 \tag{10.12}$$

Akkustik

$$P = \frac{E}{t} \tag{11.1}$$

$$I = \frac{E}{t \cdot A} \tag{11.2}$$

$$L = 10 \cdot \lg\left(\frac{I}{I_0}\right) \text{Phon} \tag{11.3}$$

$$f_1 = \frac{f}{1 - \frac{v}{c}} \tag{11.4}$$

$$f_2 = \frac{f}{1 + \frac{v}{c}} \tag{11.5}$$

(Bitte blättern Sie um)

Deutsch

Training Methoden Deutsch Grundlagen, Arbeitstechniken und Methoden	Best.-Nr. 944062
Deutsch 11. Klasse	Best.-Nr. 90405
Aufsatz Oberstufe	Best.-Nr. 84401
Abitur-Wissen Erörtern und Sachtexte analysieren	Best.-Nr. 944064
Abitur-Wissen Textinterpretation Lyrik, Drama, Epik	Best.-Nr. 944061
Abitur-Wissen Deutsche Literaturgeschichte	Best.-Nr. 94405
Abitur-Wissen Prüfungswissen Oberstufe	Best.-Nr. 94400
Lexikon Autoren und Werke	Best.-Nr. 944081

Französisch

Landeskunde Frankreich	Best.-Nr. 94501
Wortschatz	Best.-Nr. 94503
Literatur	Best.-Nr. 94502
Textarbeit Oberstufe	Best.-Nr. 94504
Abitur-Wissen Literaturgeschichte	Best.-Nr. 94506

Latein

Kurzgrammatik	Best.-Nr. 94601
Wortkunde	Best.-Nr. 94603
Abitur-Wissen Lateinische Literaturgeschichte	Best.-Nr. 94602

Englisch

Textaufgaben *lieferbar ab ca. Jan. 04*	Best.-Nr. 94468
Übersetzungsübung	Best.-Nr. 82454
Grammatikübung Oberstufe	Best.-Nr. 82452
Wortschatzübung Oberstufe	Best.-Nr. 82451
Grundlagen der Textarbeit	Best.-Nr. 94464
Grundfertigkeiten des Schreibens	Best.-Nr. 94466
Sprechfertigkeit mit CD	Best.-Nr. 94467
Textaufgaben zur Literatur	Best.-Nr. 94462
Englisch – Übertritt in die Oberstufe	Best.-Nr. 82453
Abitur-Wissen Landeskunde Großbritannien	Best.-Nr. 94461
Abitur-Wissen Landeskunde USA	Best.-Nr. 94463
Abitur-Wissen Literaturgeschichte	Best.-Nr. 94465
Kompakt-Wissen Kurzgrammatik	Best.-Nr. 90461
Kompakt-Wissen Wortschatz	Best.-Nr. 90462

Fachübergreifend

Richtig Lernen Tipps und Lernstrategien für die Oberstufe	Best.-Nr. 10483
Referate und Facharbeiten für die Oberstufe	Best.-Nr. 10484
Training Methoden Meinungen äußern, Ergebnisse präsentieren	Best.-Nr. 10486

Erdkunde

Training Methoden Erdkunde Grundlagen, Arbeitstechniken und Methoden	Best.-Nr. 94901
Erdkunde *lieferbar ab Frühjahr 04*	Best.-Nr. 94909
Abitur-Wissen Entwicklungsländer	Best.-Nr. 94902
Abitur-Wissen USA	Best.-Nr. 94903
Abitur-Wissen Europa	Best.-Nr. 94905
Abitur-Wissen Asiatisch-pazifischer Raum	Best.-Nr. 94906
Lexikon Erdkunde	Best.-Nr. 94904

Religion

Katholische Religion 1 – gk	Best.-Nr. 84991
Katholische Religion 2 – gk	Best.-Nr. 84992
Abitur-Wissen gk ev. Religion Der Mensch zwischen Gott und Welt	Best.-Nr. 94973
Abitur-Wissen gk ev. Religion Die Verantwortung des Christen in der Welt	Best.-Nr. 94974
Abitur-Wissen Glaube und Naturwissenschaft	Best.-Nr. 94977
Abitur-Wissen Jesus Christus	Best.-Nr. 94978
Abitur-Wissen Die Frage nach dem Menschen	Best.-Nr. 94990
Abitur-Wissen Die Bibel	Best.-Nr. 94992
Abitur-Wissen Christliche Ethik	Best.-Nr. 94993
Lexikon Ethik und Religion	Best.-Nr. 94959

Ethik

Ethische Positionen in historischer Entwicklung – gk	Best.-Nr. 94951
Abitur-Wissen Philosophische Ethik	Best.-Nr. 94952
Abitur-Wissen Glück und Sinnerfüllung	Best.-Nr. 94953
Abitur-Wissen Freiheit und Determination	Best.-Nr. 94954
Abitur-Wissen Recht und Gerechtigkeit	Best.-Nr. 94955
Abitur-Wissen Religion und Weltanschauungen	Best.-Nr. 94956
Abitur-Wissen Wissenschaft – Technik – Verantwortung	Best.-Nr. 94957
Abitur-Wissen Politische Ethik	Best.-Nr. 94958
Lexikon Ethik und Religion	Best.-Nr. 94959

Sport

Bewegungslehre – LK	Best.-Nr. 94981
Trainingslehre – LK	Best.-Nr. 94982

Kunst

Grundwissen Malerei – LK	Best.-Nr. 94961
Analyse und Interpretation – LK	Best.-Nr. 94962

13-V1T